光谱法在农药残留检测及降解分析中的应用研究

季仁东　王晓燕　卞海溢／著

吉林大学出版社

·长　春·

图书在版编目（CIP）数据

光谱法在农药残留检测及降解分析中的应用研究 / 季仁东，王晓燕，卞海溢著.—长春：吉林大学出版社，2022.11

ISBN 978-7-5768-1106-3

Ⅰ.①光…　Ⅱ.①季…②王…③卞…　Ⅲ.①光谱分析—应用—农药残留量分析—研究　Ⅳ.①X592.02

中国版本图书馆CIP数据核字（2022）第220334号

书　　名　光谱法在农药残留检测及降解分析中的应用研究
　　　　　GUANGPUFA ZAI NONGYAO CANLIU JIANCE JI JIANGJIE FENXI ZHONG
　　　　　DE YINGYONG YANJIU

作　　者　季仁东　王晓燕　卞海溢
策划编辑　樊俊恒
责任编辑　樊俊恒
责任校对　刘守秀
装帧设计　马静静
出版发行　吉林大学出版社
社　　址　长春市人民大街4059号
邮政编码　130021
发行电话　0431-89580028/29/21
网　　址　http://www.jlup.com.cn
电子邮箱　jldxcbs@sina.com
印　　刷　北京亚吉飞数码科技有限公司
开　　本　787mm×1092mm　1/16
印　　张　21.75
字　　数　350千字
版　　次　2023年4月　第1版
印　　次　2023年4月　第1次
书　　号　ISBN 978-7-5768-1106-3
定　　价　198.00元

农药残留是影响食品安全和生态环境的重要因素，针对农药残留的检测和分析引起广大科研人员的关注。近年来，随着光谱分析仪器的发展，光谱分析技术的应用领域越来越广泛。本书重点研究光谱方法在农药残留检测分析以及农药降解效果评估方面的应用。

·本书所应用的光谱技术主要包括荧光光谱和紫外吸收光谱，分别研究了典型农药残留的荧光光谱检测分析、紫外吸收光谱检测分析、紫外照射降解分析、臭氧降解分析，以及基于药物与蛋白结合作用的农药降解分析。本书共包括10章，其中第1章至第3章为相关的光学和数学建模理论知识；第4章研究农药残留的紫外吸收光谱检测分析方法；第5章至第7章研究农药残留的荧光检测分析方法；第8章至第9章研究农药残留的降解分析方法；第10章基于药物与蛋白结合作用重点研究了农药降解前后的光谱特性变化。

本书是课题组多年来研究成果的积累，主要在淮阴工学院学术专著资助出版专项、国家自然科学基金（62141502、62205120）、江苏省产学研合作项目（BY2022496）、江苏省高校自然科学研究面上和重大项目，以及江苏省湖泊环境遥感技术工程实验室开放课题等资助下完成。研究成果中的部分实验数据在南京航空航天大学光谱实验室采集完成。感谢赵志敏教授、陈仁文教授对课题研究的指导与帮助，感谢淮阴工学院张宇林博士、曹苏群博士、刘磊博士、于银山博士、庄立运博士等同事给予的帮助支持，感谢马士才、韩月、蒋喆臻、徐江宇、冯小涛等研究生对开展课题研究所作的贡献。

鉴于光谱技术与分析方法的快速发展，课题组在专业知识领域仍有一定的局限，本书中的内容难免存在疏漏和不足之处，恳请读者批评指正。

作 者

2022年10月

CONTENTS | **目 录**

第1章　概述　　　　　　　　　　　　　　　　　　　　　1

　　1.1　农药残留检测技术　　　　　　　　　　　　　　1
　　1.2　农药残留降解技术　　　　　　　　　　　　　　5
　　1.3　药物与蛋白质相互作用光谱技术　　　　　　　　9
　　1.4　光谱数据分析方法　　　　　　　　　　　　　　12
　　1.5　本章小结　　　　　　　　　　　　　　　　　　17

第2章　光谱分析理论基础　　　　　　　　　　　　　　19

　　2.1　紫外-可见吸收光谱基本理论　　　　　　　　　19
　　2.2　荧光光谱基本理论　　　　　　　　　　　　　　22
　　2.3　本章小结　　　　　　　　　　　　　　　　　　26

第3章　光谱数据建模方法　　　　　　　　　　　　　　27

　　3.1　光谱预处理方法　　　　　　　　　　　　　　　27
　　3.2　农药检测建模的主要分析指标　　　　　　　　　34
　　3.3　光谱数据线性分析方法　　　　　　　　　　　　35
　　3.4　光谱数据支持向量机分析方法　　　　　　　　　42
　　3.5　光谱数据神经网络分析方法　　　　　　　　　　50
　　3.6　特征光谱确定方法　　　　　　　　　　　　　　53
　　3.7　本章小结　　　　　　　　　　　　　　　　　　60

第4章   基于特征峰的农药残留吸收光谱检测方法   **61**

4.1   检测方案   61
4.2   异丙甲草胺吸收光谱检测分析   63
4.3   吡虫啉吸收光谱检测分析   67
4.4   多菌灵吸收光谱检测分析   72
4.5   阿维菌素吸收光谱检测分析   78
4.6   本章小结   85

第5章   基于特征峰的农药残留荧光光谱检测方法   **87**

5.1   检测方案   87
5.2   异丙甲草胺荧光光谱检测分析   89
5.3   灭蝇胺荧光光谱检测分析   93
5.4   多菌灵荧光光谱检测分析   96
5.5   阿维菌素荧光光谱检测分析   101
5.6   百菌清荧光光谱检测分析   108
5.7   哒螨灵荧光光谱检测分析   116
5.8   抗生素荧光光谱检测分析   118
5.9   荧光光谱和吸收光谱对比分析   122
5.10   本章小结   123

第6章   基于多维特征光谱的农药残留荧光检测方法   **125**

6.1   检测方案   126
6.2   基于特征峰的分析方法性能研究   129
6.3   基于特征光谱的多元线性分析   133
6.4   基于特征光谱的支持向量机非线性分析   149
6.5   本章小结   175

第7章　多组分混合农药残留的荧光检测及建模方法　177

　7.1　检测方案　177

　7.2　基于支持向量机的农药残留种类识别研究　181

　7.3　基于全光谱的多组分农药残留检测分析　192

　7.4　基于特征光谱的多组分农药残留检测分析　200

　7.5　基于神经网络的多组分农药残留检测分析　210

　7.6　本章小结　218

第8章　基于紫外线照射的农药降解设计及分析　221

　8.1　紫外光照射降解农药原理　221

　8.2　紫外光照射降解农药系统设计　223

　8.3　异丙甲草胺紫外光照射降解荧光光谱分析　224

　8.4　灭蝇胺紫外光照射降解荧光光谱分析　230

　8.5　哒螨灵紫外光照射降解荧光光谱分析　233

　8.6　吡虫啉紫外光照射降解吸收光谱分析　236

　8.7　阿维菌素紫外光照射降解吸收光谱分析　242

　8.8　恶霉灵紫外光照射降解吸收光谱分析　248

　8.9　本章小结　253

第9章　基于臭氧技术的农药降解设计及分析　255

　9.1　臭氧降解农药原理　255

　9.2　臭氧降解农药系统设计　256

　9.3　异丙甲草胺臭氧降解荧光光谱分析　258

　9.4　灭蝇胺臭氧降解荧光光谱分析　263

　9.5　吡虫啉臭氧降解吸收光谱分析　266

　9.6　阿维菌素臭氧降解吸收光谱分析　267

　9.7　百菌清臭氧降解吸收光谱分析　269

9.8   紫外线与臭氧降解性能对比分析   271

9.9   中药降解农药探究   277

9.10   本章小结   280

第10章   基于药物与蛋白结合作用的农药降解光谱特征研究   281

10.1   研究概况   281

10.2   实验方法   282

10.3   药物对牛血清白蛋白的荧光猝灭研究   284

10.4   药物与蛋白作用的结合常数和结合位点数   295

10.5   药物与蛋白作用的热力学参数   302

10.6   药物与蛋白之间能量转移和结合距离   304

10.7   药物对血清白蛋白构象的影响研究   307

10.8   本章小结   311

参考文献   313

第1章 概　述

当前农业生产中，农药是不可缺少的重要生产资料，农药对于防治农作物病虫害、促进产量增长等具有积极作用，但农药残留同时也对土壤、环境、食品安全等造成影响，因此针对农药残留的检测及降解技术的研究具有重要意义。本章将概述农药残留检测及降解技术，并重点介绍光谱技术在农残检测中的应用。

1.1　农药残留检测技术

在20世纪50年代，农药残留检测的分析方法主要是比色法、生物检测法和化学法等，这些检测方法存在检测农药类型范围窄、灵敏度不高等不足[1-3]；到60年代，色谱法在农药残留分析中得到了广泛应用；80年代以后，液相色谱法，尤其是高效液相色谱法在农药及其代谢物的检测中得到了进一步发展[4-5]。目前为止，被用于检测农药残留的方法主要包括色谱法、质谱法、免疫分析法、酶抑制法、生物传感器法、直接光谱分析法等[6-11]。

1.1.1　色谱法

色谱法是一种传统农药残留分析方法，主要利用了混合物不同组分会以不同的速度沿固定相移动，最终达到分离的原理。主要包括：气相色谱（gas chromatography，GC）、色谱-质谱联用、高效液相色谱（high performance liquid chromatography，HPLC）、超临界流体色谱等方法。

Crentsil KB等人[12]在2010年7月到2011年2月期间收集了加纳首都阿克拉地区240种蔬菜样本，利用气相色谱结合电子俘获检测器技术对有机氯杀虫剂农药残留进行了检测，结果表明所有蔬菜中都含有不同量级的农药残留，其中具有高含量的农药残留占71.9%，而31.48%超过所规定的最大农药残留量值。Prasad R等人[13]利用液相色谱法对涕灭威、苯菌灵、克百威和灭多威等几种氨基甲酸酯类农药进行实验检测研究，其回收率都超过80%，并且具有高的准确性和良好的再现性。蒋开年等人[14]建立了黄芪甘草中分析有机氯农药六六六（BHC）、滴滴涕（DDT）和五氯硝基苯（PCNB）残留量的一种毛细柱气相色谱的分析方法。张文娟等人[15]建立了以超高效液相色谱-电喷雾串联质谱同时检测10种食品中的阿维菌素类药物残留的确证方法，结果表明所检测药物的回收率在60%～99%，相对标准偏差为0.2%～8.9%。Słowik-Borowiec M等人[16]利用气相色谱-电子捕获/氮磷检测方法对白芥中50种农药进行了定量检测分析，报道平均回收率范围为70%～120%，线性决定系数超过0.99，定量限为0.01mg/kg。

总体而言，色谱法由于具有灵敏度高和准确度高等优点，是农药残留检测中被广泛应用的一种方法，其不足之处在于设备价格高、样品预处理复杂、不宜推广等方面。

1.1.2　质谱法

质谱法是一种定性分析方法，电场和磁场可以将运动的样品离子（带电荷的原子、分子或分子碎片）按它们的质荷比进行分离，从而获得质谱图。

质谱分析具有响应快、精度高等优点，通常与色谱分析方法结合，实现对多种农药混合物的检测分析。

Li J等人[17]报道了利用气相色谱–质谱方法对葡萄中25种农药残留进行检测，实验结果表明，检出限范围为0.000 9～0.008 4μg/ml，回收率范围为61%～108%，而相对标准偏差处于4.0%～12.4%。Páleníková A等人[18]报道了利用气相色谱–串联质谱技术对大豆类产品中的177种农药进行检测结果，回收率范围为70%～120%，检出限范围为0.1～10μg/kg，而定量限范围为0.5～20μg/kg。Sivaperumal P等人[19]通过液相色谱/飞行时间质谱（UHPLC/TOF－MS）技术对果汁和蔬菜中60种农药残留进行检测，结果表明检测回收率范围为74%～111%，相对标准偏差不超过13.2%。

1.1.3　免疫分析方法

免疫分析方法是利用抗原抗体特异性结合反应检测各种物质（药物、蛋白质、微生物等）的分析方法，具有灵敏度高、成本低和实时检测等优点。具体可分为两类，一是免疫测定法，例如酶免疫分析、固相免疫传感器、酶联免疫吸附剂测定等；二是其与其他技术联用，例如与免疫亲合色谱相结合。

近年来，酶联免疫吸附测定等免疫分析技术被广泛应用于农药残留检测[20-21]，但是在实现连续性检测等方面仍然需要进一步的提高。Jiang XS等[22]对利用不同转换类型免疫传感器检测农药残留进行了详细的综述，具体包括电化学、光学、压电和纳米力学等类型。Navarro P等人[23]报道了利用ELISA方法同时检测橘子汁中毒死蜱和倍硫磷两种农药残留，对应检出限分别为0.20±0.04mg/L和 0.50±0.06mg/L。免疫分析检测技术准确简单，除了对检测样品进行稀释以外，不需要对其进行其他复杂的预处理过程。

1.1.4　酶分析法

酶分析法主要通过有机磷和氨基甲酸酯类农药对乙酸胆碱酯酶的活性具

有抑制作用的原理，具体通过测定溶液吸光度的大小或颜色的变化来表明抑制率的大小，从而判断是否有农药残留，因此这种农药残留分析方法多用于定性分析。Meng XW等人[24]利用乙酰胆碱酯酶抑制机理实现了有机磷农药敌敌畏残留检测。Guo XS等人[25]同样基于乙酰胆碱酯酶抑制机理制作了一种用来快速检测农药残留的卡片，实验结果表明，对氧化乐果的检出限为1μg/ml，对敌敌畏的检出限为0.1μg/ml，甲胺磷对应检出限为1μg/ml，毒死蜱检出限为0.05 μg/ml，西维因检出限为1.5μg/ml，抗蚜威检出限为0.8μg/ml。

近年来，薄层-酶抑制法兼具薄层分析和酶抑制技术的优点，应用范围更加广泛，是一种很有发展前途而且实用的农药残留测定技术[26]。

1.1.5　生物传感器

生物传感器由生物分子识别元件及各种物理、化学换能器形成，传感器的生物敏感层与复杂样品中特定的目标分析物之间的识别反应会产生物理化学信号，再转换成电信号后进行放大并记录，从而可以用于分析检测各种化学物质和生命物质。生物传感器主要包括酶传感器、微生物传感器和免疫传感器等[27-29]。

Wu S等[30]利用乙酰胆碱酯酶生物传感器对敌敌畏农药进行检测实验分析，实验证明此种方法的敌敌畏农药检出限达到2.0ng/ml。Shang ZJ等人[31]基于压电生物传感器对辛硫磷和毒死蜱进行了农药残留检测实验，并与比较成熟的气相色谱分析技术进行了比较，从检测结果来看，两种检测方法没有显著性差异。目前生物传感器的不足之处主要在于重复性差、寿命短和成本高等方面。

1.1.6　光谱检测法

基于物质的光谱特性，可以实现定性定量检测，例如紫外吸收光谱、荧光光谱、傅里叶变换红外光谱等，可用光谱几乎涵盖了整个电磁波段。近红外衰减全反射光谱（NIR-ATR）和表面增强拉曼光谱（SERS）都属于快速、直接的光谱技术，所需检测样品量小，具有很大的应用潜力[32-36]，例如表面增强拉曼光谱法具有好的表面检测灵敏度，在农药残留分析方面得到了广泛应用。Dhakal S等人[37]利用拉曼光谱技术搭建了农药残留检测平台，并对苹果中毒死蜱农药残留进行了实验研究，结果显示其检出限不超过6.69mg/kg，用时不到4s。Wang X等人[38]基于表面增强拉曼光谱技术实现了亚胺硫磷和乙拌磷的农药检测，其检出限分别为5mg/L和1mg/L。化学发光法也是一种农药残留检测技术，主要是通过发光物质（鲁米诺、过氧草酸等）和有机磷农药进行化学反应，从而释放化学能量产生光辐射，检出限达到了ng/L级水平[39-41]。

综上可知，农药残留检测方法有多种，每种方法都有其独自的应用特性，可以根据实际需要选择相应的检测方法。与此同时，随着人们生活水平的不断提高，人们越来越关注环境和食品安全问题，因此对农药检测技术也提出了更高的要求。农药残留检测技术的未来发展趋势表现在以下几个方面[42-47]：

（1）能够更加快速便捷地实现农药残留检测，更能适应现代高效、快速的节奏。如今，农药残留速测技术已经成为农药残留分析技术研究中的一个重要方面。

（2）能够实现农药残留痕量分析检测，对检测技术的精确度将会提出更高的要求。

（3）能够和其他现代科学技术与理化分析手段相结合，不断开发更加先进的农药残留分析技术。

1.2 农药残留降解技术

农药残留的降解可以有效降低环境污染、减少农药的毒副作用。当前，农药被越来越广泛地使用，仅仅依靠自然的分解显然无法满足人类的安全需求，必须有效利用先进的科技手段来促进农药的降解，从而提高农产品的安全性[48]。目前，所采用的农药残留降解手段已有多种，主要包括物理、化学和生物学方法。

1.2.1　农药残留降解物理方法研究

去除农药残留常用的物理方法包括超声波法、吸收法和电离辐照法。超声波主要是利用其产生的空化效应，基于高振荡频率、高强度特性，加速农药分子运动，将残留农药降解为小分子物质，从而降解果蔬中的残留农药。吸收法主要通过具有吸附性的物质（活性炭、石英砂等）吸附农产品中的农药残留。电离辐照主要利用放射性同位素的高能射线破坏农药的各种化学键，使其降解为小分子而达到降解效果。

Hoffmann MR等人[49]在1996年就曾报道利用超声波技术对水中化学污染物进行了降解实验，其中就包括对农药的降解实验研究，马静等人[50]对利用超声波降解农药残留的理论、影响因素、研究现状及其应用前景进行了系统、详细的阐述。Zhang YY等人[51]报道了用超声波降解两种有机磷农药（毒死蜱和二嗪农）实验，结果表明两种农药都能被快速有效地降解，同时超声波功率、温度和pH值等参数都对降解效果产生影响。Ricardo AT[52]和Kidak R[53]都进行了超声波降解草不绿实验，结果表明降解程度与超声波的功率大小和作用时间相关，另外特别指出如果降解处理时间或者功率不足，有可能会分解成毒性更强的中间化合物。孙红杰[54]等进行了降解甲胺磷实验研究，研究了超声波功率、频率、声强，溶液初始pH值，以及空化气体种类等因素对降解甲胺磷农药废水的影响，甲胺磷的降解率可达到61.7%。

Najim等人[55]进行了活性炭降解农药残留实验，吸附作用明显。田洪磊[56]进行了活性炭降解甲胺磷农药残留实验，具体结果表明，活性炭添加量为15%，硅藻土添加量6.3%，作用时间1min时降解效果最显著。Liu YH[57]等人研究敌草隆在中国六种不同类型的土壤中的吸附和解析行为，发现不同类型的土壤对敌草隆的吸附能力不同，黑土对敌草隆的吸附能力最强。许多研究者[58-63]采用碳纳米管吸附水体中的有机污染物，结果表明碳纳米管具有大表面积和表面疏水性等特性，对水体中有机污染物具有很好的吸附能力。Moussavi G等人[64]和Jusoh A等人[65]分别研究了活性炭对农药二嗪农和马拉松等农药的吸附性能，结果表明活性炭对这些农药的吸附数据符合Langmuir平衡模型。

陈其勇等[66]利用辐照对中草药中氨基甲酸酯和有机磷残留降解进行了实验研究，结果表明电子束辐照可有效加速氨基甲酸酯和有机磷农药残留的降解。陈梅红等[67]利用60Co–γ射线进行了电离辐照降解农药残留实验，结果表明其可以有效降解溴氰菊酯（85%）和甲基对硫磷（30%）。

1.2.2　农药残留降解化学方法研究

化学方法是研究最多的一种农药残留降解技术，具体包括光化学降解、化学氧化（臭氧、次氧酸盐等）、光催化等，其原理是利用高活性的中间产物与有机污染物产生相互反应，达到降解效果。

Zaleska A等人[68]采用UV/TiCVOs技术对水溶液中林丹、DDT和甲氧氯3种有机氯农药光降解进行了实验研究，结果表明，在150min之内，它们的降解率分别为50%、85%和99%。Nieto LM等人[69]采用紫外光对初榨橄榄油中农药残留进行降解实验，证实紫外光是一种在不损害橄榄油品质的同时能达到有效降解农药的方法，另外根据降解时间和温度的不同，降解率范围为7%～80%。刘新社等[70]设计了紫外光照射降解农药残留的设备，利用紫外线照射水果表面，使水果中的农药残留发生降解，结果表明对苹果处理1min后，残留乐果和氰戊菊酯的降解率分别是57.40%和42.23%；对梨处理1min后，残留乐果和氰戊菊酯的降解率分别是60.12%和41.25%。André Luís de CP[71]分析研究了氨唑草酮的光解过程，讨论了药物初始浓度、pH值，以及溶解氧等对降解的影响，研究表明pH值会导致氨唑草酮光解成不同的化合物。

国外对臭氧降解农药残留进行了相应实验研究，Ong KC等[72]对苹果中的谷硫磷、克菌丹和盐酸抗螨脒进行了实验，结果表明，三种物质都能达到降解效果，同时降解率将会随着pH值增大和温度增加而提高。Chiron S等[73]用臭氧实现了虫螨磷的降解，并结合气相和液相–质谱方法分析降解后的相应成分。Chelme-Ayala P等[74]用臭氧和过氧化氢降解水中溴草腈和氟乐灵，结果表明，如果单独使用臭氧降解，其降解率低于50%，而与过氧化氢结合后，其降解率超过60%。另外还有人研究了臭氧结合其他降解技术对不同农药的降解实验，并对比分析了不同降解方法的降解效果[75-76]。

国内也有人对此做了实验研究。杨学昌[77]等人用高压放电产生高浓度臭氧的方法处理果蔬上的农药残留。伍小红等人[78]以甲胺磷、敌敌畏、久效磷这3种有机磷农药为研究对象，通过不同质量浓度的臭氧和不同作用时间进行了有机磷农药降解实验，实验结果表明对混合溶液进行振荡后能够提高降解效果，而采用浓度1.17mg/L的臭氧水可以较好地降解水中和苹果上的这3种有机磷农药。刘超等人[79]介绍了臭氧等氧化技术对多类代表性农药（包括有机氯、有机磷、氨基甲酸酯、氯乙酰胺和三嗪等）的降解效能，并讨论了农药的降解效率、反应动力学等内容。王琼等人[80]研究了臭氧水的溶解特性以及臭氧水在不同浓度、不同处理时间、不同pH和不同处理方式对哈密瓜中4种残留农药（马拉硫磷、毒死蜱、高效氯氰菊酯和百菌清）的降解效果，结果表明，哈密瓜中4种农药的降解率随着臭氧浓度的增加、浸泡时间的延长均有不同程度的提高，臭氧水动态处理30min效果最佳，马拉硫磷、毒死蜱、高效氯氰菊酯、百菌清4种农药的降解率分别是90.87%、85.62%、78.31%和85.26%。

1.2.3   农药残留降解微生物方法研究

微生物降解主要是利用细菌、真菌和放线菌等微小生命对农药残留进行降解，其研究始于20世纪40年代[81]，其机理是在酶的作用下农药发生还原氧化等化学反应。研究比较多的是对有机磷、有机氯和氨基甲酸酯类杀虫剂的农药残留的降解。

程国锋等人[82]发现芽孢杆菌属（*Bacillussp*）和假单孢均属（*Pseudomonassp*）菌液制剂对普通白菜中残留的有机磷农药甲胺磷和乐果有明显的去除作用。石利利等人[83]对利用假单胞菌（DLL-1）降解甲基对硫磷进行了实验研究，结果表明，作用3h后降解率可达到85%，在pH为5.0、7.0

和9.0条件下，DLL-1菌都能够起到对甲基对硫磷农药的高效降解作用。史
延茂等人[84]从受农药污染的土壤中筛选出一株能利用甲胺磷生长的假单胞
菌，在有碳源的条件下培养一周，1 000mg/L的甲胺磷降解率可以达到70%。
刘智等人[85]进行了降解菌DLL-E4清除农产品表面农药残留实验，实验结果
表明使用发酵液和不同的酶制剂清除农药残留最高可达100%。Gao Y等[86]将
有机磷降解酶（OpdA）固化到非织造聚酯纺织品上降解有机磷农药，结果
表明降解酶具有很好的稳定性和活性，并且对低浓度的有机磷农药降解效果
良好。Mandal K等人[87]分离出苏云金杆菌（Bacillus Thuringiensis），然后在黏
性土壤环境中对农药氟虫腈进行了降解实验研究。

1.3 药物与蛋白质相互作用光谱技术

通过对药物与蛋白质之间结合作用的研究，可以使人们更好地理解药物
在体内的运输、代谢，以及合理用药。当前，国内外学者主要是从药物对蛋
白质构象的影响、结合常数、结合距离等方面对药物与蛋白质结合作用进行
研究[88]。近几年，国内学者对其研究逐渐深入，研究内容也更进一步扩展[89-90]；
而国外学者对其研究起步较早，所获取的研究信息也更为丰富。

基于蛋白质及其与药物分子作用后的光学特性，光谱法被广泛应用于研
究药物与蛋白质作用的结合机理。常用的光谱方法有紫外-可见吸收光谱法[91]、
荧光光谱法[92]、傅里叶红外光谱法[93]等。

1.3.1 紫外-可见吸收光谱方法

可以利用紫外-可见吸收光谱来分析药物与蛋白质的结合作用，具体可
以根据加入药物后蛋白质吸收光谱的变化情况来判断它们是否发生相互作

用，并明确药物对蛋白质形成影响的作用方式等信息[94]。因此，可根据药物与蛋白质作用前后药物或蛋白质的吸收光谱变化来判断药物是否与蛋白质发生了相互作用，以及它们之间的作用方式等信息。Kumari等[95]利用紫外吸收光谱研究了1-丁基-1-甲基-3-吡咯烷酮溴化物（BMOP）与牛血清白蛋白（BSA）之间的结合作用，研究表明，随着药物BMOP不断加入BSA，BSA的吸光度增加了，同时还发现吸收峰发生了明显的蓝移（280nm到276nm），表明了药物BMOP和BSA的结合导致BSA构象发生变化。周翌雯等[96]人利用吸收光谱对氟氯氰菊酯与BSA的相互作用进行了实验研究，结果表明，药物和BSA对应吸光度之和与同浓度混合溶液的吸光度不一致，从而进一步明确氟氯氰菊酯对BSA的荧光猝灭为静态猝灭。

吸收光谱技术只能得到药物与蛋白质结合作用的部分信息，因此如果想获取更加全面的信息，需要与其分析技术相结合。例如可以与荧光光谱技术相结合，明确猝灭类型，获取结合距离等信息。

1.3.2　荧光光谱方法

通过荧光光谱可以获取发射光谱、量子产率及荧光寿命等荧光参数，可以利用这些荧光参数来研究药物和蛋白质的相互作用，得到结合常数，以及了解蛋白质构象变化情况[97]。蛋白质中内源荧光主要由酪氨酸、色氨酸及苯丙氨酸产生，根据文献报道[98]，它们的荧光峰值分别位于303nm、348nm和282nm处，而且色氨酸的荧光强度最强，苯丙氨酸的荧光强度最弱。可以通过荧光猝灭和荧光增强两种方法研究蛋白质和药物之间的结合作用。荧光增强表示药物与蛋白质发生作用后，药物荧光强度增加；荧光猝灭表示药物与蛋白质作用后，蛋白质内源荧光强度减弱。荧光猝灭包含静态猝灭和动态猝灭，静态猝灭表示猝灭剂与荧光物质基态分子之间相互作用，而动态猝灭表示猝灭剂与荧光物质激发态分子之间的相互作用[99]。

Wang TH等[100]在模拟人体生理条件下研究了曲克芦丁与牛血清白蛋白的相互作用，通过Stern-Volmer方程计算了在299K和309K下的猝灭常数，结果表明温度增加导致结合常数减小，分析属于静态猝灭，通过吸收光谱的变化证实了该结论。BakkialakshmiS[101]研究了尿嘧啶与牛血清白蛋白之间的相互作用，结果表明，随着温度升高，对应猝灭常数增加，同时结合时间分辨荧光实验结果，明确尿嘧啶对牛血清白蛋白的猝灭是动态猝灭，而药物与BSA之间作用力为疏水作用力。吴汉东等[102]用荧光光谱法研究了杀虫剂辛硫磷与牛血清白蛋白的相互作用，结果表明，辛硫磷对BSA猝灭属于静态猝灭，计算得出辛硫磷与牛血清白蛋白结合作用的结合位点数、结合常数及反应热力学参数，并据此确定它们之间主要的相互作用力为疏水作用力。

1.3.3　傅里叶变换红外光谱方法

傅里叶变换红外光谱（fourier transform infrared spectroscopy，FT-IR）可以用来定量检测蛋白质分子构象变化，是研究氢键的一种有效测试方法[103]，傅里叶变换红外光谱具有测速快和低噪声等优点，可以在不同环境条件下对多肽和蛋白质进行测定[104]。目前，傅里叶变换红外光谱已被用来研究药物对于蛋白质二级结构的影响。

Molina-Bolívar JA[105]利用傅里叶变换红外光谱对山楂酸（Maslinic Acid）和牛血清白蛋白的相互作用进行了实验研究。Tatsuo M[106]基于FT-IR技术对定量分析蛋白质（BSA）构象变化进行了实验研究。王亚俐等[107]利用傅里叶光谱法研究了苯甲酸钠与牛血清白蛋白的相互作用及对BSA构象的影响，研究结果显示，随着苯甲酸钠的加入，白蛋白中A-螺旋的百分含量减少，从71%降到40%左右，证明BSA与苯甲酸钠形成了加合物。张海蓉等[108]利用傅里叶红外光谱（FTIR）等光谱手段研究了模拟人体生理条件下儿茶素与牛血清白蛋白的相互作用，结果表明儿茶素与BSA发生作用，使得BSA的多肽链的C—N或N—H作用，改变了BSA的二级结构。

1.3.4　其他光谱方法

圆二色光谱（circular dichroism，CD）可以用来研究稀溶液中的蛋白质构象，它能够反映蛋白质二级结构信息，还可以提供蛋白质三级结构指纹图谱，具有简单、快速、准确的优点[109]。郑婷等[110]在生理条件下（pH 7.43），采用时间扫描圆二色光谱（CD）研究了Ni^{2+}诱导人血清白蛋白（HSA）或牛血清白蛋白（BSA）产生的构象变化。周娟等[111]通过CD研究了Cu^{2+}存在下葛根素对牛血清白蛋白二级结构的影响，结果表明葛根素和Cu^{2+}-葛根素都能诱导BSA二级结构发生改变。

核磁共振波谱技术（nuclear magnetic resonance spectroscopy，NMR）能够提供原子水平的分子平面和立体结构及动态信息，具有准确、迅速、分辨率高的优点。NMR能够给出药物与蛋白质相互作用的结构信息，例如药物-蛋白质复合物的构象、结合位点的结构和位置等[112-113]。

拉曼光谱（Raman spectroscopy）能够反映蛋白质分子的二级结构、各种功能键及其氨基酸侧链的构象等多种信息。Fleury等[114]在1997年首次将拉曼光谱应用于人血清白蛋白与配基的研究中。2003年，我国学者沈星灿等[115]将拉曼光谱用于血清白蛋白与小分子的相互作用的研究。陶清等[116]用拉曼光谱技术研究了固态和水溶液中诺氟沙星和牛血清白蛋白的相互作用，结果表明诺氟沙星对牛血清白蛋白的结构不产生明显的影响，在生物体内发挥作用前不会给生物体的正常生理作用造成影响。

1.4　光谱数据分析方法

1.4.1　光谱预处理方法

光谱数据由于仪器本身以及操作过程中的误差往往含有噪声，影响后期的数据建模及分析，通过预处理算法可以有效去除噪声，降低干扰，提高数据质量。目前用于光谱数据预处理的方法主要包括数据增强、数据平滑、数据求导、多元散射校正（multiplication scatter correction，MSC）、标准正态变量变换（standard normal variate transformation，SNV）、去趋势（de-trending）以及小波变换（wavelet transform，WT）等方法[117-118]。

数据增强预处理主要包括标准化、中心化和归一化等操作，应用数据增强算法可以消除冗余信息，增加样本间的差异性，从而可进一步提高模型的稳健性和预测能力。数据平滑方法通常有Savitzky-Golay卷积平滑法和移动平均平滑法，平滑处理后可有效提高光谱信号信噪比。对光谱数据求导主要有两种方法：直接差分法和Savitzky-Golay求导法。导数光谱可有效消除基线及其他的背景干扰，求导后的光谱更易分辨重叠峰，并可提高检测的灵敏度和分辨率。多元散射校正（MSC）及标准正态变量变换（SNV）预处理方法两者作用类似，主要用来消除因样品的不均匀性产生散射引起的光谱差异，可用于校正光谱的散射问题。SNV通常与去趋势方法联合使用。小波变换（WT）方法于20世纪90年代初被引入化学领域并形成了化学小波分析，被称为化学信号的"数学显微镜"。目前，小波变换预处理方法已成功应用于红外光谱、可见-紫外光谱、荧光光谱等信号的平滑滤噪、去除背景、数据压缩以及重叠信号解析。其主要思想是将冗长的光谱数据进行合理分段，并对每段光谱进行小波分解、阈值量化，以及小波重构，从而获得每段最佳分解层数。最后，将最佳分解层对应的重构谱段组合成新光谱用于建模分析。

以上预处理方法能够对光谱降噪，有效提高光谱模型的健壮性和稳定性，而仅用一种光谱预处理方法往往不能获得理想的结果，目前趋势是将各种预处理方法进行不同组合，通过对比分析获得最佳的预处理方法，组合后用于光谱分析。

1.4.2　光谱特征选取方法

目前，用于光谱特征选取的方法主要有相关系数法（correlation-coefficient analysis，CA）、逐步回归法（stepwise regress，SWR）、连续投影方法（successive projection algorithm，SPA）、主成分分析方法（principal component analysis，PCA）、竞争性自适应加权算法（competitive adaptive reweighted sampling，CARS）、无信息变量消除法（uninformative variables elimination，UVE）、间隔偏最小二乘法（interval PLS，iPLS）、遗传算法（genetic algorithms，GA）和粒子群算法（particle swarm optimization，PSO）等。

郝勇[119]等基于近红外光谱技术分别采用蒙特卡罗无信息变量消除法和基于小波变换的蒙特卡罗无信息变量消除方法对梨的硬度和表面色泽的建模变量进行筛选。结果表明UVE方法可以有效选择建模变量，提高了模型稳定性和多元校正的预测精度。石吉勇[120]等用遗传算法和独立分量法提取黄瓜叶高光谱图像的特征信息用于检测叶绿素含量，将GA优选出来的光谱进行ICA信号分析并结合叶绿素含量值建立多元线性回归模型。研究结果表明，利用高光谱图像技术结合GA与ICA快速、无损检测叶片叶绿素含量及其叶面分布是可行的。朱心勇[121]在应用近红外光谱检测蔬菜中的敌敌畏农药残留时，采用间隔偏最小二乘法和连续投影算法优选特征光谱，并结合偏最小二乘法建立样本的校正模型，取得了较理想的预测性能。王海龙[122]等基于可见–近红外高光谱成像技术检测番茄叶片的灰霉病，应用竞争性自适应重加权算法（CARS）和相关系数法（CA）获取特征波长，分别建立CARS–SVM和CA–SVM鉴别模型。结果显示，CARS–SVM模型中训练集和验证集的鉴别率均为100%，CA–SVM模型中训练集和验证集的鉴别率分别是91.59%和92.45%，取得了理想效果。蒋薇薇[123]等研究分析80个玉米实验光谱数据，分别应用区间偏最小二乘法（iPLS）、组合区间偏最小二乘法（SiPLS）和连续投影算法（SPA）优选玉米水分组分的最佳波长，建立校正模型。结果表明，iPLS、SiPLS和SPA将建模变量从700个分别降低到70、140和2个，各占据全光谱的10%、20%和0.29%，且其建模精度优于全谱模型。花晨芝[124]等在应用紫外光谱测定化学需氧量时，将粒子群算法与偏最小二乘算法相结合，优化了紫外光谱特征波长的选择，平均相对误差在5%以内，预测精度明显优于未经粒子群算法选取波长的偏最小二乘回归模型，实验结果表明，应用粒子群特征选择算法提高了模型的预测精度。

1.4.3　定性分析方法

光谱数据结合定性分析方法可以建立分类模型，从而实现对未知样品的定性鉴别。目前，定性分析方法主要包括两大类：有监督模式识别方法和无监督模式识别方法。其中，有监督模式识别中常用的分析方法包括近邻法（k-nearest neighbor，KNN）、SIMCA方法（soft independent modeling of class analogy，SIMCA）、线性判别分析（linear discriminant analysis，LDA），以及人工神经网络（artificial neural network，ANN）、支持向量机方法（support vector machine，SVM）等；而聚类分析、映射图等方法属于无监督模式识别方法。

牛智有等[125]应用近红外光谱技术对茶叶进行定性和定量分析，采用主成分分析结合聚类分析法对4种类别的茶叶进行定性鉴别，种类识别准确率达到100%，同时建立了定性分析模型，其决定系数大于0.91，相对分析误差RPD均大于3。陈全胜[126]等采用近红外光谱结合SIMCA模式识别方法对茶叶进行识别与分类，利用SIMCA模式识别方法基于主成分分析建立茶叶分类模型，对龙井、碧螺春、祁红和铁观音四类样本的识别率分别是90%、80%、100%和100%。吴静珠[127]等基于拉曼光谱应用偏最小二乘线性判别分析法（PLS-LDA）对食用油进行快速定性检测，分别实现了对单一种类及多种类食用油的定性鉴别，总体识别率高于90%，分类性能良好。王茜蒨[128]等基于激光诱导击穿光谱应用人工神经网络对塑料进行分类识别，首先利用主成分分析获得前五个主成分的得分矩阵，然后建立反向传播人工神经网络模型，其识别准确度达到97.5%。实验结果表明，通过采用主成分分析与BP人工神经网络相结合的方法，可以快速实现对塑料的激光诱导击穿光谱分类识别。郭云香[129]等利用近红外漫反射光谱，结合主成分分析和支持向量机联用算法，建立PCA-SVM模式识别模型，用于国产和进口啤酒花的快速鉴别。PCA在提取光谱前8个主成分时，PCA-SVM模型的五折交叉验证准确率达97.37%，对校正集和测试集样品预测准确率均分别为97.37%和97.44%。

1.4.4　定量分析方法

通过定量分析方法可基于光谱数据建立校正模型实现对未知样品的含量预测，定量分析主要分为线性校正方法和非线性校正方法，其中，线性校正方法中通常有多元线性回归（multiple linear regression，MLR）、主成分回归（principal component regression，PCR）以及偏最小二乘法（partial least squares regression，PLSR）；非线性校正方法主要包括人工神经网络（artificial neural network，ANN）、支持向量机回归（support vector machine regression，SVR）、拓扑学方法（topology，TP）等。

刘杰[130]等应用近红外光谱对油页岩含油率进行分析研究，分别应用偏最小二乘法和反向传播神经网络建立分析模型并对预测性能进行了对比分析，两者在不同的预处理方法下具有不同的预测精度。刘翠玲[131]等采用拉曼光谱技术检测黄瓜上吡虫啉残留量，分别应用偏最小二乘（PLS）法和主成分回归（PCR）算法建立了6个黄瓜中吡虫啉含量预测模型。其中PLS对应的预测精度较优，其校正集及预测集的相关系数均在0.99以上。边旭[132]基于荧光光谱检测氨基甲酸酯类农药，应用BP神经网络方法对农药含量进行定量分析，且使用遗传算法优化神经网络参数，对应模型具有较高的预测精度。李宝等[133]基于高光谱检测桃叶片中的叶绿素含量，分别采用主成分分析支持向量回归法和小波去噪偏最小二乘回归两种方法建立预测模型，实验发现，所建模型的预测效果均优于传统方法，可以实现对叶绿素含量的快速估计。

针对多组分混合样本的分析处理，通常基于三维光谱应用二阶校正方法对混合样品中的各组分进行定性定量分析。陈宇男[134]基于三维荧光光谱对有机农药废水进行快速检测，应用平行因子方法将混合成分三维荧光矩阵中各自的特征荧光光谱分离，实现了对多菌灵、麦穗宁和西维因3种农药混合液的准确定量分析。曾子琦[135]等应用气相色谱对36种混合农药进行检测，应用基于移动窗口目标转化因子分析的高通量分析技术对混合农药进行快速定性分析，在9min内得到样品中的所有组分信息。

1.5　本章小结

　　本章主要介绍了农药残留检测技术、农药残留降解技术的研究现状和发展趋势，重点说明了光谱方法在农残检测及降解分析中的应用研究；归纳总结了药物与蛋白质相互作用的光谱研究方法，包括紫外–可见吸收光谱方法、荧光光谱方法，以及其他光谱方法等；简要介绍了光谱数据分析方法的主要实现算法，包括光谱预处理算法、光谱特征提取方法，以及基于光谱特性的定性定量分析方法等，为后续实现农药残留的光谱检测及分析奠定了理论基础。

第2章 光谱分析理论基础

紫外-可见吸收光谱和荧光光谱是农药残留光谱检测技术中的常用方法，本章简要介绍紫外-可见吸收光谱、荧光光谱方法的分析原理，以及两种光谱方法的应用范围。

2.1 紫外-可见吸收光谱基本理论

2.1.1 紫外-可见吸收光谱

当光波与原子、离子或分子作用时，光子和它们之间就会存在碰撞，光子的能量可以在一非连续的过程被接受体吸收，由此产生吸收光谱，具体包括紫外-可见吸收光谱、原子吸收光谱、红外吸收光谱等[136]。紫外-可见吸收光谱是基于分子轨道中电子跃迁而产生的，对于一个分子，其总能量主要包括分子转动能量、原子振动能量，以及电子运动能等，可用式（2.1）表示[137]：

$$E_{总} \approx E_{振动} + E_{转动} + E_{电子} \tag{2.1}$$

式中，$E_{振动}$、$E_{转动}$、$E_{电子}$三种能量的变化均为量子化，双原子分子的能级示意图如图2.1所示。

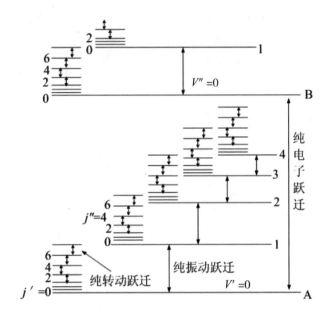

图2.1　双原子分子的能级示意图（A、B为电子能级）

根据图2.1可知，电子能级中包含振动能级，而振动能级中又包含转动能级。由量子理论可知，若分子的能量和其较高与较低能级间能量差相等，则分子被电磁辐射时，该分子吸收辐射能量，形成吸收光谱：

$$\Delta E = E_2 - E_1 = \Delta E_{振动} + \Delta E_{转动} + \Delta E_{电子} = h v \qquad （2.2）$$

2.1.2　朗伯-比尔吸收定律

光的吸收定律是研究光吸收的最基本定律，主要包括两条定律：第一条定律为波格（Bouguer）于1729年以及朗伯（Lamert）于1768年先后发现，一般称为朗伯定律；第二条定律是比尔（Beer）在1852年提出的，称为比尔定律，这两条定律合称朗伯-比尔定律[138]。

如图2.2所示，当平行单色光照射到气体或液体等均匀介质时，存在三种情况：透过介质、被介质反射和吸收，而入射光被介质吸收的程度、介质厚度 l 和介质浓度 c 之间存在以下关系[139]：

$$A = \lg I_0 / I = kcl \tag{2.3}$$

式中，A 表示吸光度，I_0 表示入射光强度，I 表示透射光强度，k 表示吸光系数。式（2.3）称之为朗伯-比尔定律表达式。

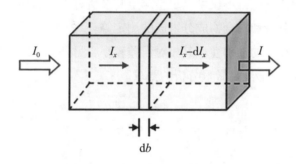

图2.2　光通过均匀介质示意图

吸光度具有加和性，如果溶液中含有多种对光产生吸收的物质，那么该溶液对该波长入射光总吸光度应该等于溶液中每一成分的吸光度之和，具体分析如下：设相同厚度的不同溶液的吸光度分别为 A_1，A_2，$\cdots$，A_n，则

$$A_1 + A_2 + \cdots + A_n = \lg \frac{I_0}{I_1} + \lg \frac{I_1}{I_2} + \cdots + \lg \frac{I_{n-1}}{I_n}$$

$$= \lg \frac{I_0 I_1 \cdots I_{n-1}}{I_1 I_2 \cdots I_n} = \lg \frac{I_0}{I_n} \tag{2.4}$$

可得

$$A = \lg \frac{I_0}{I_n} = A_1 + A_2 + \cdots + A_n \qquad (2.5)$$

即若干相同厚度不同介质的总吸光度等于各个分层介质吸光度之和。

2.1.3　紫外–可见吸收光谱应用

紫外–可见吸收光谱被广泛应用于有机物定性分析、混合物定量分析等，同时也被应用于矿物、半导体等无机物和生物药物分析等方面的研究。概括来讲，紫外–可见吸收光谱具有以下几个方面的优势[140–141]。

（1）仪器操作简单、快捷，使得这种方法更易推广和利用。

（2）应用范围广，不仅可以定量测定几乎所有无机物和许多有机物，还可以进行结构分析和混合物成分组成的测定等。

（3）具有较高的准确性，其相对误差较小，另外可测定的物质最小浓度为10^{-6}mmol/L，能够满足微量分析的要求。

2.2　荧光光谱基本理论

2.2.1　荧光光谱

当某些物质被紫外光照射后会发出强度和颜色不同的可见光，即为荧光，由西班牙N.Monardes于1575年首次记录；而Goppelsroder于1867年首次对其进行了分析；另外荧光与化学结构关系法则于1880年由Liebeman提出；到19世纪末，人们已经发现荧光素等600多种荧光化合物；进入20世纪以来，荧光现象被更加深入的研究。近几十年来，随着其他学科的迅速发展，荧光分析应用技术也有了很大的扩展，例如同步荧光、导数荧光、固体表面荧光、时间分辨荧光等技术。[100]

2.2.2 荧光的产生与分类

当物质分子吸收相应特征频率的光子后，就由原来的基态能级跃迁至电子激发态的各个不同振动能级。然后激发态分子与周围分子撞击导致消耗了部分能量，迅速下降至第一电子激发态的最低振动能级，并停留约10^{-9}s之后，直接以光的形式释放出多余的能量，再下降到电子基态的各个不同振动能级，此时所发射的光即是荧光。[142]

2.2.3 荧光光谱主要参数

（1）激发光谱和发射光谱。固定发射波长而改变激发光波长，同时记录荧光强度，所得光谱为激发光谱；固定激发光的波长和强度，改变荧光的测定波长并记录荧光强度，所得光谱为发射光谱。激发波长和发射波长是利用荧光测定物质时的依据，可以更快地选取合适的波长光对荧光物质进行检测。

（2）荧光寿命和荧光量子产率。当激发光被取消后，荧光强度衰减为初始强度$1/e$大小时所经历的时间被定义为荧光寿命（τ），其函数表达式为

$$\tau = 1/(k_f + \sum K) \qquad (2.6)$$

式中，k_f为荧光发射时的速率常数，$\sum K$为各种分子内的非辐射衰变对应速率常数之和。

荧光物质被光照射后，其发出的荧光光子数与所吸收光子数的比值称为荧光量子产率，荧光量子产率可用下式表示：

$$Y_\mathrm{f} = k_\mathrm{f} / (k_\mathrm{f} + \sum K) \tag{2.7}$$

式中，Y_f 为荧光量子产率，k_f 为荧光发射的速率常数，$\sum K$ 为各种分子内非辐射衰变过程对应速率常数之和。

（3）斯托克斯位移（Stokes shift）。1852年，荧光的波长总是大于激发光的波长这一现象首次被斯托克斯发现，表明发射和激发之间存在能量损耗，这种现象被称为斯托克斯位移。斯托克斯位移可用下式表示：

$$\text{Stokes shift} = 10^7 \left(\frac{1}{\lambda_\mathrm{ex}} - \frac{1}{\lambda_\mathrm{em}} \right) \tag{2.8}$$

式中，λ_em 和 λ_ex 分别为校正后对应最大发射波长和激发波长，单位是nm，而斯托克斯位移的单位是 $\mathrm{cm^{-1}}$。

（4）荧光强度与溶液浓度关系。溶液的荧光强度（I_f）与荧光量子产率（Y_f）和溶液吸收光强度（I_a）对应关系为

$$I_\mathrm{f} = Y_\mathrm{f} I_\mathrm{a} \tag{2.9}$$

而 I_a 为入射光强度（I_0）减去透射光强度（I_t），可得

$$I_\mathrm{f} = Y_\mathrm{f}(I_0 - I_\mathrm{t}) = Y_\mathrm{f} I_0 (1 - I_\mathrm{t} / I_0) \tag{2.10}$$

结合朗伯–比尔定律，有

$$I_\mathrm{t} \big/ I_0 = 10^{-kcl} \tag{2.11}$$

则

$$I_f = Y_f I_0 (1 - 10^{-kcl}) \tag{2.12}$$

当 kcl 非常小（$<<0.05$）时，$10^{-kcl} \approx 1 - kcl$，代入上式可得

$$I_f = Y_f I_0 kcl \qquad (2.13)$$

当用摩尔吸光系数 ε 代替 k 时，有

$$I_f = 2.303 Y_f I_0 \varepsilon cl \qquad (2.14)$$

2.2.4　荧光光谱应用

在无机化合物和有机化合物检测方面，荧光光谱都有着广泛的应用。其中无机化合物荧光分析主要包括以下几个方面。

（1）直接荧光测定法。待测元素与有机试剂组成的配合物可以在紫外线或可见光照射下发出荧光，因此可以根据其荧光强度测定该元素含量。自从1867年Goppelsroder进行了历史上首次的荧光分析工作以来，利用有机试剂可以测定70多种元素。其中，较常测定的元素有Be，Al，B，Ga，Se，Mg，Zn，Cd与某些稀土元素。

（2）荧光猝灭测定法。某些元素虽然不与有机试剂形成发荧光的配合物，但是它会与发荧光的配合物争夺配位体，组成不发荧光的配合物，使其产生荧光猝灭，从而可以由荧光猝灭的强度测量该元素的含量。较常测定的元素有F，S，Fe，Ag，Co，Ni，Cu，Mo，W等。

（3）催化荧光测定法。某些元素虽然与有机试剂形成发荧光的配合物，但是反应速度慢，在某些微量元素的催化下，反应速度会加快，在特定的时间内可用来测定微量元素。常测定的元素有Cu，Be，Fe，Co，Os，Ag，Au，Zn，Al，Ti，V，Mn，Er，H_2O_2，CN等。

（4）低温荧光测定法。溶液温度的降低会显著增强溶液的荧光强度。常采用的冷冻剂为液氮，可以将试样溶液冷冻至零下196℃。采用此种方法较常测定的元素有Cr，Nb，U，Te，Pb等。

（5）固体荧光测定法。该方法在荧光分析中也经常被用到，较常测定的元素有Ce，Sm，Tb等稀土元素，以及Sb，V，Pb，Bi，Nb，Mn等。

有机化合物荧光分析包括以下两个方面。

（1）脂肪族有机化合物荧光分析。本身能够发生荧光的脂肪族有机化合物不是很多，联乙酰在紫外照射下会发生绿色荧光，其他包含乙酰基的化合物，如乙醛和丁酮也会发生荧光。脂肪族有机化合物与有机试剂反应的产物在紫外线照射下可以发出荧光，因此可以根据荧光波长和强度参数来定性或定量分析该脂肪族有机化合物。

（2）芳香族有机化合物荧光分析。芳香族化合物存在共轭的不饱和体系，是有机化合物荧光测定的主要类型。多环芳烃化合物具有复杂的荧光光谱，荧光分析法常用于这类化合物的分析。

2.3　本章小结

本章主要阐述了紫外-可见吸收光谱和荧光光谱基础理论，重点说明了光谱定量分析中的朗伯-比尔定律以及影响荧光特性的主要因素等，另外，对两种光谱方法的应用范围作了简单介绍，为后续的农药残留光谱检测分析方法奠定光学理论基础。

第3章 光谱数据建模方法

在光谱数据的分析处理中，线性分析方法和支持向量机方法是常用的建模方法，本章重点介绍线性拟合、主成分回归、偏最小二乘回归等线性分析方法，以及支持向量机、最小二乘支持向量机的算法原理。另外，本章还简要分析了光谱预处理方法以及特征光谱的确定方法，为后续实现农药残留的定性定量分析奠定数学理论基础。

3.1 光谱预处理方法

为了挖掘光谱数据中的有效信息，提高信噪比，更好地利用光谱数据进行建模分析，需要采取适当的光谱预处理方法去除光谱信号中存在的随机噪声、光散射等干扰的影响。常用的光谱预处理方法主要包括数据平滑、标准化处理及导数处理等。

3.1.1 平滑和滤波

对光谱进行平滑可以消除高频随机误差、提高信噪比，例如可以在平滑点前后取若干点来进行平均或拟合，消除随机噪声。对光谱数据进行平滑也叫数字滤波器[123]，常用的平滑方法有移动平均平滑法（moving-average method）、卷积平滑法（savitzky-golay）、傅里叶变换法（fast fourier transform，FFT）和小波变换滤波（wavelet transform）等。

（1）移动平均平滑法。移动平均平滑法是多点平滑中最简单的一种平滑处理，对某一窗口A内（窗口大小为N，N为移动平均的项数，即窗口内数据点数）的每一个变量X_{ij}进行加权求和，即用卷积权重ω（$\omega=1/N$，$N=2n+l$）与窗口A内每一个变量的乘积之和来代替：

$$X_{i,j(na)} = \sum_{k=-n}^{n} \omega X_{i,j+k}$$ （3.1）

公式（3.1）表明当j向前移动时，就增加相应新数据点而失去远的数据点，形成移动后的一个新窗口，其中的总数据点数不变。由于光谱两端的那些位于窗口宽度内的数据点不能进行运算，故此法容易造成边界点信息的损失和光谱波形失真。

（2）SavitZky-Golay卷积平滑法。1964年，Savitzky和Golay利用最小二乘拟合系数作为数字滤波响应函数对光谱进行卷积平滑处理，因此这种方法被称为SavitZky-Golay卷积平滑法[143]。其数学表达式为

$$X_i^* = \frac{\sum_{j=-r}^{r} X_{i+j} W_j}{\sum_{j=-r}^{r} W_j}$$ （3.2）

式中，X_i和X_i^*分别为平滑前后光谱数据向量中某一个元素；W_j是移动窗口平滑中的权重因子（窗口长度为$2r+l$），其取值为多项式的拟合系数。Savitzky-Golay多项式平滑方法定义的窗口中有奇数个点，平滑是针对中心点进行的[144]，其平滑效果与窗口宽度相关，而窗口宽度的选择通常跟仪器的条件、测试参数，以及样品的光谱特性等因素相关。该平滑方法能够保留分析信号中的有用信息，消除随机噪声，在信号图谱中最直接的可观结果就是将图谱的"毛刺"去掉，使得整个图谱变得更加平滑。

（3）傅里叶变换滤波（FFT）。傅里叶变换为时域函数 $f(t)$ 和频域函数 $F(v)$ 间的对应数学关系，即

$$f(t) = \int_{-\infty}^{+\infty} F(v)e^{-2\pi jtv}dv \qquad （3.3）$$

或

$$F(v) = \int_{-\infty}^{+\infty} f(t)e^{-2\pi jtv}dt \qquad （3.4）$$

在傅里叶仪器中，采集到 $f(t)$ 信号后通过快速傅里叶变换而得到谱图 $F(v)$，傅里叶变换在光谱信号处理中的应用包括压缩数据、特征提取和滤波处理。另外所采集的 $f(t)$ 信号数据量比较大，但是如果 $f(t)$ 变换为 $F(v)$ 来处理，数据点可以减少很多，因为原光谱信息主要集中在 $F(v)$ 的前若干个值上。因此，利用傅里叶变换系数来进行光谱分析计算将显著降低工作量。

（4）小波变换滤波。小波变换具有时域与频域的局部化分析特征，因而能有效地从信号中提取出有用的信息。小波变换和"加窗"傅里叶变换相类似，区别在于小波变换中"窗口"宽度跟随频率变化而变化，从而通过伸缩和平移等运算对信号进行多尺度分解，可以解决傅里叶变换解决不了的许多问题，故小波变换又被称为"数学显微镜"，因此将小波变换应用在光谱研究工作中会给光谱信号处理带来极大方便。下面对小波变换原理作进一步介绍。

①一维连续小波变换[145-146]。设 $\psi(t) \in L^2(\mathbf{R})$，$L^2(\mathbf{R})$ 为平方可积的实数空间，其傅立叶变换为 $\hat{\psi}(\omega)$，若 $\hat{\psi}(\omega)$ 满足如下条件：

$$C_\psi = \int_R \frac{|\psi(\omega)|^2}{|\omega|}d\omega < \infty \qquad （3.5）$$

则称 $\psi(t)$ 是一个母小波。将母小波经过平移和伸缩后得到

$$\psi_{a,b}(t) = \frac{1}{\sqrt{|a|}}\psi\left(\frac{t-b}{a}\right); \quad a,\ b \in \mathbf{R},\ a \neq 0 \qquad （3.6）$$

其中a为伸缩因子，b为平移因子。对任意的函数$f(t)$，其连续小波变换（CWT）可以表示为

$$W_f(a,b) = <f(t),\psi_{a,b}(t)> = |a|^{-1/2} \int_{\mathbf{R}} f(t)\overline{\psi}\left(\frac{t-b}{a}\right)\mathrm{d}t \qquad （3.7）$$

从CWT的定义可以看出，小波变换和傅立叶变换都属于一种积分变换，同时其与傅立叶变换又有很多不同之处，其中最重要的就是小波基具有尺度因子a和平移因子b，改变尺度因子a的值可以改变$\psi(t/a)$的波形宽度。因此通过改变a和b的值，就可以对不同频率特点的信号进行分析，这就相当于一个窗口宽度可变的窗口傅里叶变换。将信号在小波基下展开，更加有利于提取信号的某些本质特征。

②一维离散小波变换[147-148]。在连续小波变换中，伸缩因子a与平移因子b为连续取值，主要适用于理论分析。而在实际工程应用上，必须尽量减少连续小波变换中变换系数的冗余度，因此需要对a和b进行离散化处理。离散时可以取$a=a_0^m, a_0>1$和$b=nb_0a_0^m, b_0>0$，m和n都为整数。通过离散化处理之后，离散小波基函数可以定义为

$$\psi_{m,n}(t) = \frac{1}{\sqrt{a_0^m}} \psi\left(\frac{t-nb_0a_0^m}{a_0^m}\right) = a_0^{-m/2}\psi(a_0^{-m}t - nb_0) \qquad （3.8）$$

相应的离散小波变换（DWT）可以表示为

$$<f(t),\psi_{m,n}(t)> = \int_{-\infty}^{+\infty} f(t)\overline{\psi}_{m,n}(t)\mathrm{d}t = a_0^{-m/2}\int_{-\infty}^{+\infty} f(t)\overline{\psi}(a_0^{-m}t - nb_0)\mathrm{d}t \qquad （3.9）$$

在连续小波变换之下，$<f \psi_{ab}>$在$a,b \in (-\infty,+\infty)$时完全刻画了函数$f(t)$的性质，而且由小波系数可以重构$f(t)$。在离散小波变换之下，用离散小波$\psi_{m,n}$和适当地选择$a_0$和$b_0$同样能够刻画$f(t)$，而且更能体现小波变换"数学显微镜"的功能。通过选择适当的放大倍数a_0^{-m}，可以用不同的分辨率去分析信号；通过移动因子nb_0，可以在不同位置分析信号。放大倍数a_0^{-m}选得大，即此时的尺度就小，相当于用较高的频率去分析信号，反之亦然。对平移的步长$b_0a_0^m$，除了应该根据m和a_0^{-m}调整外，b_0的选择也应该遵循与

a_0^m 成比例关系，以使选择的信息能够覆盖整个 t 轴而不丢失信息。

如果取 $a_0 = 2, b_0 = 1$，离散小波成为二进离散小波，式（3.9）变为

$$\psi_{m,n}(t) = \frac{1}{\sqrt{2^m}}\psi(\frac{t-n2^m}{2^m}) = 2^{-m/2}\psi(2^{-m}t-n) \tag{3.10}$$

如果选择 $a_0 = 2$，而 b 仍为连续值，式（3.9）成为二进小波，它是连续小波和离散小波的折中，只是对尺度因子进行了离散化，而在时间域上的时移因子仍保持连续变化，二进小波仍然具有连续小波的时移不变性，不会因为平移而损失基本信息。

③二维小波变换[149]。前述的一维小波变换很容易扩展到像图像那样的二维函数。在二维情况下，需要一个二维尺度函数 $\varphi(x,y)$ 和三个二维小波 $\psi^H(x,y)$，$\psi^V(x,y)$ 和 $\psi^D(x,y)$。去除相乘后能够产生一维结果的尺度函数，共有四个乘积可分离的尺度函数

$$\varphi(x,y) = \varphi(x)\varphi(y) \tag{3.11}$$

和方向敏感小波

$$\psi^H(x,y) = \psi(x)\varphi(y) \tag{3.12}$$

$$\psi^V(x,y) = \varphi(x)\psi(y) \tag{3.13}$$

$$\psi^D(x,y) = \psi(x)\psi(y) \tag{3.14}$$

这些小波度量函数表示了沿着横向或者纵向图像强度或灰度的变化，ψ^H 度量沿着列的变化，ψ^V 度量沿着行的变化，ψ^D 度量沿着图像对角线方向的变化。

一维离散小波变换扩展到二维，需要首先定义一个尺度和平移基函数

$$\varphi_{j,m,n}(x,y) = 2^{j/2}\varphi(2^j x-m, 2^j y-n) \tag{3.15}$$

$$\psi^i_{j,m,n}(x,y) = 2^{j/2}\psi^i(2^j x - m, 2^j y - n), i = \{H, V, D\} \qquad (3.16)$$

由此，对于尺寸$M \times N$的函数$f(x, y)$，离散小波变换可以表示为

$$W_{\varphi}(j_0, m, n) = \frac{1}{\sqrt{MN}}\sum_{x=0}^{M-1}\sum_{y=0}^{N-1}f(x,y)\varphi_{j_0,m,n}(x,y) \qquad (3.17)$$

$$W^i_{\psi}(j, m, n) = \frac{1}{\sqrt{MN}}\sum_{x=0}^{M-1}\sum_{y=0}^{N-1}f(x,y)\psi^i_{j,m,n}(x,y), i = \{H, V, D\} \qquad (3.18)$$

式中，j_0是任意开始的尺度，$W_{\varphi}(j_0, m, n)$定义了在尺度j_0的$f(x, y)$的近似系数，$W^i_{\psi}(j, m, n)$定义了尺度$j \geq j_0$的水平、垂直和对角方向的细节系数。通常令$j_0=0$，并且选择$N = M = 2^J$，$j=0, 1, 2, \cdots, J-1$和$m, n=0, 1, 2, \cdots, 2^J-1$。

3.1.2　标准化

标准化处理是指将数据按照下式计算：

$$X' = \frac{X - \mu}{\delta} \qquad (3.19)$$

其中，μ为均值，δ为方差。

标准化后的数据，均值为0，方差为1。除了标准化，常用的光谱预处理还有归一化，归一化则是将各自变量统一至[0, 1]范围内，消除因为量级不同、数据相差较大造成的不利影响，从而可以建立更加精确简单的模型。

3.1.3　光谱数据导数分析

对光谱采用微分求导后，可以在谱图上看出其微小的变化，从而提高光

谱图的分辨率。导数光谱的特点在于灵敏度高，可减小光谱干扰，因而在分辨多组分混合物的谱带重叠、增强次要光谱（如肩峰）的清晰度以及消除混浊样品散射的影响时有利，在光谱分析法中主要应用一次及二次导数 $dA/d\lambda$ 和 $d^2A/d\lambda^2$。导数光谱法有一般分光光度法不具有的优势，主要表现在以下几个方面：可以分开多个完全重叠的或很小波长差相重叠的吸收峰；能够更好地分辨弱吸收峰（肩峰）；能够找出宽吸收带的最大吸收波长。导数处理已经成为解析光谱构造强有力的工具，而且在相当程度上改善了多重共线性，使标定方程的性能有了明显改善。但是，当需要的信息与吸收频带较宽的吸收相对应时，导数光谱有时会削弱有效信息，而且在二次导数处理中有时会产生一些伪谐波峰值。因此，对光谱导数处理需要根据具体情况作出判断。

实际测量的光谱是离散光谱，对于离散光谱的导数可按下式计算[123]：

一阶导数： $dA_i = A_{i+k} - A_{i-k}$ （3.20）

二阶导数： $d^2A_i = A_{i+2k} + 2A_i - A_{i-2k}$ （3.21）

式（3.20）是将微分值近似为波长差为 $\Delta\lambda = 2k\delta$ 的差式。另外，可以使用差分来代替离散变量的导数光谱，通常用4点的差分计算方法来计算一阶和二阶导数光谱，例如一阶导数光谱的计算公式为

$$f'(x_i) = \frac{1}{6h}(-11x_i + 18x_{i-1} - 9x_{i-2} + 2x_{i-3})$$ （3.22）

式中，x_i 为原始光谱波长 i 处的反射率数据；$f'(x_i)$ 为导数光谱波长 i 处的反射率数据；h 为差分时的波长。

3.2 农药检测建模的主要分析指标

3.2.1 检测限和定量限

检测限（limit of detection，LOD）是指能以一定置信水平检出有别于空白值的待测组分的最低浓度，其计算公式为

$$LOD = 3.3\delta / S \qquad (3.23)$$

其中，δ 为响应值的标准偏差，S 为校正曲线的斜率。方法检出限指样品中的被分析物能被检测到的最低量，一般作为定性检出用。

定量限（limit of quantification，LOQ）是指样品中的被分析物能够被定量测定的最低量，其计算公式为

$$LOQ = 10\delta / S \qquad (3.24)$$

其检测结果应具有一定的准确度和精密度，一般用来定量分析。定量限体现了分析方法是否具备灵敏的定量检测能力。

3.2.2 回收率

回收率是指测定结果与分析样品中真值的符合程度。在农药残留分析中常用加标回收率表示方法的准确度，即空白样品中加入一定浓度的农药后，农药测定值对加入值的百分率，即

加标回收率 =（加标后样品测定值 – 空白样品测定值）/ 加标量 × 100%

$$(3.25)$$

加标回收率数值在95%～105%范围内时，认为是可取的；在荧光强度与样品浓度之间的关系模型评价中，也可以使用模型预测值与浓度实际值的比值表示方法的回收率，回收率越接近100%表示关系模型越精确。

3.2.3 相关系数

相关系数用来描述两个变量之间线性相关的强弱程度，相关系数计算公式为

$$R = \frac{\sum_{i=1}^{n}(x_i - \bar{x})(y_i - \bar{y})}{\sqrt{\sum_{i=1}^{n}(x_i - \bar{x})^2 \sum_{i=1}^{n}(y_i - \bar{y})^2}} \qquad (3.26)$$

通常将相关程度划分为三级：$|R| < 0.4$ 为低度线性相关；$0.4 \leqslant |R| < 0.7$ 为显著线性相关；$0.7 \leqslant |R| < 1$ 为高度线性相关。

3.3 光谱数据线性分析方法

利用光谱数据可以对实验样本中的农药浓度进行回归估计，在检测过程中，如果是低浓度样本，其光谱数据与浓度基本呈线性关系，而当样本浓度超出线性范围时，由于自吸现象、光谱干扰及仪器测量误差等因素的影响，光谱值与样本浓度之间不再呈线性关系。基于以上特点，本书分别应用线性、非线性方法分析果汁中农药残留的浓度估计，并对各算法性能进行对比分析。

3.3.1 多元线性拟合

设 X 为 n 个样本 m 维光谱变量构成的属性矩阵，Y 是 n 个样本对应的样本浓度矩阵，B 为系数矩阵，E 为测量误差矩阵。则 X 和 Y 之间的拟合关系式为

$$Y_{n\times1} = X_{n\times m} B_{m\times1} + E_{n\times1} \tag{3.27}$$

多元线性拟合属于多元线性回归（multiple linear regression，MLR）方法，首先从光谱中找出与样本浓度相关性显著的几个波长点，然后将其对应的荧光强度值与样本浓度进行多元线性拟合可以得到标准方程，基于该方程可由荧光光谱特性预测出样本浓度。其采用最小二乘法对系数矩阵进行估计，该方法计算简单，在选取的特征变量较显著的情况下可以取得较好的预测效果。

3.3.2 主成分回归

主成分分析（principal component analysis，PCA）方法由皮尔逊（Pearson）于1901年提出，后经霍特林（Hotelling）于1933年进行了拓展[150-152]。PCA是一种应用降维技术将多个自变量转化为少数几个主成分综合变量的降维方法，这些主成分变量通常能够反映原始变量的大部分信息，一般表示为原始变量之间的线性组合，且各主成分之间互不相关。PCA方法具有广泛应用，尤其当研究的问题涉及较多变量，且变量间具有明显相关性，即包含的信息有所重叠时，可以应用PCA方法使问题得到简化。PCA算法原理如下：

设有 n 个样本，每个样本有 m 项指标（属性），记作 X_1，X_2，…，X_m，则原始变量数据矩阵为

$$X = \begin{bmatrix} x_{11} & x_{12} & \cdots & x_{1m} \\ x_{21} & x_{22} & \cdots & x_{2m} \\ \cdots & \cdots & & \cdots \\ x_{n1} & x_{n2} & \cdots & x_{nm} \end{bmatrix} = (X_1, X_2, \cdots X_m) \tag{3.28}$$

以 Y_1，Y_2，$\cdots$，Y_m 为新指标变量，其可以表示成原指标变量的线性组合：

$$\begin{cases} Y_1 = a_{11}X_1 + a_{12}X_2 + \cdots + a_{1m}X_m \\ Y_2 = a_{21}X_1 + a_{22}X_2 + \cdots + a_{2m}X_m \\ \vdots \\ Y_m = a_{m1}X_1 + a_{m2}X_2 + \cdots + a_{mm}X_m \end{cases} \tag{3.29}$$

其中，a_{ij} 为系数，Y_1，Y_2，$\cdots$，Y_m 各不相关，Y_1 是原变量线性组合中的方差最大者，称为第一主成分，Y_2 则为第二主成分，以此类推，且 Y_1，Y_2，$\cdots$，在总方差中所占的比例依次减少。

PCA算法的主要步骤如下[153–157]：

（1）对数据矩阵 X 进行标准化，以消除变量在数量级或量纲上的影响。矩阵 X 中每个元素执行如下标准化操作：

$$x^*_{ij} = \frac{x_{ij} - \overline{x_j}}{S_j}, \quad i = 1, 2, \cdots, n; j = 1, 2, \cdots, m \tag{3.30}$$

其中，$\overline{x_j}$ 为第 j 列元素 x_j 的均值，S_j 为 x_j 的标准差，即

$$\overline{x_j} = \frac{1}{n}\sum_{i=1}^{n} x_{ij}, \quad S_j = \sqrt{\frac{1}{n-1}\sum_{i=1}^{n}(x_{ij} - \overline{x_j})^2}, \quad j = 1, 2, \cdots, m \tag{3.31}$$

则标准化后的矩阵为

$$X^* = \begin{bmatrix} x^*_{11} & x^*_{12} & \cdots & x^*_{1m} \\ x^*_{21} & x^*_{22} & \cdots & x^*_{2m} \\ \vdots & \vdots & & \vdots \\ x^*_{n1} & x^*_{n2} & \cdots & x^*_{nm} \end{bmatrix} \tag{3.32}$$

（2）计算标准化矩阵X^*对应的协方差矩阵。

（3）计算协方差矩阵的特征值、特征向量。

（4）将特征值从大到小排序，并计算累积贡献率。当累积贡献率达85%时，对应的前k个综合变量可以作为主成分。前k个主成分的累积贡献率定义为$\sum_{i=1}^{k}\lambda_i / \sum_{i=1}^{p}\lambda_i$，其中$p$为特征值个数。

（5）将特征向量按对应特征值的大小按列排列，取其前k列组成转换矩阵C；

（6）可得：$Y=XC$，即为原数据X降维到k维后的数据矩阵。

通过以上步骤，原数据矩阵X则实现了主成分方法降维，从原来的m列降维成k列。

与之相对应的主成分回归（principal component regression，PCR）方法主要包括两步：首先利用PCA提取主成分综合变量，然后将各主成分作为建模自变量建立多元线性回归模型。应用PCR方法对农药残留进行含量估计的步骤为：首先提取样品集光谱矩阵对应的主成分光谱，然后建立样品含量与主成分综合变量间的多元线性关系，并用所建立的线性函数对测试集样本中的农药残留含量进行浓度预测。

3.3.3　偏最小二乘回归

偏最小二乘回归方法（partial least squares regression，PLSR）是由S.Wold和C.Albano等人在1983年首次提出的一种新型多元数据分析方法，它将主成分分析、典型相关分析及回归建模有机结合起来，克服了变量多重相关性在系统建模中的不良影响，可以在样本容量小于变量个数的情况下实现多因变量对多自变量的线性回归建模。[158-160]当两组变量个数较多，且存在多重相关性时，用偏最小二乘方法建立的回归模型可以取得较好的预测性能。[161-165]PLSR算法原理如下：

假设有一个因变量y及p个自变量x_1，x_2，$\cdots$，x_p，收集n组样本数据$(x_{i1}$，x_{i2}，$\cdots$，x_{ip}，$y_i)$，$i = 1, 2, \cdots, n$，对应的自变量及因变量分别记作

$y = (y_1, \ y_2, \ \cdots, \ y_n)^{\mathrm{T}}$，$\boldsymbol{X} = (x_1, \ x_2, \ \cdots, \ x_p)_{n \times p}$。假设 $\boldsymbol{E}_0$ 是自变量 $\boldsymbol{X}$ 的标准化矩阵，$\boldsymbol{F}_0$ 是因变量 $\boldsymbol{Y}$ 的标准化变量矩阵（$\boldsymbol{F}_0 \in \boldsymbol{R}^n$）。

第一步，首先从 $\boldsymbol{E}_0$ 中提取一个成分 t_1，$t_1 = \boldsymbol{E}_0 w_1$，$\| w_1 \| = 1$，则有

$$w_1 = \frac{\boldsymbol{E}_0' \boldsymbol{F}_0}{\| \boldsymbol{E}_0' \boldsymbol{F}_0 \|} = \frac{1}{\sqrt{\sum\limits_{j=1}^{p} \mathrm{cov}^2(x_j, y)}} \begin{bmatrix} \mathrm{cov}(x_1, y) \\ \vdots \\ \mathrm{cov}(x_p, y) \end{bmatrix} \tag{3.33}$$

$$t_1 = \boldsymbol{E}_0 w_1 = \frac{1}{\sqrt{\sum\limits_{j=1}^{p} \mathrm{cov}^2(x_j, y)}} (\mathrm{cov}(x_1, y) \boldsymbol{E}_{01} + \cdots + \mathrm{cov}(x_p, y) \boldsymbol{E}_{0p}) \tag{3.34}$$

第二步，分别建立 $\boldsymbol{E}_0$、$\boldsymbol{F}_0$ 在 t_1 上的回归，即 $\boldsymbol{E}_0 = t_1 p_1' + \boldsymbol{E}_1$，$\boldsymbol{F}_0 = t_1 r_1 + \boldsymbol{F}_1$。

回归系数为 $p_1 = \dfrac{\boldsymbol{E}_0' t_1}{\| t_1 \|^2}$，$r_1 = \dfrac{\boldsymbol{F}_0' t_1}{\| t_1 \|^2}$，其中 $\boldsymbol{E}_1$，$\boldsymbol{F}_1$ 是第一次回归的残差矩阵。

用 $\boldsymbol{E}_1$ 代替 $\boldsymbol{E}_0$，$\boldsymbol{F}_1$ 代替 $\boldsymbol{F}_0$，用同样的方法重复第一步的工作，从而建立 $\boldsymbol{E}_1$，$\boldsymbol{F}_1$ 对 t_2 的回归：

$$\begin{aligned} \boldsymbol{E}_1 = t_2 p_2' + \boldsymbol{E}_2, \quad p_2 = \frac{\boldsymbol{E}_1' t_2}{\| t_2 \|^2} \\ \boldsymbol{F}_1 = t_2 r_2 + \boldsymbol{F}_2, \quad r_2 = \frac{\boldsymbol{F}_1' t_2}{\| t_2 \|^2} \end{aligned} \tag{3.35}$$

按照以上步骤循环执行，直至提取出 h 个综合变量，阶数 h 常用交差有效性来确定。到第 h 步，建立：$\boldsymbol{F}_0 = t_1 r_1 + t_2 r_2 + \cdots + t_h r_h$，由于 $t_i (i = 1, \ 2, \ \cdots, \ h)$ 均为 x_1，x_2，$\cdots$，x_p 的线性组合，则可进一步得到最终的回归模型如下：

$$\hat{y} = \hat{\beta}_1 x_1 + \hat{\beta}_2 x_2 + \cdots + \hat{\beta}_p x_p \tag{3.36}$$

交叉有效性用 $Q^2_h = 1 - \dfrac{\mathrm{PRESS}_h}{SS_{h-1}}$ 来确定，其中，

$$\text{SS}_h = \sum_{i=1}^{n}(y_i - \hat{y}_{hi})^2, \text{PRESS}_h = \sum_{i=1}^{n}(y_i - y_{h(-i)})^2 \qquad (3.37)$$

式中，$\hat{y}_{hi}$ 是使用全部样本点并取 $t_1 \sim t_h$ 个成分回归建模后，第 i 个样本点的拟合值；$\hat{y}_{hi}$ 代表在建模时删去第 i 个样本点，取 $t_1 \sim t_h$ 个成分回归建模后，再用此模型计算的 y_i 的拟合值。

当 $Q^2_{h+1} < 0.0975$ 时，停止计算，得出成分个数为 h。

通过以上PLSR原理的推导过程可知，与PCR中主成分提取只取决于自变量信息不同，PLSR提取出的主成分不仅能够很好地概括自变量系统信息，且能较好地解释因变量，并消除系统中的噪声干扰。所以PLSR是MLR、PCR和典型相关分析的综合方法，它可以实现多因变量对多自变量的同时预测回归，适合多元混合体系中各变量之间存在严重相关性时的定量分析，是化学计量学中目前应用最广泛的校正方法之一。

3.3.4   模型评价参数

模型精度评价可以验证模型预测值的精度和可信度，由评价参数可以判断模型的优劣。在分类问题上使用的评价参数主要为分类正确率，包括训练集及测试集各自的分类正确率。分类正确率越高、错分样本个数越少，表示模型分类性能越好。在回归问题中使用的评价参数主要有相关系数、决定系数、交叉验证均方根误差、校正均方根误差，以及预测均方根误差等，决定系数越大，均方根误差越小，对应的拟合模型其性能越优。

3.3.4.1   决定系数

决定系数（coefficient of determination）也称为判定系数或者拟合优度，用来描述模型预测值对实际值的拟合程度。决定系数是相关系数的平方，即 R^2，其范围是[0，1]。R^2 越大，表示自变量对因变量的解释程度越高，模型拟合效果越好。其计算方法为

$$R^2 = \frac{\sum_{i=1}^{n}(y_i - \bar{y})^2 - \sum_{i=1}^{n}(y_i - \hat{y}_i)^2}{\sum_{i=1}^{n}(y_i - \bar{y})^2} \tag{3.38}$$

其中，y_i 为实际值，$\hat{y}_i$ 为预测值，$\bar{y}$ 为样本均值。

3.3.4.2 交互验证均方根误差

交互验证均方根误差（root mean square error for gross validation，RMSECV）通常用于模型校正过程中，以交叉验证的方式计算模型拟合误差，如5折交叉验证，则表示将校正集均分为5份，每份轮流作为测试样本集，其余4份作为训练样本集完成模型拟合，共得到5个模型均方根误差，取均值后即为交叉验证均方根误差，以此来评价校正模型的预测性能。其计算式为

$$\mathrm{RMSECV} = \sqrt{\frac{\sum_{i=1}^{k}(\hat{y}_i - y_i)^2}{k}} \tag{3.39}$$

其中，k 为交叉验证集中用作预测的样本个数，$\hat{y}_i$，y_i 分别是第 i 个预测样本的模型预测值及样本实际值。

3.3.4.3 校正均方根误差

校正均方根误差（root mean square error for calibration，RMSEC）是在模型训练结束后，以该模型重新计算校正集中各样本的预测值，并结合其实际值计算对应的均方根误差，有

$$\mathrm{RMSEC} = \sqrt{\frac{\sum_{i=1}^{n}(\hat{y}_i - y_i)^2}{n}} \tag{3.40}$$

其中，n 为校正集中样本个数，$\hat{y}_i$，y_i 分别是校正集中第 i 个样本的模型预测值及样本实际值。

3.3.4.4　预测均方根误差

预测均方根误差（root mean square error for prediction，RMSEP）是计算测试集中各样本的预测值、实际值之间的均方根误差，计算方法如下：

$$RMSEP = \sqrt{\dfrac{\sum\limits_{i=1}^{m}(\hat{y}_i - y_i)^2}{m}} \qquad (3.41)$$

其中，m 为测试集中样本个数，$\hat{y}_i$，y_i 分别是测试集中第 i 个样本的模型预测值及样本实际值。RMSEP可以用来评价所建模型对外部样本的预测精度，RMSEP越小，表示模型的预测能力越强。

3.4　光谱数据支持向量机分析方法

支持向量机（support vector machine，SVM）是通过结构风险最小化原理来提高泛化能力的一种通用学习方法，可用于模式分类及回归。[166-167]用于分类问题的支持向量机方法称为SVC（support vector classifier），用于解决回归问题时称为SVR（support vector regression）。SVC分类是指找到一个平面，使得两个集合的支持向量样本点之间的分类间隔最大；支持向量机回归建立在分类问题的基础上，根据数据拟合出一个回归平面，使得集合内的所有数据距离该平面的距离最近。[168-174]

SVM能够较好地解决小样本问题，通过非线性变换实现原始变量到高维特征空间的映射，并在高维空间中进行线性处理，避免出现维数灾难。另外，SVM具有较好的鲁棒性，主要体现在增、删非支持向量样本对模型没有影响，且支持向量样本集具有一定的鲁棒性。

3.4.1 支持向量机分类方法

支持向量机分类方法以线性分类的最优分类面为基础，如图3.1所示，圆形点和方形点分别表示两类样本，H为两类样本的分类线，H_1，H_2分别为两类中距离分类线H最近的样本点所连成的线，且与分类线平行，H_1，H_2之间的距离称为分类间隔，而最优分类线则对应分类间隔最大的线。如果推广至高维空间，最优分类线则变为最优分类面。距离最优分类线或最优分类面最近的向量称为支持向量，如图3.1中处于H_1，H_2线上的各样本点。分类间隔越大，对应的分类器总误差则越小。

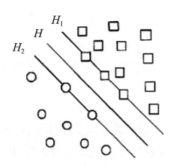

图3.1 支持向量机线性分类示意图

在线性可分支持向量机中，假设含有n个训练样本$\{(x_i, y_i), i = 1, 2, \cdots, n\}$，共分为两类。当$x_i$属于第一类时，$y_i = 1$；$x_i$属于第二类时，$y_i = -1$。分类超平面可表示为$wx + b = 0$。

寻找最优分类面的问题可转化为如下最优数学问题[175-176]：

$$\min \frac{1}{2} \| w \|^2 + c(\sum_{i=1}^{n} \xi_i) \quad \text{s.t.} \begin{cases} y_i(wx_i + b) \geqslant 1 - \xi_i \\ \xi_i > 0 \end{cases} \quad （3.42）$$

其中，c为惩罚因子，代表错分样本的惩罚程度；ξ_i为松弛变量。根据Largrange对偶理论将其转化为对偶问题并用二次规划方法求解，可得对应的最优分类函数形式为

$$f(x) = \text{sgn}[\sum_{i=1}^{n} \alpha_i^* y_i (xx_i) + b^*]$$ （3.43）

在非线性支持向量机中，首先通过非线性映射函数将原输入空间的样本映射到高维特征空间中，然后在高维空间构造最优分类面。利用拉格朗日乘子法并引入核函数，映射到高维特征空间后对应的对偶问题则转化为

$$\max_{\alpha} \sum_{i=1}^{n} \alpha_i - \frac{1}{2}\sum_{i=1}^{n}\sum_{j=1}^{n} \alpha_i \alpha_j y_i y_j K(x_i, x_j) \quad \text{s.t.} \begin{cases} \sum_{i=1}^{n} \alpha_i y_i = 0 \\ 0 \leq \alpha_i \leq c \end{cases} \quad i = 1, 2, \cdots, n \text{（3.44）}$$

设其最优解为 $\alpha^* = (\alpha_1^*, \alpha_2^*, \cdots, \alpha_n^*)$，则 $w^* = \sum_{i=1}^{n} \alpha_i^* y_i \phi(x_i)$
对应的最优分类函数为

$$f(x) = \text{sgn}(w^* \phi(x) + b^*) = \text{sgn}(\sum_{i=1}^{N} \alpha_i^* y_i \phi(x_i)\phi(x) + b^*) = \text{sgn}(\sum_{i=1}^{N} \alpha_i^* y_i K(x_i, x) + b^*)$$
（3.45）

其中，x_i 是支持向量，x 是未知向量，α_i 为拉格朗日乘子，$K(x, y)$ 为核函数。

核函数通常包括线性核函数、多项式核函数、径向基核函数，以及Sigmoid核函数，其中应用较广的是径向基核函数（radial basis function, RBF），其表达式为 $K(x_i, x_j) = \exp(-g \| x_i - x_j \}\|^2)$，参数 g 的取值大小影响模型的分类精度。而上述惩罚因子 c 表示对类中离群样本点的重视程度，c 的数值越大，表明越重视离群点，通过加大惩罚表示越不想丢掉离群数据，使得对数据的拟合程度较高，但泛化能力将降低，所以在SVC建模过程中，惩罚因子 c 和核函数参数 g 是两个重要参数，其取值大小影响SVC模型的精度。

SVC采用一对一的思想实现多分类，采用 k 折交叉验证（k-fold cross validation，k-CV）方式进行训练，即将训练集平均分成 k 组，每组轮流成为测试集，其余 $k-1$ 组数据作为训练集，训练完成后将得到 k 个模型，取 k 个分类准确率的平均值，即交叉验证分类准确率可作为 k-CV意义下SVC分类器的性能评价指标。

3.4.2　支持向量机回归方法

SVR回归在SVM分类基础上引入 ε 不敏感损失函数，使得SVM可以解决回归拟合问题。SVR是SVM中的一个重要应用分支[177-179]。SVR回归的基本思想不再是寻找最优分类面使两类样本分开，而是寻找一个回归平面，使得所有样本点到该平面的距离最近、总误差最小。

支持向量机回归SVR分为线性回归、非线性回归，当进行非线性回归时，其实现方法分为两步：首先通过一个非线性映射将数据 x 映射到高维特征空间（也称为Hilbert空间），然后在高维空间内实现线性回归[180-182]。

设共有 n 个训练样本，表示为 $\{(x_i,\ y_i),\ i=1,\ 2,\ \cdots,\ n\}$，其中，$x_i(x_i \in R^d)$ 代表第 i 个训练样本，其中，$x_i=[x_{i1},\ x_{i2},\ \cdots,\ x_{id}]^{\mathrm{T}}$，定义 $y_i \in R$ 为第 i 个训练样本对应的输出值。

设高维特征空间中对应的线性回归函数如下：

$$f(x) = w\phi(x) + b \tag{3.46}$$

式中，$\phi(x)$ 代表非线性映射函数。另外，定义不敏感损失函数如下：

$$L(f(x),y,\varepsilon) = \begin{cases} 0, & |y-f(x)| \leqslant \varepsilon \\ |y-f(x)|-\varepsilon, & |y-f(x)| > \varepsilon \end{cases} \tag{3.47}$$

式中，$f(x)$ 为预测值输出；y 为真实值。若预测值 $f(x)$ 与真实值 y 之间的误差小于 ε，则损失为0。其中，ε 代表回归的误差要求，其值越小表示拟合的误差越小。

引入松弛变量 ξ_i，ξ_i^* 后，SVR回归模型的损失函数度量如下：

$$\begin{cases} \min\limits_{w,b} \dfrac{1}{2}\|w\|^2 + c\sum\limits_{i=1}^{n}(\xi_i + \xi_i^*) \\ \text{s.t.} \begin{cases} y_i - w\phi(x_i) - b \leqslant \varepsilon + \xi_i, \ i=1,\ 2,\ \cdots,\ n \\ -y_i + w\phi(x_i) + b \leqslant \varepsilon + \xi_i^* \\ \xi_i \geqslant 0,\ \ \xi_i^* \geqslant 0 \end{cases} \end{cases} \tag{3.48}$$

引入拉格朗日函数，并将式（3.48）转换为如下的对偶形式：

$$
\begin{cases}
\max\limits_{\boldsymbol{\alpha},\boldsymbol{\alpha}^*}[\sum\limits_{i=1}^{n} y_i(\alpha_i - \alpha_i^*) - \sum\limits_{i=1}^{n} \varepsilon(\alpha_i + \alpha_i^*) - \frac{1}{2}\sum\limits_{i=1}^{n}\sum\limits_{j=1}^{n}(\alpha_i - \alpha_i^*)(\alpha_j - \alpha_j^*)K(\boldsymbol{x}_i, \boldsymbol{x}_j)] \\
\text{s.t.}\begin{cases} \sum\limits_{i=1}^{n}(\alpha_i - \alpha_i^*) = 0 \\ 0 \leqslant \alpha_i, \alpha_i^* \leqslant c \end{cases}
\end{cases}
$$

$$（3.49）$$

式中，$K(\boldsymbol{x}_i, \boldsymbol{x}_j) = \phi(\boldsymbol{x}_i)\phi(\boldsymbol{x}_j)$ 代表核函数。

假设其对应的最优解为 $\boldsymbol{\alpha} = [\alpha_1, \alpha_2, \cdots, \alpha_n]$，$\boldsymbol{\alpha}^* = [\alpha_1^*, \alpha_2^*, \cdots, \alpha_n^*]$，则

$$
\boldsymbol{w}^* = \sum_{i=1}^{n}(\alpha_i - \alpha_i^*)\phi(\boldsymbol{x}_i) \tag{3.50}
$$

$$
b^* = \frac{1}{N_{nsv}}\{\sum_{0<\alpha_i<c}[y_i - \sum_{\boldsymbol{x}_i \in \text{SV}}(\alpha_i - \alpha_i^*)K(\boldsymbol{x}_i, \boldsymbol{x}_j) - \varepsilon] + \\
\sum_{0<\alpha_i<c}[y_i - \sum_{\boldsymbol{x}_j \in \text{SV}}(\alpha_j - \alpha_j^*)K(\boldsymbol{x}_i, \boldsymbol{x}_j) + \varepsilon]\} \tag{3.51}
$$

式中，N_{nsv} 代表支持向量的个数。可得

$$
f(\boldsymbol{x}) = \boldsymbol{w}^*\phi(\boldsymbol{x}) + b^* = \sum_{i=1}^{n}(\alpha_i - \alpha_i^*)\phi(\boldsymbol{x}_i)\phi(\boldsymbol{x}) + b^* = \sum_{i=1}^{n}(\alpha_i - \alpha_i^*)K(\boldsymbol{x}_i, \boldsymbol{x}) + b^*
$$

$$（3.52）$$

由此可知，支持向量机回归对应的拟合函数与其分类函数两者形式相同。

应用支持向量机方法对农药残留浓度进行非线性回归分析的具体步骤如下：

（1）选择对样本浓度最显著的特征光谱作为输入样本特征集；

（2）构造特征数据集，并划分为训练集、测试集；

（3）选择合适的核函数和参数，基于特征训练集完成SVR训练建模；

（4）利用支持向量机模型进行测试集验证。

由以上可知，当支持向量机模型训练完成后，其相当于一个黑盒子，给

定满足要求的模型输入，即可得到对应的预测输出，由预测输出值及样本实际值计算模型相关参数指标，即可对模型预测性能进行评价。

3.4.3　最小二乘支持向量机分类原理

最小二乘支持向量机（least squares support vector machines，LSSVM）方法由Suykens J.A.K提出，该方法采用最小二乘线性系统作为损失函数，代替传统支持向量机SVM所采用的二次规划方法。[183-185]LSSVM和SVM的主要区别是：LSSVM将SVM方法的不等式约束变为等式约束，将SVM对应的二次规划问题转化成了LSSVM中线性方程组求解的问题。其简化了计算复杂性且运算速度明显快于传统的支持向量机方法。

LSSVM用于分类时，将SVM分类问题中的不等式约束变为等式约束，则可描述为如下数学问题：

$$\min_{w,b,e} J(\boldsymbol{w}, \ e) = \frac{1}{2} \boldsymbol{w}^{\mathrm{T}} \boldsymbol{w} + \frac{1}{2} \gamma \sum_{k=1}^{N} e_k^{\ 2} \tag{3.53}$$
$$\text{s.t.} \quad y_k [\boldsymbol{w}^{\mathrm{T}} \phi(x_k) + b] = 1 - e_k, \ k = 1, \ \cdots, \ N$$

其中，误差e类似于SVM问题中的松弛变量ξ，参数γ与惩罚变量C的意义相同，作为权重用于平衡寻找最优超平面和偏差量最小两个因素。

和SVM类似，应用拉格朗日乘数法将上述问题转化为求极值问题，即

$$L(w,b,e,\alpha) = J(w,e) - \sum_{k=1}^{N} \alpha_k \left\{ y_k [w^{\mathrm{T}} \phi(x_k) + b] - 1 + e_k \right\} \tag{3.54}$$

其中，$\alpha_k, \ k = 1, \cdots, N$ 为拉格朗日乘子。根据优化条件，分别对w, b, e_k, α_k求导，即

$$\frac{\partial L}{\partial w} = 0, \frac{\partial L}{\partial b} = 0, \frac{\partial L}{\partial e_k} = 0, \frac{\partial L}{\partial \alpha_k} = 0 \tag{3.55}$$

可得

$$w = \sum_{k=1}^{N} \alpha_k y_k \phi(x_k)$$

$$\sum_{k=1}^{N} \alpha_k y_k = 0 \tag{3.56}$$

$$\alpha_k = \gamma e_k$$

$$y_k[w^{\mathrm{T}}\phi(x_k)+b]-1+e_k=0, k=1,\cdots,N$$

可化为下列线性方程组的求解：

$$\begin{bmatrix} 0 & \boldsymbol{y}^{\mathrm{T}} \\ y & \boldsymbol{\Omega}+I/y \end{bmatrix} \begin{bmatrix} b \\ \alpha \end{bmatrix} = \begin{bmatrix} 0 \\ 1_v \end{bmatrix} \tag{3.57}$$

其中，$\boldsymbol{\Omega}$ 称作核矩阵，其表达式为

$$\boldsymbol{\Omega}_{kl} = y_k y_l \phi(x_k)^{\mathrm{T}}\phi(x_l) = y_k y_l K(x_k, \ x_l), \quad k, \ l=1, \cdots, \ N \tag{3.58}$$

由线性方程组可求得 α, b ，最终得到LSSVM对应的分类表达式为

$$y(x) = \mathrm{sign}\left[\sum_{k=1}^{N} \alpha_k y_k K(x, x_k) + b\right] \tag{3.59}$$

3.4.4　最小二乘支持向量机回归原理

LSSVM用于回归时，其损失函数定义为误差的二次项，对应的优化问题为[186–187]

$$\min_{w,b,e} J(w, \ e) = \frac{1}{2}w^{\mathrm{T}} \cdot w + \frac{1}{2}\gamma \sum_{k=1}^{N} e_k^{\ 2} \tag{3.60}$$

$$\mathrm{s.t.} \ \ y_k = w^{\mathrm{T}}\phi(x_k)+b+e_k, \ \ k=1, \cdots, \ N$$

应用拉格朗日方法求解上述优化问题：

$$L(w,b,e,\alpha) = J(w,e) - \sum_{k=1}^{N} \alpha_k \{w^{\mathrm{T}}\phi(x_k) - b + e_k - y_k\} \quad (3.61)$$

与分类问题类似，由优化条件可得

$$\frac{\partial L}{\partial w} = 0, \frac{\partial L}{\partial b} = 0, \frac{\partial L}{\partial e_k} = 0, \frac{\partial L}{\partial \alpha_k} = 0 \quad (3.62)$$

分别对应如下结果：

$$w = \sum_{k=1}^{N} \alpha_k \phi(x_k)$$
$$\sum_{k=1}^{N} \alpha_k = 0 \quad (3.63)$$
$$\alpha_k = \gamma e_k$$
$$w^{\mathrm{T}}\phi(x_k) + b + e_k - y_k = 0, k = 1, \cdots, N$$

转化为如下线性方程组的求解：

$$\begin{bmatrix} 0 & 1_v^{\mathrm{T}} \\ 1_v & \Omega + I/y \end{bmatrix} \begin{bmatrix} b \\ \alpha \end{bmatrix} = \begin{bmatrix} 0 \\ y \end{bmatrix} \quad (3.64)$$

其中，核矩阵 $\Omega_{kl} = \phi(x_k)^T \phi(x_l) = K(x_k, x_l), \quad k,l = 1, \cdots, N$

求解上述方程组可得LSSVM的回归函数为

$$y(x) = \sum_{k=1}^{N} \alpha_k K(x, x_k) + b \quad (3.65)$$

3.5　光谱数据神经网络分析方法

　　BP（back propagation）神经网络是一种按误差逆传播算法训练的多层前馈网络，是目前应用最广泛的神经网络模型之一。BP网络能学习和存贮大量的输入–输出模式映射关系，而无须事前揭示描述这种映射关系的数学方程。基本BP算法包括两个方面：信号的前向传播和误差的反向传播，即计算实际输出时按照从输入输出的方向进行，而权值和阈值的修正则按照从输出到输入的方向进行。它使用梯度下降法，通过误差的反向传播来不断调整网络的权值和阈值，使网络的误差平方和最小。

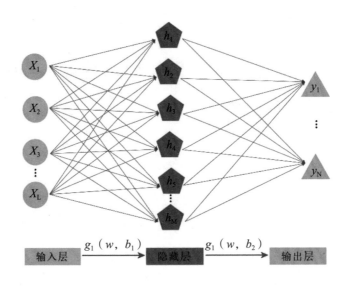

图3.2　三层BP神经网络结构图

　　BP神经网络模型拓扑结构包括输入层、隐含层和输出层，如图3.2所示。图中的神经网络输入层共有L个节点，隐含层有M个节点，输出层有N个节点，设隐含层的激励函数为$g_1(\cdot)$，输出层的激励函数为$g_2(\cdot)$。则输入层和隐含层之间有如下关系模型：

$$\text{net}_1 = \boldsymbol{w}^{\mathrm{T}} x + b_1, h = g_1(\text{net}_1) \tag{3.66}$$

其中，x是输入变量，w是输入层与隐含层节点间的权重因子，b_1是隐含层阈值，h是隐含层输出，g_1是隐含层激励函数。

隐含层和输出层之间关系模型如式（3.67）所示：

$$\text{net}_2 = \boldsymbol{v}^{\mathrm{T}} h + b_2, y = g_2(\text{net}_2) \tag{3.67}$$

其中，v为隐含层与输出层节点间的权重因子，b_2为输出层阈值，y为输出值，g_2为输出层激励函数。

综合式（3.66）和式（3.67），可知输入层与输出层之间的最终关系模型可表示为

$$\begin{aligned}
y &= g_2(\text{net}_2) = g_2(\boldsymbol{v}^{\mathrm{T}} g_1(\text{net}_1) + b_2) \\
&= g_2(\boldsymbol{v}^{\mathrm{T}} g_1(\boldsymbol{w}^{\mathrm{T}} x + b_1) + b_2)
\end{aligned} \tag{3.68}$$

定义损失函数为

$$E(\theta) = \frac{1}{n} \sum_{i=1}^{n} (Y_i - y_i)^2 \tag{3.69}$$

其中，θ表示样本，Y_i为实际值，y_i为模型预测的输出值。

根据误差梯度下降法依次修正输出层的权值、阈值，以及隐含层的权值、阈值，分别如式（3.70）～式（3.73）所示。

$$v^{(k)} = v^{(k-1)} - \eta \frac{\partial E}{\partial v} \tag{3.70}$$

$$b_2^{(k)} = b_2^{(k-1)} - \eta \frac{\partial E}{\partial b_2} \tag{3.71}$$

$$w^{(k)} = w^{(k-1)} - \eta \frac{\partial E}{\partial w} \tag{3.72}$$

$$b_1^{(k)} = b_1^{(k-1)} - \eta \frac{\partial E}{\partial b_1} \qquad (3.73)$$

式中，η 为学习速率，k 为迭代次数。当满足精度要求或者达到迭代次数后，模型优化结束，训练后的BP神经网络模型可用于实现数据的预测或者分类。

BP神经网络的训练过程如图3.3所示。

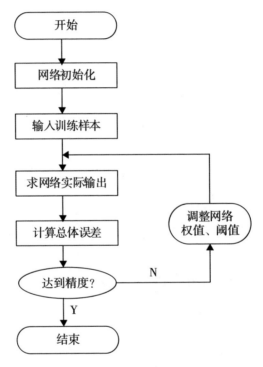

图3.3 BP神经网络训练流程图

在光谱数据分析中，神经网络方法可用于光谱数据的回归分析或者分类。如获得样本的荧光光谱后，将其不同波长处的荧光强度值作为模型输入，样本浓度作为模型输出，训练完成后，该神经网络模型可用于对未知样本的含量预测。若将样本所属类别作为模型输出，则训练后的网络模型可用于未知样本的分类识别。

3.6 特征光谱确定方法

采用全波段光谱建模时，光谱变量多，包含信息量大，结果较准确。但建模时运算复杂、效率低，且模型包含的冗余信息较多，有必要首先利用特征选择或者特征提取的方式获取特征光谱，然后基于特征光谱进行回归分析，这将加快训练速度，且对应的模型更加简单。如果简化后的模型性能相比全光谱模型并没有下降很多，则基于特征光谱的数据模型更具实用性。

光谱数据降维通常有两类方法：特征选择和特征提取。特征选择是指从原始的数据集中，根据算法规则选择某个特征子集（该子集仍是原始数据集中的一部分），使得该子集可近似表达原始问题，以特征光谱代替原始光谱信息参与建模，以此实现光谱降维。特征提取是指由原始光谱经过某种变换，生成新的综合变量作为特征光谱，该特征一般是原始所有光谱信息的线性组合，以个数较少的综合特征变量进行回归建模，实现样本浓度预测。特征选择类方法主要有遗传算法、粒子群算法，以及连续投影方法等，而主成分分析属于特征提取类方法。

3.6.1 遗传算法

遗传算法（genetic algorithms，GA）由Michigan大学的J.H.Holland教授于20世纪60年代提出的，该方法模拟自然界中的遗传机制，是一种并行随机搜索的最优化方法，[188-189]它引入自然界"优胜劣汰，适者生存"的生物进化理论，通过选择、交叉和变异等遗传操作保留适应度较高的个体，并淘汰适应度低的个体，使生成的新群体对应的适应度值越来越高。当N代迭代结束后，末代种群内产生了适应度值最高的个体，即最优个体，将其解码后即可作为问题的近似最优解。遗传算法的优化流程如图3.4所示。

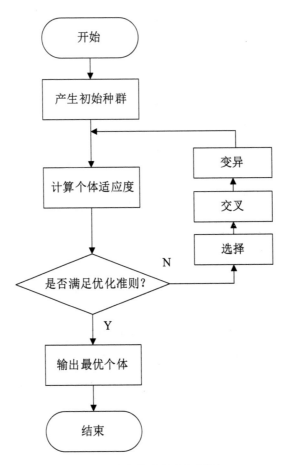

图3.4　遗传算法基本流程图

　　图3.4中首先随机产生初始种群，然后计算种群内个体的适应度函数值。在迭代过程中，个体之间通过选择、交叉、变异等操作生成适应度更高的新个体，直到满足优化准则迭代停止。[190-191]在遗传算法中，主要通过交叉操作产生新个体，其决定算法的全局搜索能力；变异操作辅助生成新个体，其决定算法的局部搜索能力。遗传算法通过交叉、变异两种操作间的相互补充，共同实现搜索空间内的全局及局部搜索，以此达到更全面地问题寻优。

　　从上述遗传算法原理可知，其具有以下几方面特点[192-194]：

　　遗传算法是从问题解的某一串集开始搜索，而传统优化算法通常从单个初始值开始迭代优化，容易误入局部最优解。遗传算法覆盖面大、全局搜索能力较强，这是遗传算法与传统优化算法之间的主要区别。

遗传算法在优化过程中同时对搜索空间中的多个解进行评估，算法具有内在并行性，减少了陷入局部最优解的风险。

遗传算法仅用适应度函数值来评估个体优劣，不需要其他辅助信息，大大扩展了算法的应用范围。

遗传算法在进化过程中能够自适应地调整受损方向，不需要特定规则，算法具有自适应、自组织及自学习性。

遗传算法属于随机算法，其共同缺点是依赖于随机因素，导致实验结果难以重现。

3.6.2 粒子群算法

粒子群优化算法（particle swarm optimization，PSO）由Kennedy和Eberhart在1995年提出，其思想来源于模拟鸟群的捕食行为。同遗传算法GA类似，也是一种基于"群体"和"进化"的优化算法。[195-196]系统初始化为一组随机解，通过迭代搜寻最优值。粒子群算法应用一种无质量的粒子模拟鸟群中的鸟，每个粒子具有两个属性：速度及位置，其中速度表示移动的快慢，位置表示移动的方向。在粒子群迭代过程中，每个粒子都代表问题的一个潜在解，由适应度值评价粒子的优劣，粒子速度根据自身移动的历史信息以及其他粒子的移动经验信息进行动态调整，从而实现解空间中的寻优。[197-199]

标准粒子群算法通常用于优化连续实值问题，即粒子的初始位置、更新速度均为连续函数，与之相对应的是离散粒子群算法（discrete particle swarm optimization algorithm，DPSO），其位置及速度的更新均为离散值，而离散二进制粒子群算法（discrete binary particle swarm optimization algorithm，BPSO）则是在离散粒子群算法基础上，其位置向量、速度向量均由0，1值构成，用于解决离散空间的约束优化问题。

3.6.2.1　基本粒子群算法

基本粒子群算法原理如下[200-202]：

假设在一个 D 维搜索空间中，总粒子数为 n，第 i 个粒子的位置属性为 $\boldsymbol{X}_i = (X_{i1},\ X_{i2},\ \cdots,\ X_{iD})$，速度为 $\boldsymbol{V}_i = (V_{i1},\ V_{i2},\ \cdots,\ V_{iD})$，个体极值设为 $\boldsymbol{P}_i = (P_{i1},\ P_{i2},\ \cdots,\ P_{iD})$，全局极值为 $\boldsymbol{P}_g = (P_{g1},\ P_{g2},\ \cdots,\ P_{gD})$，则粒子速度和位置的更新公式为

$$V_{id}^{k+1} = wV_{id}^{k} + c_1 r_1 (P_{id}^{k} - X_{id}^{k}) + c_2 r_2 (P_{gd}^{k} - X_{id}^{k}) \tag{3.74}$$

$$X_{id}^{k+1} = X_{id}^{k} + V_{id}^{k+1} \tag{3.75}$$

其中，w 为惯性权重，代表着前一代速度对当前代速度的影响，惯性权重的取值一般有常数法、线性递减法和自适应法等；$d = 1, 2, \cdots, D$，i 表示粒子的编号，$i = 1, 2, \cdots, n$，k 为当前迭代次数，V_{id}^{k}，X_{id}^{k} 分别代表第 i 个粒子在 k 代的速度和位置；c_1 和 c_2 称为学习因子或者加速常数，代表粒子向个体极值和全局极值优化的加速权值，c_1 和 c_2 通常设置为 2，代表着对两个引导方向的重视程度相同，两者也可不相等，但其范围一般在 0～4 之间；r_1 和 r_2 为分布于 0～1 之间的随机数。为了防止粒子在进化过程中离开搜索空间，粒子的速度变化范围通常限制在 $[-V_{\max}, V_{\max}]$，即在迭代过程中给速度设置边界值。粒子群的初始位置和初始速度随机产生，然后按公式（3.74）与（3.75）进行迭代，直到找到最优解。基本粒子群算法流程如图 3.5 所示[203-204]。

由图 3.5 可知，粒子群算法与遗传算法两者之间具有相同点，比如种群均为随机初始化，均使用适应度函数评价个体的优劣。但两者也有不同点，具体包括：粒子群算法中没有选择、交叉、变异等操作算子；另外，两者具有不同的信息共享机制方式，遗传算法中每个个体之间相互共享信息，使得种群比较均匀地朝着最优区域优化；而在粒子群算法中，只是通过全局最优粒子共享信息给其他粒子，属于单向信息流动，可见整个粒子群搜索更新过程是追随当前最优解的过程。粒子群算法的收敛速度一般快于遗传算法。

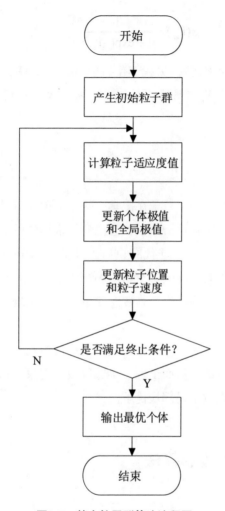

图3.5 基本粒子群算法流程图

3.6.2.2 离散二进制粒子群算法

离散二进制粒子群算法BPSO最初由J.Kennedy和R.C.Eberhart在1997年提出[205-208]，该算法采用二进制编码，粒子速度仍然采用公式（3.74）进行更新，但粒子位置只取0，1两个离散值，通过Sigmoid函数将粒子速度映射到[0，1]区间作为粒子取1的概率，其中Sigmoid函数定义为

$$s(V_{id}) = \frac{1}{1 + \exp(-V_{id})} \qquad (3.76)$$

该式将粒子速度 V_{id} 转换为粒子位置取1的概率 $s(V_{id})$，然后根据此概率大小再确定粒子位置 X_{id} 的取值为1还是0，粒子位置更新公式如下：

$$X_{id} = \begin{cases} 1, & \text{如果 } s(V_{id}) \geqslant \text{rand} \\ 0, & \text{其他} \end{cases} \qquad (3.77)$$

由上述原理可知，每个粒子在搜索空间中单独搜寻最优解，且个体极值与全局极值的信息被所有粒子共享，其他粒子根据这些共享的极值信息调整自己的粒子速度和位置，当迭代结束后，种群内的全局最优解即为最优粒子。可见，PSO通过群体中个体之间的协作和信息共享来搜索最优解，与GA相比，无须交叉、变异等操作，其概念简单、容易实现且不需要调整较多的参数。

粒子群算法的不足主要体现在：其将当前搜索到的最优位置作为共享信息，容易陷入局部最优，从而出现"早熟收敛"现象，通常结合其他算法进行改进，避免过早收敛于局部最优解。

3.6.3　连续投影算法

连续投影算法（successive projection algorithm，SPA）是由Araujo在研究多元校正过程中提出的一种特征降维方法。SPA采用连续投影策略进行变量排序产生一系列特征变量子集，通过比较变量子集所对应的模型的预测能力筛选出最优变量子集，可以最大限度地消除被选变量之间的共线性，避免信息重复，使变量间的信息冗余度最低[209-212]。SPA算法原理如下：

将光谱属性矩阵记为 $X_{M \times J}$（M 为样本数，J 为波长个数），以 $X_{k(0)}$ 代表初始波长向量，需要筛选的特征波长个数设为 N。SPA算法首先将某一个波长选中，然后计算该波长在其他剩余未被选入波长上的投影，再将投影向量最大的波长筛选到特征波长组合，按此步骤共筛选完成 N 个特征波长后结束计算。SPA优选特征波长的步骤为[213-215]：

（1）在迭代开始前（$n=1$）任选一个光谱属性矩阵$\boldsymbol{X}$中的某一列向量$\boldsymbol{x}_j$，记作$\boldsymbol{X}_{k(0)}$；

（2）将其他未被选中的波长变量集合记为 set ， set $=\{j,1\leqslant j\leqslant J,$ $j\notin\{k(0),k(1),\cdots,k(n-1)\}\}$；

（3）按照式（3.78）计算当前向量$\boldsymbol{x}_{k(n-1)}$对 set 集合中剩余的列向量$\boldsymbol{x}_j$投影：

$$\boldsymbol{P}_{x_j}=\boldsymbol{x}_j-(\boldsymbol{x}_j^{\mathrm{T}}\boldsymbol{x}_{k(n-1)})\boldsymbol{x}_{k(n-1)}(\boldsymbol{x}^{\mathrm{T}}_{k(n-1)}\boldsymbol{x}_{k(n-1)})^{-1},j\in\mathrm{set}\qquad（3.78）$$

（4）获取最大投影值$\boldsymbol{P}_{x_j}$所对应的波长$\boldsymbol{k(n)}$，则$k(n)=\arg(\max(\|p_{x_j}\|)),j\in\mathrm{set}$ $j\in\mathrm{set}$；

（5）将上述最大投影值$\boldsymbol{P}_{x_j}$作为下次迭代的初始值，即$\boldsymbol{x}_j=\boldsymbol{P}_{x_j},j\in\mathrm{set}$；

（6）令$n=n+1$，若$n<N$，返回步骤（2）循环计算。

（7）直到$n=N$，循环结束，最终提取出的波长位置为$\{k(n),n=0,1,\cdots,N-1\}$。

对应每一个初始$k(0)$和N，循环一次后进行多元线性回归分析，计算交叉验证集对应的均方根误差（RMSECV），所有RMSECV中最小值对应的$k(n)$即为筛选出的显著变量组合。

连续投影算法是一种重要的特征变量选择方法，其在原始光谱数据集中可以筛选出与样本浓度关系最为显著的少数几个波长点作为特征光谱，这些特征波长能够概括大多数样品的光谱信息，基于特征光谱进行回归能够降低模型复杂度并减少计算量，提高训练速度及效率。

3.6.4 主成分分析方法

在主成分回归方法PCR中，其实现共需要两步：PCA提取主成分和基于主成分进行多元线性拟合。PCA常用于消除属性间的相关性，降低数据维数，以使模型减少计算量、提高运算速度。[216-219]主成分分析方法通过对原始光谱矩阵的内部结构研究，提取出一组新的相互无关的综合变量来代替原始光谱。PCA在数学上的降维过程如下：假设原始光谱共有K维，PCA将原始K个光谱属性作线性组合，作为新的综合变量，即主成分。若将第一个主成分标记为F_1，F_1则被要求尽可能多地包含原始光谱信息，可用其方差来表示，即$Var（F_1）$越大，表示F_1能表示的原始信息越多。因此在所有的线性组合中，F_1方差最大，称为第一主成分。如果第一主成分不足以表示原始K个属性的信息，再继续选取第二主成分F_2，使得$Cov（F_1，F_2）=0$，即F_1、F_2不相关。依此类推可以选择第3、第4、…，第P个主成分。在实际应用中，通常少数几个主成分就可以描述原始光谱的大部分信息，随着主成分个数的增加，所能描述的原始信息越来越全面。

3.7　本章小结

本章主要分析了数据建模相关方法，主要包括光谱预处理、光谱分类及回归问题中的数学建模方法，重点分析了多元线性拟合、主成分回归、偏最小二乘回归等线性分析方法和支持向量机、最小二乘支持向量机等非线性分析方法。另外，针对优选特征光谱分别介绍了相关的遗传算法、粒子群算法、连续投影算法及主成分分析等几种方法的实现原理。以上数据建模相关理论知识为实现农药种类识别及果汁中农药残留的浓度估计奠定了数学理论基础。

第4章 基于特征峰的农药残留吸收光谱检测方法

本章应用紫外−可见吸收光谱方法检测果汁中的农药残留，并基于吸收特征峰建立含量预测模型。首先通过Savitzky-Golay多项式平滑对吸收光谱进行预处理，然后根据最小二乘法对农药特征峰处的吸光度与样本浓度进行回归分析，获得相应农药残留预测模型函数，最后通过相关系数、检出限和定量限等参数分析评价导数光谱对农药残留模型函数的影响。

4.1 检测方案

4.1.1 试剂和样品

农药样品：异丙甲草胺、吡虫啉、多菌灵和阿维菌素（国内农药研究所购买）；

果汁：苹果汁、橙汁和桃汁（纯度100%）；

实验用水：纯净水。

4.1.2   检测仪器

检测仪器分别使用紫外可见分光光度计UV6300（上海美谱达仪器有限公司）和UV-3600紫外可见分光光度计（日本岛津公司），用于记录样品的吸收光谱。紫外可见分光光度计一般由光源、单色器、吸收池、检测器和信号显示系统五大部分组成[220]。单色器将光源产生的复合光分解为单色光，检测器将透过吸收池的光强度转换为电流信号，并通过显示器将检测器输出的信号进行放大，即得吸收光谱。

4.1.3   检测方法

用电子天平称取一定量农药样品，然后将其配成不同浓度比的农药标准药液，量取各种浓度比药液放入比色皿，然后检测其吸收光谱。将纯苹果汁、桃汁、橙汁和纯净水分别按照不同体积比进行稀释，检测农药-果汁混合体系的吸收光谱。利用微量量筒量取农药标准药液，开始逐次递增加入各种果汁中，每次加入后进行充分搅拌，使得药液和果汁混合均匀，检测果汁-农药混合溶液的吸收光谱并记录，上述所测吸收光谱图中，横坐标表示波长，纵坐标表示吸光度。

4.2   异丙甲草胺吸收光谱检测分析

4.2.1   异丙甲草胺吸收光谱

利用分光光度计UV6300分别检测5种不同浓度的异丙甲草胺标准溶液对

应的吸收光谱，其结果如图4.1（A）所示，横坐标为波长，纵坐标为吸光度。图中曲线从1到5对应的异丙甲草胺浓度分别为0.023mg/ml，0.053mg/ml，0.12mg/ml，0.27mg/ml，0.6mg/ml。可以看出，在266nm处发现吸收光谱峰，而且随着浓度值的增加，其峰值相应提高。因此，可以利用266nm作为异丙甲草胺吸收光谱的特征峰。

为得出异丙甲草胺浓度和特征峰吸光度之间的数学关系，对异丙甲草胺浓度值与266nm处吸光度值进行线性拟合，结果如图4.1（B）所示。结果表明，所配制的实验样本在低浓度范围内时，异丙甲草胺浓度值与特征峰吸光度值具有理想的线性关系，相关系数达到0.998 5。

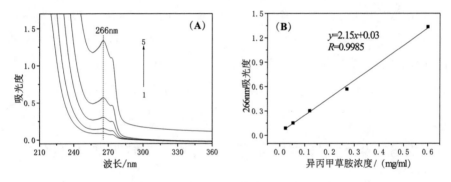

图4.1　异丙甲草胺吸收光谱及线性拟合

4.2.2　果汁–异丙甲草胺混合溶液吸收光谱分析

将异丙甲草胺标准药液（0.6mg/ml）逐量添加至稀释后的桃汁中，配制5种不同浓度的桃汁–异丙甲草胺混合溶液，对应浓度分别为0.023 1mg/ml，0.064 3mg/ml，0.100 0mg/ml，0.131 3 mg/ml，0.158 8mg/ml。利用分光光度计检测各样本吸收光谱，结果如图4.2（A）所示，图中箭头指向从1到6分别对应桃汁背景溶液以及上述5种不同浓度的桃汁–异丙甲草胺混合溶液的吸收光谱。

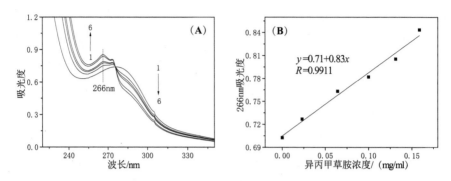

图4.2 桃汁–异丙甲草胺混合溶液吸收光谱及线性拟合

由图4.2（A）可知，混合溶液吸收光谱在266nm处有吸收光谱峰，且随着药物浓度值增加，其吸光度相应增加，而桃汁在266nm处并没有吸收峰。266nm为异丙甲草胺的药物特征峰，将异丙甲草胺浓度与266nm处吸光度进行线性拟合，可得桃汁中异丙甲草胺的线性定量模型为$y=0.71+0.83x$，结果如图4.2（B）所示，可见两者呈线性关系，相关系数大于0.99。

4.2.3 果汁–异丙甲草胺混合溶液导数吸收光谱分析

从图4.2（A）中可以看出，当桃汁中异丙甲草胺的残留量较低时，其农药吸收光谱特征峰并不明显，为更进一步提高检测效果，对混合溶液吸收光谱进行一阶导数处理，导数吸收光谱如图4.3（A）所示。

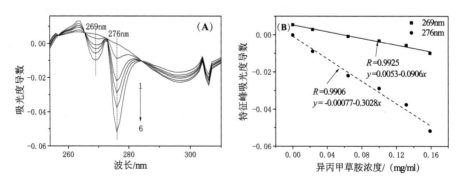

图4.3 桃汁–异丙甲草胺混合溶液一阶导数光谱及其建模

图4.3（A）中曲线从1到6对应桃汁中异丙甲草胺浓度分别为0mg/ml，0.023 1mg/ml，0.064 3mg/ml，0.100 0mg/ml，0.131 3mg/ml和0.158 8mg/ml。可见桃汁–异丙甲草胺混合溶液的导数光谱有2个较明显的特征光谱峰，分别位于269nm和276nm处。与原始吸收光谱相比较，采用一阶导数光谱更有利于发现桃汁中的异丙甲草胺农药残留。

为进一步分析桃汁–异丙甲草胺混合溶液的导数吸收光谱峰值随农药含量变化的关系，对异丙甲草胺浓度与导数光谱两个特征峰处的吸光度分别进行线性拟合，结果如图4.3（B）所示。其中269nm对应的线性关系式为$y=0.005\,3-0.090\,6x$，相关系数$R=0.992\,5$；276nm对应的关系式为$y=-0.000\,77-0.302\,8x$，相关系数$R=0.990\,6$。

为验证上述桃汁中异丙甲草胺残留的线性模型准确性，另外配制5种不同浓度的桃汁–异丙甲草胺混合溶液，浓度分别为0.044 4mg/ml，0.082 8mg/ml，0.116 1mg/ml，0.145 5mg/ml和0.171 4mg/ml。然后在同等条件下检测其吸收光谱，由分析可知，原始吸收光谱的特征峰位于266nm处，一阶导数吸收光谱的2个特征峰分别位于269nm和276nm处，故可将266nm处的吸光度代入至原始光谱定量模型，将269nm和276nm处的吸光度导数代入导数光谱定量模型，分别计算出异丙甲草胺浓度预测值。结合其实际浓度值得到平均回收率参数，另外根据$\text{LOD}=3\delta/s$，$\text{LOQ}=10\delta/s$（δ为背景溶液响应值的标准差，S为校正曲线斜率）的计算方法可分别得到桃汁中异丙甲草胺的检出限（LOD）、定量限（LOQ）等参数值，结果如表4.1所示。由表中数据可知，基于原始吸收光谱的线性模型相关系数为0.991 1，基于一阶导数吸收光谱269nm、276nm对应的线性模型相关系数分别为0.992 5、0.990 6。三者均超过0.99，说明异丙甲草胺浓度与吸光度、浓度与吸光度导数之间均呈理想的线性关系。另外，原始吸收光谱、导数吸收光谱对应的模型函数均具有较好的回收率。

表4.1　桃汁中异丙甲草胺吸收光谱检测线性模型函数及相关参数

参数	原始吸收光谱方法	一阶导数吸收光谱方法	
特征峰波长/nm	266	269	276
线性关系式	$y=0.71+0.83x$	$y=0.005\,3-0.090\,6x$	$y=-0.000\,77-0.302\,8x$

续表

参数	原始吸收光谱方法	一阶导数吸收光谱方法	
相关系数（R）	0.991 1	0.992 5	0.990 6
LOD/（mg/ml）	0.014 8	0.002 4	0.001 5
LOQ/（mg/ml）	0.049 2	0.007 8	0.004 9
平均回收率/%	104.68	104.59	105.18

但是，从检出限和定量限两个参数来看，基于一阶导数吸收光谱所构建的异丙甲草胺定量模型函数明显优于原始吸收光谱，例如原始吸收光谱对应的LOD和LOQ分别为0.014 8mg/ml和0.049 2mg/ml，一阶导数光谱对应的LOD和LOQ最小值分别为0.001 5mg/ml和0.004 9mg/ml。因此，从光谱特征峰的显著程度及模型参数这两个角度均表明，应用导数吸收光谱更有利于检测桃汁中的异丙甲草胺农药残留。

以上分析结果表明，异丙甲草胺紫外可见吸收光谱在266nm处具有稳定的特征峰，而且随着农药浓度值的增加，其吸光度相应增加。针对桃汁–异丙甲草胺混合溶液，发现其导数吸收光谱具有更显著的吸收特征峰。分别基于原始光谱和导数光谱建立了桃汁中异丙甲草胺定量分析模型，并对桃汁中异丙甲草胺浓度进行了验证分析，得到平均回收率以及检出限等参数。通过比较发现，两种模型函数都具有很好的回收率，但从检出限参数来看，基于一阶导数光谱的异丙甲草胺检测模型优于原始吸收光谱。

以上结果表明，采用吸收光谱方法对果汁中异丙甲草胺残留进行直接检测与分析是快速和可行有效的，且对吸收光谱进行导数运算处理后，能进一步提高检测效果。

4.3 吡虫啉吸收光谱检测分析

4.3.1 吡虫啉吸收光谱

对所配置的吡虫啉标准药液应用UV3600检测其吸收光谱，其结果如图4.4所示，光谱范围为220～700nm，横坐标表示光波长，纵坐标表示吸光度。图中从1到4分别对应4种不同浓度吡虫啉标准药液。由图看出，在269nm处均有一个较强的吸收峰，而且随着药物浓度值的减小，其峰值也在减小，从最高处的5.2减小为0.9左右，因此，269nm可以作为吡虫啉吸收光谱的特征峰。这种分子吸收光谱产生于价电子和分子轨道上的电子在电子能级间的跃迁，分析认为269nm属于$n \rightarrow \pi^*$跃迁，为未成键原子轨道至高能级分子反键轨道。[221]

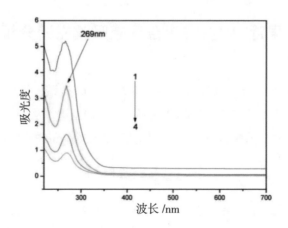

图4.4 吡虫啉吸收光谱（从1到4表示吡虫啉溶液浓度值分别为
0.072mg/ml，0.036mg/ml，0.018mg/ml和0.009mg/ml）

为分析吡虫啉药物浓度和吸光度之间的相互关系，对不同浓度吡虫啉药液进行浓度值与吸光度之间进行一元线性回归分析，具体结果如图4.5所示。分析结果显示，吡虫啉吸收光谱在269nm处，其浓度值和吸光度具有很好的

线性关系，其相关系数为0.996 1，模型函数关系是为

$$y = 67.6095x + 0.2258 \qquad （3.11）$$

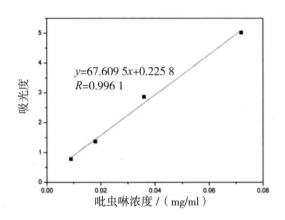

图4.5　吡虫啉浓度值与269nm处吸光度之间线性关系

4.3.2　果汁–吡虫啉混合溶液吸收光谱分析

图4.6为苹果汁与吡虫啉混合溶液的紫外吸收光谱，图中1和7分别表示不同苹果汁和吡虫啉浓度值（0.036mg/ml）吸收光谱，从2到6分别表示加入0.2ml，0.4ml，0.6ml，0.8ml和1.0ml浓度值为0.036mg/ml的吡虫啉后与苹果汁混合溶液吸收光谱。可以看出，随着吡虫啉含量的增加，在图中a区吸收峰和吸光度都发生了变化，吸收峰值发生蓝移，从281nm减小到269nm，共产生了12nm的蓝移。同时吸光度数值从1.902增加到2.497。这说明吡虫啉和果汁成分之间发生了相互作用，生成复合物，因反应引入含有未共享电子对的基团使吸收峰向短波长移动[222]，所以其吸光度并不是单一吡虫啉和苹果汁的叠加。当添加吡虫啉药液到1.0ml后其吸收谱峰值和吡虫啉吸收谱峰值重合，为269nm。还可以发现在图中b区，相对于吡虫啉吸收光谱，吡虫啉–苹果汁混合溶液存在一个中心在326nm的肩峰，分析认为其属于苹果汁所含成分而引起的吸收峰。

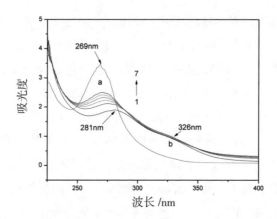

图4.6　苹果汁–吡虫啉混合溶液吸收光谱（1.苹果汁；2到6表示添加吡虫啉溶液分别为
0.2ml，0.4ml，0.6ml，0.8ml，1.0ml；7.吡虫啉溶液浓度：0.036mg/ml）

为进一步分析苹果汁–吡虫啉混合溶液吸收光谱特征峰值随吡虫啉含量
变化的关系，经过换算获得了混合溶液中吡虫啉含量的浓度比，以及对应
的峰值波长和吸光度大小，然后通过分析软件分别对吡虫啉农药含量与吸
收谱峰值和吸光度进行指数拟合，结果如图4.7所示，得到了农药含量与吸
收光谱峰值波长的预测模型函数：$y=265.36+15.56\exp(-x/7.33)$，其中相关
系数为0.995 4；农药含量与吸光度之间的预测模型函数为$y=3.07-1.159\exp$
$(-x/15.24)$，相关系数达到0.995 3。

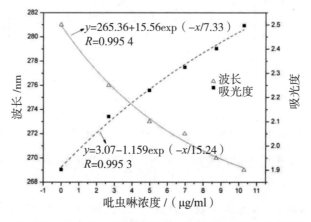

图4.7　苹果汁中吡虫啉含量与吸收谱峰值波长和吸光度之间的关系

经过同样检测过程，分别获得了橙汁、桃汁与吡虫啉标准药液混合后的紫外吸收光谱，结果如图4.8和图4.9所示。同样图中1和7分别表示不同纯果汁和吡虫啉浓度值（0.036mg/ml）吸收光谱，而从2到6分别表示加入0.2ml，0.4ml，0.6ml，0.8ml和1.0ml，浓度值为0.036mg/ml的吡虫啉后对应农药–果汁混合体系吸收光谱。通过比较图中a区可以发现，随着吡虫啉含量的增加，两种果汁–吡虫啉混合溶液的吸收光谱在269nm处的吸光度都逐渐提高，另外与苹果汁相比较，并没有发生蓝移现象，这说明桃汁和橙汁没有使得吡虫啉化学结构发生变化，通过图4.8和4.9中b区可以明显看到，随着吡虫啉药液含量的增加，吸光度在减小，这与苹果汁–吡虫啉混合溶液对应吸收光谱正好相反。图4.8（B）为橙汁的吸收光谱，可以发现，纯橙汁的吸收光谱在图中显示波长范围内一直处于下降状态，在269nm附近没有出现吸收峰，但是在269nm处其下降趋势变缓，而通过图4.9可以看到，桃汁的吸收光谱在279nm出现了一个吸收峰。这说明可以利用269nm处吸收光谱特征峰来分析橙汁和桃汁中吡虫啉农药残留。

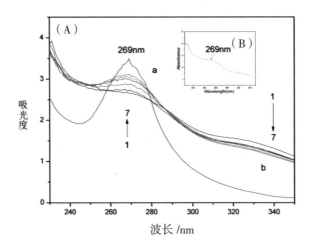

图4.8　橙汁–吡虫啉混合溶液吸收光谱（1.橙汁；2到6表示添加吡虫啉溶液分别为0.2ml，0.4ml，0.6ml，0.8ml，1.0ml；7.吡虫啉溶液浓度：0.036mg/ml）

为进一步研究吸光度与农药含量之间的相关性，取269nm各波长处的吸光度值，根据吡虫啉药液浓度和对应的添加药量，经过计算，获得各波长对应的吡虫啉浓度值。通过分析软件分别对两种果汁在269nm处吸光度和吡虫啉农药含量进行最小二乘法线性拟合，结果如图4.10所示，得到了农药含量与吸收光谱之间的预测模型函数。由工作曲线及其相应模型函数可以看出，269nm 吸光度和吡虫啉含量之间基本呈线性关系，其中橙汁相关系数为0.989 5，桃汁的相关系数为0.983 7。

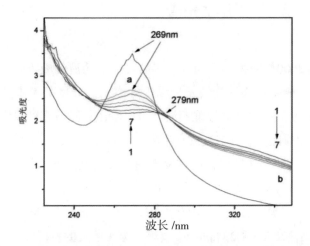

图4.9　桃汁–吡虫啉混合溶液吸收光谱（1.桃汁；2到6表示添加吡虫啉溶液分别为0.2ml，0.4ml，0.6ml，0.8ml，1.0ml；7.吡虫啉溶液浓度：0.036mg/ml）

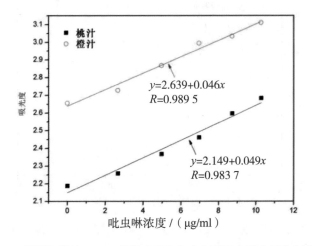

图4.10　橙汁和桃汁269nm处吸光度与包含农药吡虫啉含量之间关系曲线

4.4　多菌灵吸收光谱检测分析

4.4.1　多菌灵吸收光谱

利用UV3600检测得到不同浓度多菌灵标准药液的吸收光谱，其结果如图4.11所示，横坐标表示光波长，纵坐标表示吸光度。图中从1到5分别对应5种不同浓度比的多菌灵标准药液。可以看出，随着多菌灵农药浓度的提高，吸光度相应提高，在285nm处存在明显的吸收峰，为最大吸收峰，而在280nm和294nm处存在肩峰，而且发现随着多菌灵浓度增加，294nm处吸光度逐渐高于280nm处吸光度，它们应该是由$n \rightarrow \pi^*$跃迁产生的吸收带，主要是分子中处于非键轨道上的n电子吸收能量后向π^*反键轨道的跃迁。因此，可以把280nm，285nm和294nm处吸收峰作为多菌灵的特征峰。

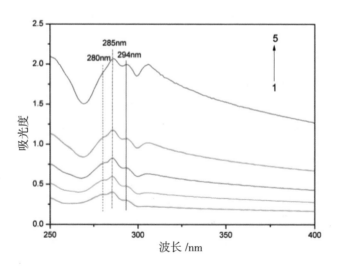

图4.11　多菌灵吸收光谱（从1到5表示多菌灵溶液浓度值分别为0.008 75mg/ml，

0.017 5mg/ml，0.035mg/ml，0.07mg/ml，0.14mg/ml）

针对不同浓度的多菌灵药液进行浓度值与吸光度之间的线性回归分析，获得了多菌灵浓度和吸光度之间的相互关系，具体结果分别如图4.12所示。分析结果表明，多菌灵吸收光谱在280nm，285nm和294nm处其浓度值与吸光度都具有较好的线性关系，其相关系数均高于0.997。

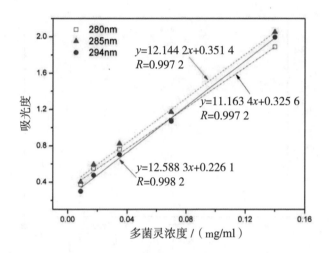

图4.12　多菌灵药液浓度值与吸收谱在280nm、285nm和294nm处吸光度之间的关系

4.4.2　果汁-多菌灵混合溶液吸收光谱分析

图4.13为苹果汁与多菌灵混合后紫外吸收光谱，图中1到6分别表示苹果汁（稀释后）中加入0ml，0.2ml，0.4ml，0.6ml，0.8ml和1.0ml浓度值为0.28mg/ml的多菌灵药液（对应果汁中多菌灵浓度分别为0mg/ml，0.017 5ml/ml，0.032 9mg/ml，0.046 7mg/ml，0.058 9mg/ml，0.07mg/ml）。可以看出，相对于纯苹果汁吸收光谱，在275nm和281nm处存在明显的吸收光谱特征峰，并且随着多菌灵含量的增加，特征峰吸光度也在增加，同时发现当多菌灵浓度高于0.032 9mg/ml后，在294nm处又出现一个肩峰。因此总体来看，可以选

取275nm和281nm两处特征峰进行苹果汁中多菌灵残留吸收光谱检测。另外，苹果汁和多菌灵混合体系吸收光谱与纯多菌灵吸收光谱形状相同，但是两处特征吸收峰发生了蓝移，具体为280nm减小到275nm，285nm减小到281nm，这说明苹果汁和多菌灵发生了相互作用，但是，294nm处肩峰位置基本保持稳定。

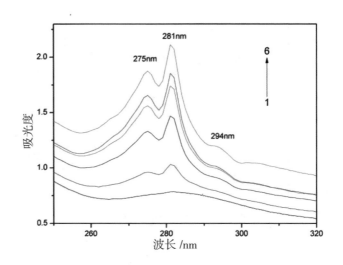

图4.13　苹果汁-多菌灵混合溶液吸收光谱（1到6表示苹果汁中多菌灵浓度为0mg/ml，0.017 5mg/ml，0.032 9mg/ml，0.046 7mg/ml，0.058 9mg/ml和0.07mg/ml）

经过同样的检测过程，分别获得桃汁、橙汁与多菌灵标准药液混合后的紫外吸收光谱，结果如图4.14和图4.15所示。同样两图中的数字1代表两种纯果汁的吸收光谱，而从2到6分别表示果汁中加入0.2ml，0.4ml，0.6ml，0.8ml和1.0ml浓度值为0.28mg/ml的多菌灵后混合溶液的吸收光谱。

由图4.14和图4.15发现：①在275nm和281nm处出现明显的吸收峰，而且随着果汁中多菌灵含量的增加，其吸光度逐渐提高，而两种果汁在这两个位置没有出现吸收峰，所以可以为添加多菌灵后的特征峰，与多菌灵吸收谱相比较，峰值同样发生了漂移（蓝移），分别为280nm减小到275nm，285nm减小到281nm，这说明两种果汁所含成分和多菌灵发生了一定的相互作用。②与苹果汁-多菌灵混合溶液吸收谱比较发现，肩峰294nm同样随着多菌灵含量的增加而出现。

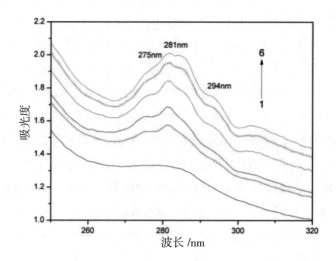

图4.14　桃汁–多菌灵混合溶液吸收光谱（从1到6表示桃汁中多菌灵浓度为0mg/ml，0.017 5mg/ml，0.032 9mg/ml，0.046 7mg/ml，0.058 9mg/ml和0.07mg/ml）

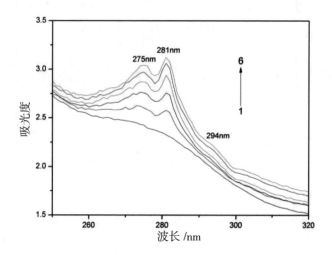

图4.15　橙汁–多菌灵混合溶液吸收光谱（从1到6表示桃汁中多菌灵浓度为0mg/ml，0.017 5mg/ml，0.032 9mg/ml，0.046 7mg/ml，0.058 9mg/ml和0.07mg/ml）

为获得多菌灵在苹果汁、橙汁和桃汁中的含量与样品吸收峰处吸光度之间的模型关系，经过换算得到了混合溶液中多菌灵含量的浓度比，以及混合溶液吸收光谱在275nm和282nm处的吸光度。分别对3种果汁中多菌灵的农药浓度与各特征峰吸光度进行最小二乘法函数拟合，结果如图4.16～图4.18所示，其中苹果汁275nm处预测模型函数为$y=0.743\,4+16.251\,1x$，相关系数$R=0.991\,1$；苹果汁281nm处预测模型函数为$y=0.770\,7+19.287\,8x$，相关系数：$R=0.991\,3$；桃汁275nm处预测模型函数为$y=1.414\,3+6.847\,7x$，相关系数：$R=0.995\,0$；桃汁281nm处预测模型函数为$y=1.424\,2+8.598\,5x$，相关系数$R=0.992\,5$；橙汁275nm处预测模型函数为$y=2.473\,9+8.337\,6x$，相关系数：$R=0.996\,2$；橙汁281nm处预测模型函数为$y=2.408\,7+10.719\,6x$，相关系数$R=0.989\,8$。可以看出，它们的相关系数都超过或接近0.99，不过对于苹果汁和桃汁，在275nm和282nm两处得到的预测模型函数相关系数接近，而对于橙汁，前者要优于后者。

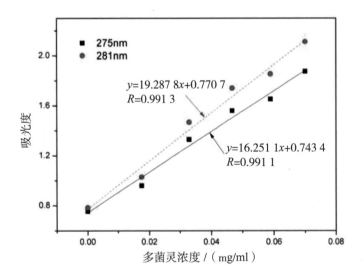

图4.16　苹果汁中多菌灵含量浓度值与吸光度（275nm和281nm）关系曲线

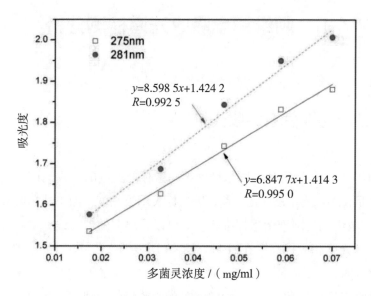

图4.17 桃汁中多菌灵含量浓度值与吸光度（275nm和281nm）关系曲线

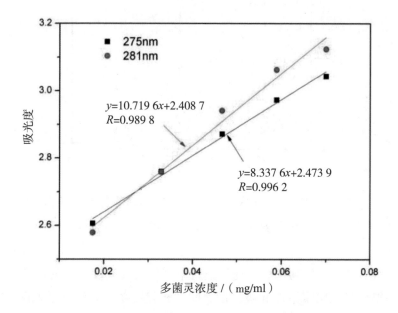

图4.18 橙汁中多菌灵含量浓度值与吸光度（275nm和281nm）关系曲线

4.5　阿维菌素吸收光谱检测分析

4.5.1　阿维菌素吸收光谱

利用UV3600检测得到不同浓度阿维菌素标准药液的吸收光谱，其结果如图4.19所示，横坐标表示光波长，纵坐标表示吸光度。图中从1到7分别对应7种不同浓度比的阿维菌素标准药液。可以看出，随着阿维菌素农药浓度的提高，吸光度相应提高，在219nm处存在明显的吸收峰，为最大吸收峰，当浓度增大时，在246nm处逐渐出现一弱吸收峰，它们应该是由$n \rightarrow \sigma^*$跃迁产生的吸收带[170]。因此，可以把219nm处的吸收峰作为阿维菌素的特征峰。

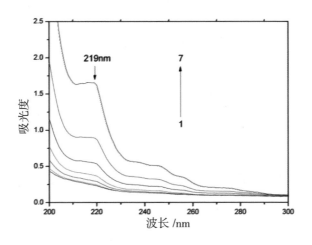

图4.19　阿维菌素吸收谱（从1到7表示阿维菌素溶液浓度值分别为0.078 1μg/ml，

0.156 3μg/ml，0.312 5μg/ml，0.625μg/ml，1.25μg/ml，2.5μg/ml和5μg/ml）

针对不同浓度的阿维菌素药液进行浓度值与吸光度之间的线性回归分析，获得了阿维菌素浓度和吸光度之间的相互关系，具体结果如图4.20所示。分析结果表明，阿维菌素吸收光谱在219nm处的浓度值和吸光度具有良好的线性关系，相关系数超过0.999。函数关系式为

$$y = 0.1981 + 0.2875x \tag{3.12}$$

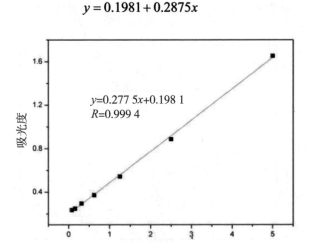

图4.20　阿维菌素药液浓度值与吸收谱在219nm处吸光度之间的关系

通过对以上异丙甲草胺、吡虫啉、多菌灵和阿维菌素4种农药的吸收光谱检测实验，发现它们都有相应稳定的特征峰，据此可以利用农药吸收光谱对其进行残留检测。研究还发现，随着药物浓度的增加，在一定浓度范围内其吸光度呈线性增加，利用最小二乘法回归分析得到相应的模型函数及其相关性，相关系数都高于0.99。

4.5.2　果汁–阿维菌素混合溶液吸收光谱分析

图4.21为桃汁（纯净水稀释后）与阿维菌素混合后的紫外吸收光谱，取桃汁3ml放入比色皿，然后逐量添加阿维菌素标准药液（0.040 2mg/ml），图中从1到7分别表示桃汁中阿维菌素浓度为0μg/ml，1.296 8μg/ml，2.512 5μg/ml，3.654 5μg/ml，4.729 4μg/ml，5.742 9μg/ml和6.7μg/ml。可以看出，相对于纯桃汁吸收光谱，在219nm处存在明显的吸收峰，并且随着多菌灵含量的增加，吸光度也在增加。为得到桃汁中阿维菌素残留预测模型函数，对219nm处吸光度和相应桃汁中阿维菌素浓度值进行线性拟合，结果如图4.21（b）

图所示，模型函数和相关系数为$y=1.334\ 0+0.217\ 8x$，$R=0.996\ 4$。

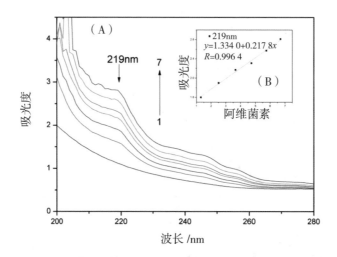

图4.21　桃汁–阿维菌素混合溶液吸收光谱（1. 桃汁；2到7表示添加阿维菌素溶液浓度：1.296 8μg/ml，2.512 5μg/ml，3.654 5μg/ml，4.729 4μg/ml，5.742 9μg/ml，6.7μg/ml；B图模型为线性关系）

经过同样过程，可以获得苹果汁和橙汁（稀释后）与阿维菌素混合后的紫外吸收光谱，阿维菌素浓度为0.040 2mg/ml，结果如图4.22、图4.23所示。图4.22中从1到6分别表示苹果汁中阿维菌素浓度值为0μg/ml，1.296 8μg/ml，2.512 5μg/ml，4.729 4μg/ml，7.605 4μg/ml和9.27μg/ml，很明显看到在纯苹果汁中不存在219nm处的肩峰，而在加入阿维菌素后出现肩峰，根据前面阿维菌素吸收光谱分析，所以219nm可以作为苹果汁中阿维菌素农药残留特征峰。并对其各浓度值和吸光度进行最小二乘法线性拟合，得到其预测模型函数和相关系数，结果为$y=1.221\ 1+0.206\ 9x$，$R=0.990\ 4$。图4.23中从1到5分别表示橙汁中阿维菌素浓度值为0μg/ml，1.296 8μg/ml，3.654 5μg/ml，5.742 9μg/ml和9.27μg/ml，同样发现当在橙汁中逐渐添加阿维菌素溶液后，在219nm处出现肩峰，根据其浓度值和吸光度进行线性拟合，得到阿维菌素在橙汁中的模型函数和相关系数，具体为$y=2.199\ 2+0.162\ 5x$，$R=0.990\ 3$。

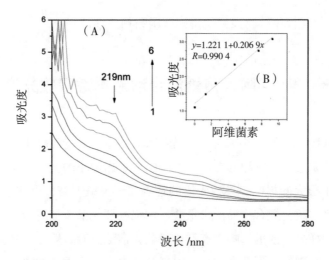

图4.22 苹果汁–阿维菌素混合溶液吸收光谱（1.苹果汁；2到6表示添加阿维菌素溶液浓度：1.296 8μg/ml，2.512 5μg/ml，4.729 4μg/ml，7.605 4μg/ml，9.27μg/ml；B图模型为线性关系）

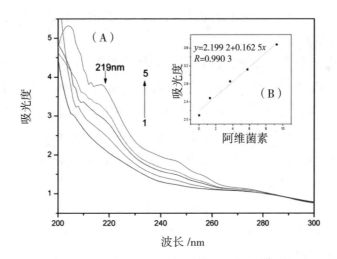

图4.23 橙汁–阿维菌素混合溶液吸收光谱（1.橙汁；2到5表示添加阿维菌素溶液浓度：1.296 8μg/ml，3.654 5μg/ml，5.742 9μg/ml，9.27μg/ml；B图为模型线性关系）

结果表明，可以利用吸收光谱对苹果、桃和橙汁中阿维菌素农药残留进行检测，根据特征峰吸光度和药物浓度建立的模型函数相关系数都超过

0.99，其中对桃汁中药物残留所得模型函数相关性最好。

4.5.3　果汁–阿维菌素混合溶液导数吸收光谱分析

在普通吸光光度法中，如果吸光度很小，则不易获得精度较高的信号。导数光谱法采用微分求导，在谱图上能够显示出微小的变化，使光谱图的分辨率得到了很大的提高。导数光谱的特点在于灵敏度高，可减小光谱干扰，因而在分辨多组分混合物的谱带重叠、增强次要光谱（如肩峰）的清晰度以及消除混浊样品散射的影响时有利。导数光谱法具有一般分光光度不具备的优势，主要表现在以下几个方面：可以分开多个完全重叠的或很小波长差相重叠的吸收峰；能够更好地分辨弱吸收峰（肩峰）；能够找出宽吸收带的最大吸收波长。如果以吸光度随波长改变的速率为纵坐标（即一阶导数 $dA/d\lambda$）、波长（ λ ）为横坐标所记录的吸收光谱，即为一阶导数吸收光谱，以此类推，纵坐标为 $d^2A/d\lambda^2$ 时，即为二阶导数光谱。同理，可获得更高阶的导数光谱。

本节选取桃汁–阿维菌素混合体系吸收光谱进行分析，取稀释后的桃汁3ml，然后逐渐添加阿维菌素药液（0.040 2mg/ml），得到其混合溶液吸收光谱如图4.24（A）所示，图中从1到7对应桃汁中阿维菌素浓度分别为0μg/ml，1.296 8μg/ml，2.512 5μg/ml，3.654 5μg/ml，4.729 4μg/ml，5.742 9μg/ml和6.7μg/ml，与纯桃汁吸收光谱比较，在219nm处出现阿维菌素特征峰（肩峰）。对桃汁–阿维菌素混合体系吸收光谱进行一阶求导，得到对应导数光谱，如图4.24（B）所示。结果表明，一阶导数光谱具有更加明显的特征峰，最大特征峰位于223nm处，另外两个小的特征峰位于249nm和259nm处，并且对于纯桃汁导数光谱，没有任何特征峰。

结果表明，导数光谱在谱图上更能显示出微小的变化，使光谱图的分辨率得到了很大的提高。为进一步对吸收光谱和导数光谱进行分析比较，下面分别对两种类型光谱吸光度和阿维菌素药液浓度进行最小二乘法回归分析，结果如图4.25所示。结果表明，所得两种类型光谱农药残留模型函数都具有很好的线性关系，其相关系数都超过0.99。吸收光谱在219nm处的模型

函数为 $y=1.334\ 0+0.217\ 8x$；导数光谱在223nm处的模型函数：$y=-0.013\ 7x-0.051\ 4$，在249nm处的模型函数：$y=-0.004x-0.014\ 8$，在259nm处的模型函数：$y=-0.003\ 9x-0.007\ 3$。利用实验数据对所得两种类型光谱模型函数进行分析，分别得到检出限（LOD）和定量限（LOQ）参数，具体结果如表4.2所示。

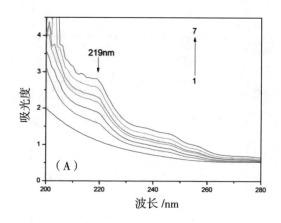

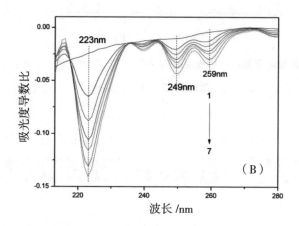

图4.24　桃汁–阿维菌素混合溶液吸收光谱（A）和一阶导数光谱（B）

（1. 桃汁；2到7表示添加阿维菌素溶液浓度：1.296 8μg/ml，2.512 5μg/ml，3.654 5μg/ml，4.729 4μg/ml，5.742 9μg/ml，6.7μg/ml）

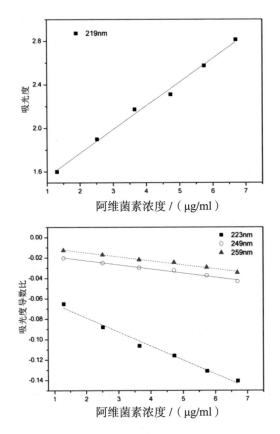

图4.25　桃汁中阿维菌素浓度和吸光度线性关系曲线（吸收光谱：219nm，一阶导数光谱：223nm，249nm和259nm）

表4.2　桃汁中阿维菌素残留检测模型函数评价参数

参数	原始吸收光谱	一阶导数光谱		
波长/nm	219nm	223nm	249nm	259nm
相关系数（R）	0.996 4	0.991 9	0.991 9	0.993 6
斜率	0.217 8	−0.013 7	−0.004 0	−0.003 9
截距	1.334 0	−0.051 4	−0.014 8	−0.007 3
LOD/（μg/ml）	0.137 7	0.028 5	0.073 5	0.086 2
LQD/（μg/ml）	0.459 1	0.094 9	0.245	0.287 2

表4.2结果显示两种类型光谱模型函数相关系数接近，但是一阶导数光谱模型函数检出限和定量限参数值都远远小于吸收光谱，其中吸收光谱在219nm处的模型函数对应LOD和LOQ分别为0.137 7μg/ml和0.459 1μg/ml，而一阶导数光谱在223nm处分别为0.028 5μg/ml和0.094 9μg/ml。另外还可以看出对于一阶导数光谱，223nm处的模型函数要优于249nm和259nm处的模型函数。通过对吸收光谱和一阶导数光谱阿维菌素农药残留预测模型函数分析，可以看出导数光谱具有更高的准确性和灵敏性。

4.6　本章小结

本章基于紫外–可见吸收光谱技术系统研究了农药（异丙甲草胺、吡虫啉、多菌灵和阿维菌素）及其与果汁（苹果汁、桃汁和橙汁）混合溶液吸光度和药物浓度之间的关系曲线，主要通过分析农药吸收光谱特征峰得到农药残留模型函数，并对吸收光谱平滑处理及其导数光谱对模型函数的影响等方面进行研究，得到了以下结论：

应用吸收光谱方法检测桃汁中异丙甲草胺残留，发现其吸收特征峰在266nm处，建立了266nm处的吸光度与农药浓度间的线性模型，相关系数大于0.99，且其检测限、定量限均优于荧光检测模型，说明桃汁中异丙甲草胺残留的吸收检测效果更好；针对原始吸收光谱中异丙甲草胺特征峰不明显的情况，对吸收光谱进行求导处理，发现在导数吸收光谱中的269nm，276nm处分别有较尖锐的特征峰，基于两个导数光谱特征峰分别建立吸光度导数与异丙甲草胺浓度间的线性模型，发现其对应的检测限、定量限均优于原始光谱模型，结果表明，对吸收光谱进行导数运算处理后，能进一步提高检测效果。

通过对不同浓度药物（吡虫啉、多菌灵和阿维菌素）吸收光谱进行分析，得到了药物的特征峰，其中吡虫啉特征峰位于269nm处；而多菌灵有3

个比较明显特征峰，分别位于280nm、285nm和294nm处；阿维菌素的特征峰位于219nm处。分析研究获得了药物浓度和特征峰吸光度之间的模型函数，相关系数都超过0.99。研究结果为进一步利用吸收光谱技术分析果汁中药物残留提供了重要的实验依据。

根据不同药物（吡虫啉、多菌灵和阿维菌素）的吸收光谱特征峰，对药物和果汁（苹果汁、桃汁和橙汁）混合体系吸收光谱进行分析，研究获得了药物在果汁中的农药残留预测模型函数。对应模型函数为：吡虫啉–苹果汁：$y=3.07-1.159\exp(-x/15.24)$；吡虫啉–桃汁：$y=2.149+0.049x$；吡虫啉–橙汁：$y=2.639+0.046x$。多菌灵–果汁混合体系最大特征峰位于281nm处，多菌灵–苹果汁：$y=0.770\ 7+19.287\ 8x$；多菌灵–桃汁：$y=1.424\ 2+8.598\ 5x$；多菌灵–橙汁：$y=2.408\ 7+10.719\ 6x$。阿维菌素–苹果汁：$y=1.221\ 1+0.206\ 9x$；阿维菌素–桃汁：$y=1.334\ 0+0.217\ 8x$；阿维菌素–橙汁：$y=2.199\ 2+0.162\ 5x$。研究结果表明，利用吸收光谱得到果汁中药物残留模型函数，药物浓度和吸光度都具有比较好的相关性。

通过对多菌灵–果汁混合体系吸收光谱进行Savitzky–Golay多项式平滑处理，结果表明，采用Savitzky–Golay平滑处理后，所得农药残留模型函数相关性总体上有所提高，其中多菌灵–苹果汁模型函数改变很小，多菌灵–橙汁模型函数相关系数改变最大。通过对阿维菌素–桃汁混合体系吸收光谱进行一阶导数光谱处理，结果表明，导数光谱在谱图上更能显示出微小的变化，使光谱图的分辨率得到了很大的提高。原始光谱所得模型函数检出限（LOD）和定量限（LOQ）分别为0.137 7μg/ml和0.459 1μg/ml，而一阶导数光谱在223nm处分别为0.028 5μg/ml和0.094 9μg/ml。

以上实验及分析均对应低浓度样本，可见仅依据特征峰处的单个波长点信息即可建立线性关系良好的分析模型，符合朗伯–比尔定律中的相关推导。本章通过一系列低浓度情况下的光谱检测实验分析验证了紫外可见–吸收光谱方法实现农药残留检测的可行性及有效性，并为后续实现农药残留降解表征及效果评估提供了相关研究基础。

第5章　基于特征峰的农药残留荧光光谱检测方法

本章应用荧光光谱方法检测果汁中的农药残留，并基于荧光特征峰建立农药含量预测模型。分别建立了农药浓度与特征峰处荧光强度之间的线性模型和指数模型，并对回收率、检出限和定量限等参数进行分析研究。另外，本章对四环素类和喹诺酮类典型抗生素进行了荧光检测分析，建立了水中抗生素残留的含量预测模型并进行了测试验证。

5.1　检测方案

5.1.1　试剂和样品

农药样品：异丙甲草胺、灭蝇胺、多菌灵、阿维菌素、百菌清；
抗生素样品：盐酸金霉素、盐酸左氧氟沙星；
果汁：苹果汁、橙汁和桃汁（纯度100%）；
实验用水：纯净水。

5.1.2　检测仪器

检测仪器主要应用RF-5301PC荧光光度计（日本岛津公司）和荧光分光光度计LS55（美国Perkin Elmer公司）。其中，RF-5301PC荧光光度计使用150W氙灯和1cm石英比色皿，激发和发射狭缝均设置为5nm。LS55荧光分光光度计主要包括五个部分：光源、激发光单色器、样品池、发射光单色器和检测器，其中激发光源采用脉冲氙灯，样品池应用石英比色皿。光源发出的光经过激发光单色器后即为激发光波长。荧光物质被激发后发射荧光，荧光测量方向一般与激发光成直角，以便消除入射光和散射光的影响。发射光单色器用于获取荧光发射波长，当荧光作用于检测器上便得到对应的电信号，经放大后记录下来，即为荧光光谱。

5.1.3　检测方法

用电子天平称取测试样品，然后将其配成不同浓度比的标准药液。利用移液器将各种浓度比的药液放入比色皿，使用光谱仪检测其荧光光谱。将纯苹果汁、桃汁和橙汁与纯净水分别按照不同体积比进行混合稀释，用荧光光谱仪检测农药-果汁混合体系的荧光光谱。量取不同量的果汁稀释溶液放入比色皿，然后利用移液器抽取农药标准药液，逐次递增添加到各种果汁中，每次加入后进行充分搅拌，使药液和果汁混合均匀，然后检测果汁和农药混合溶液的荧光光谱。

5.2　异丙甲草胺荧光光谱检测分析

5.2.1　异丙甲草胺荧光光谱

　　LS55荧光分光光度计用于记录样品荧光光谱，设置仪器采样间隔为0.5nm，狭缝宽度为10nm，扫描波长范围为300～500nm，并设置280nm作为激发波长。将浓度为0.6mg/ml的异丙甲草胺标准药液进行稀释，分别获得如下6种不同浓度的实验样本：0.118 5mg/ml，0.079 0mg/ml，0.052 7mg/ml，0.035 1mg/ml，0.023 4mg/ml，0.015 6mg/ml。荧光检测结果如图5.1（A）所示，其中横坐标为波长，纵坐标为溶液荧光强度。

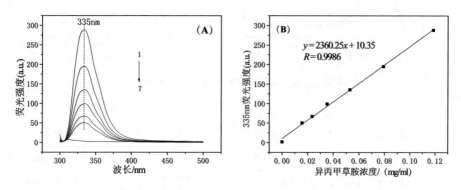

图5.1　异丙甲草胺荧光光谱及线性拟合

　　图5.1（A）中从1到7分别对应上述6种不同浓度的异丙甲草胺以及空白水溶液的荧光光谱，可以看出在335nm处发现荧光峰，而且随着异丙甲草胺浓度值的增加，其峰值相应提高。因此，可以利用335nm作为异丙甲草胺的特征峰。对异丙甲草胺溶液浓度值与特征峰335nm处的荧光强度值进行最小二乘法线性拟合，结果如图5.1（B）所示。结果表明，在所配制的低浓度样本范围内，异丙甲草胺溶液浓度值与其特征峰荧光强度值具有良好线性关系，相关系数为0.998 6。

5.2.2   果汁–异丙甲草胺混合溶液荧光光谱分析

利用微量量筒取稀释后桃汁3ml放入比色皿中，测量该背景溶液的荧光光谱。用滴管依次添加浓度为0.6mg/ml的标准异丙甲草胺药液0.05ml，0.15ml，0.25ml，0.35ml，0.45ml，0.55ml至比色皿中，配制成不同浓度的桃汁–异丙甲草胺混合溶液，应用同样配制方法获得葡萄汁–异丙甲草胺混合溶液，并测量其荧光光谱，结果如图5.2所示。

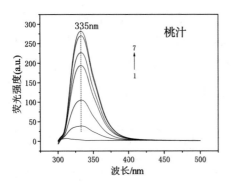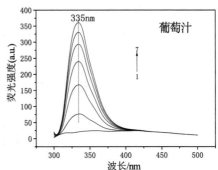

图5.2   果汁–异丙甲草胺混合溶液荧光光谱

图5.2中从1到7对应果汁中的异丙甲草胺浓度分别为0mg/ml，0.009 8mg/ml，0.028 6mg/ml，0.046 2mg/ml，0.062 7mg/ml，0.078 3mg/ml，0.093mg/ml。可以发现335nm处有荧光光谱峰，且随着药物浓度增加，其荧光强度也相应增加，根据5.2.1节中异丙甲草胺的荧光光谱特性可知335nm处即为异丙甲草胺的荧光特征峰。

将混合溶液335nm处的荧光强度与异丙甲草胺浓度进行线性拟合，结果如图5.3所示。

由图可知，桃汁和葡萄汁中的异丙甲草胺浓度与其特征峰荧光强度之间呈良好线性关系，相关系数均超过0.99，其中，桃汁中异丙甲草胺线性检测模型关系式为

$$y=3129.02x+13.88 \tag{5.1}$$

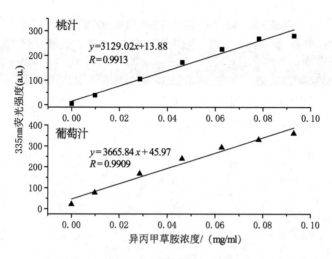

图5.3　不同果汁中的异丙甲草胺线性拟合模型

葡萄汁中异丙甲草胺线性检测模型关系式为

$$y=3665.84x+45.97 \tag{5.2}$$

其中，x 为果汁中异丙甲草胺浓度；y 为果汁–异丙甲草胺混合溶液在335nm处的荧光强度。

为验证上述桃汁、葡萄汁中异丙甲草胺线性模型的准确性，另外配制4种不同浓度的桃汁–异丙甲草胺以及葡萄汁–异丙甲草胺混合溶液测试样本，其中异丙甲草胺浓度值分别为0.019 4mg/ml，0.037 5mg/ml，0.054 5mg/ml，0.070 6mg/ml，然后检测得到荧光光谱，将335nm特征峰处的荧光强度值代入对应的模型函数即可求得异丙甲草胺的浓度预测值，并计算回收率参数，结果如表5.1所示。其中，在桃汁–异丙甲草胺对应的4种验证样本中，异丙甲草胺回收率分别为107%，115%，113%和108%，平均回收率为111%；在葡萄汁对应的4种验证样本中，其回收率分别为111%，113%，108%和105%，平均回收率为109%，回收率参数均在理想范围内，这进一步验证了果汁中异丙甲草胺线性分析模型的准确性，且葡萄汁中异丙甲草胺的平均回收率稍优于桃汁–异丙甲草胺混合溶液。

表5.1　果汁中异丙甲草胺浓度拟合及回收率

样品	异丙甲草胺实际浓度 / (mg/ml)	335nm荧光强度 (a.u.)	异丙甲草胺拟合浓度 / (mg/ml)	回收率 %
桃汁	0.019 4	79.346 8	0.020 9	107
	0.037 5	149.285 2	0.04 33	115
	0.054 5	207.202 8	0.061 8	113
	0.070 6	252.691 0	0.076 3	108
葡萄汁	0.019 4	124.913 2	0.021 5	111
	0.037 5	201.949 3	0.042 5	113
	0.054 5	261.218 2	0.058 7	108
	0.070 6	317.005 8	0.073 9	105

　　另外，对所建立的线性模型进行分析计算，根据检出限（LOD）、定量限（LOQ）的计算方法（$LOD = 3.3\delta / S$，$LOQ = 10\delta / S$），分别得到LOD，LOQ等参数值，结果见表5.2，并可得到桃汁、葡萄汁中异丙甲草胺的线性检测范围分别为0.670 9～100μg/ml，0.595 3～106.8μg/ml。

表5.2　果汁中异丙甲草胺荧光检测线性函数及相关参数

样品	荧光检测模型函数	相关系数	平均回收率/%	LOD/ (μg/ml)	LOQ/ (μg/ml)	线性范围 / (μg/ml)
桃汁	$y=3\ 129.02x+13.88$	0.991 3	111	0.201 3	0.670 9	0.670 9～100
葡萄汁	$y=3\ 665.84x+45.97$	0.990 9	109	0.178 6	0.595 3	0.595 3～106.8

　　由表5.2中各项参数可知，桃汁、葡萄汁两个实验样本对应的模型相关系数和平均回收率参数相差不大，但葡萄汁中的农药检测限及定量限均低于桃汁，这说明异丙甲草胺农药残留在葡萄汁背景中更易于被检测出来。

　　以上分析推导了桃汁、葡萄汁中异丙甲草胺农药残留的线性模型，在后续章节的降解分析中将进一步应用该函数模型预测异丙甲草胺降解后的等效浓度值并对降解过程表征建模。

5.3 灭蝇胺荧光光谱检测分析

5.3.1 灭蝇胺荧光光谱

应用LS55荧光分光光度计记录样品荧光光谱，设置仪器采样间隔为0.5nm，狭缝宽度为8nm，扫描波长范围为300～550nm，设置285nm作为激发波长。将灭蝇胺标准溶液进行稀释后获得如下6个浓度的检测样本：0.062 7mg/ml，0.041 8mg/ml，0.027 9mg/ml，0.018 6mg/ml，0.012 4mg/ml，0.008 3mg/ml，应用LS55测量其对应的荧光光谱，经S-G卷积平滑处理后其光谱曲线如图5.4（A）所示。

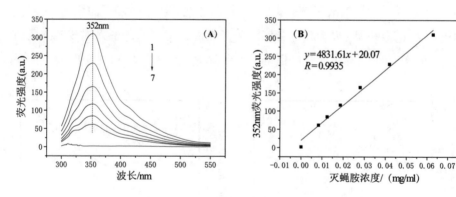

图5.4 灭蝇胺荧光光谱及线性拟合

图中从1到7分别对应上述6个不同浓度的灭蝇胺样本以及空白背景样本，可见灭蝇胺特征峰在352nm处，随着灭蝇胺溶液的稀释，其浓度不断降低的同时，352nm处荧光强度值随之减小，将灭蝇胺浓度值与352nm处的特征峰荧光强度值进行最小二乘拟合，获得两者间的线性函数关系式及相关系数，具体如图5.4（B）所示。可见在所配制的浓度范围内，灭蝇胺浓度与352nm处荧光强度具有良好线性关系，两者相关系数为0.993 5。

5.3.2　果汁−灭蝇胺混合溶液荧光光谱分析

取3ml稀释后的苹果汁放入比色皿，依次滴加标准灭蝇胺溶液（0.476mg/ml）0.05ml，0.15ml，0.25ml，0.35ml，0.45ml，0.55ml至比色皿中，摇匀后配制成6个不同浓度的灭蝇胺−苹果汁混合溶液样本。应用LS55荧光光度计分别检测其荧光光谱，结果如图5.5（A）所示。图中按照箭头指向从1到7分别对应果汁中灭蝇胺的浓度为0mg/ml，0.007 8mg/ml，0.022 7mg/ml，0.036 6mg/ml，0.049 7mg/ml，0.062 1mg/ml，0.073 7mg/ml，可发现混合溶液荧光光谱中352nm处有荧光光谱峰，且随着药物浓度值增加，其荧光强度也相应增加，根据前面灭蝇胺的光谱特性可知，此处的352nm为灭蝇胺农药的荧光特征峰。

图5.5（A）中最下面的曲线1对应稀释后的苹果汁，可知苹果汁本身没有荧光，但在同等浓度下，空白水背景与苹果汁背景中的灭蝇胺荧光强度却不同，这说明背景溶液影响灭蝇胺发射荧光的强度。曲线2至曲线7分别对应不同浓度的苹果汁−灭蝇胺混合溶液荧光光谱，将苹果汁中灭蝇胺的浓度值与352nm处的特征峰荧光强度值进行拟合分析，结果如图5.5（B）所示。

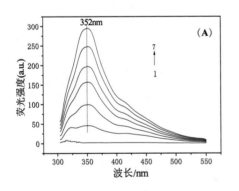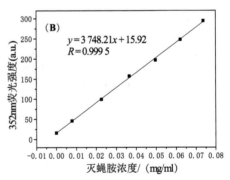

图5.5　苹果汁−灭蝇胺混合溶液荧光光谱及线性拟合

线性拟合后可得苹果汁中灭蝇胺残留的检测模型关系式为

$$y = 3\,748.21x + 15.92 \tag{5.3}$$

其中，x为灭蝇胺浓度值，y为苹果汁-灭蝇胺混合溶液在352nm处的荧光强度值。

为验证上述线性模型的准确性，另外配制4种不同浓度的苹果汁-灭蝇胺混合溶液，其中灭蝇胺浓度值分别为0.015 4mg/ml，0.029 8mg/ml，0.056 0mg/ml，0.068 0mg/ml。在同等条件下检测其荧光光谱，将352nm处对应的荧光强度值代入上述关系式中，可求得苹果汁中灭蝇胺残留的浓度预测值，结合其实际浓度值计算回收率参数，计算结果如表5.3所示。可知这4种测试样本的平均回收率为100.5%，这进一步验证了苹果汁中灭蝇胺残留线性检测模型的准确性。

表5.3 苹果汁中灭蝇胺浓度拟合及回收率

灭蝇胺浓度实际值/（mg/ml）	灭蝇胺浓度拟合值/（mg/ml）	回收率/%
0.015 4	0.015 6	101
0.029 8	0.028 7	96
0.056 0	0.057 8	103
0.068 0	0.069 4	102

另外，根据$LOD = 3\delta/s$，$LOQ = 10\delta/s$（δ为背景溶液响应值的标准差，s为校正曲线斜率）的计算方法，分别计算得到苹果汁中灭蝇胺的检出限（LOD）为0.143 3μg/ml、定量限（LOQ）为0.477 7μg/ml，其线性范围为0.477 7~79.3μg/ml。

通过以上分析，推导出了苹果汁中灭蝇胺残留在低浓度下的线性模型，可知灭蝇胺浓度与352nm特征峰处的荧光强度呈良好线性关系。该模型将在后续章节中灭蝇胺降解时用于求解灭蝇胺的浓度预测值以及对降解过程的表征建模。

5.4 多菌灵荧光光谱检测分析

5.4.1 多菌灵荧光光谱

应用RF-5301PC荧光光度计记录样品荧光光谱，设置300nm作为激发波长，对不同浓度的多菌灵药液检测其荧光光谱，结果如图5.6所示，图中1到6对应百菌清药液浓度为4.375μg/ml，8.75μg/ml，17.5μg/ml，35μg/ml，70μg/ml和140μg/ml。可发现多菌灵浓度从低到高变化时在317nm处有稳定荧光峰，而且随着浓度增加，荧光强度提高。同时发现在334nm处出现弱荧光峰，然后利用300nm激发得到水的荧光光谱，实验表明，334nm属于水的拉曼峰，实验结果说明可以选用317nm作为多菌灵药液荧光光谱特征峰。

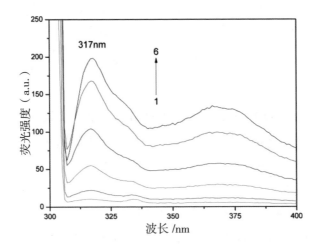

图5.6　不同浓度多菌灵药液荧光光谱（图中1到6表示药液浓度：4.375μg/ml，8.75μg/ml，17.5μg/ml，35μg/ml，70μg/ml，140μg/ml；$\lambda_{ex}=300$ nm）

为得到多菌灵浓度和荧光强度之间的相互关系，对317nm处不同浓度百菌清药液浓度值与荧光强度之间进行最小二乘法函数回归分析，具体结果如图5.7所示。图中虚线为对6种多菌灵浓度值（4.375μg/ml，8.75μg/ml，17.5μg/ml，35μg/ml，70μg/ml和140μg/ml）指数函数进行回归分析的结果，其相关系数为0.998 0，指数函数方程为

$$y = 210.43 - 225.18e^{(-x/45.28)} \qquad （5.4）$$

同样表明实验结果与荧光强度–浓度理论计算公式相符合。图5.7中实线为对2.187 5μg/ml，4.375μg/ml，8.75μg/ml，17.5μg/ml，35μg/ml 共5种多菌灵浓度值进行线性拟合后的结果，发现其具有很好的线性关系，其线性相关系数为0.998 1，线性方程为

$$y = 3.05x + 3.1 \qquad （5.5）$$

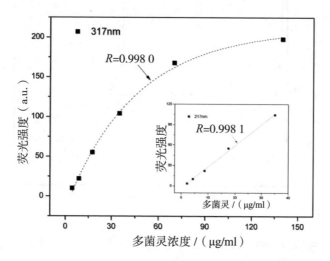

图5.7　多菌灵药液浓度值与317nm处荧光强度之间的关系（图中虚线对应6种多菌灵浓度值：4.375μg/ml，8.75μg/ml，17.5μg/ml，35μg/ml，70μg/ml，140μg/ml；实线对应5种多菌灵浓度值：2.187 5μg/ml，4.375μg/ml，8.75μg/ml，17.5μg/ml，35μg/ml）

5.4.2　果汁–多菌灵混合溶液荧光光谱分析

利用微量量筒取稀释后的果汁（桃汁、苹果汁和橙汁）3ml放入1cm比色皿中，再将0.28mg/ml的多菌灵标准溶液逐量逐次添加到果汁中，每次加入后充分搅拌，使药液和果汁混合均匀。应用RF–5301PC荧光光度计，设置300nm作为激发波长，快速自动扫描，结果分别如图5.8～图5.10所示，图中箭头指向从1到6表示对应果汁中多菌灵农药残留浓度分别为0μg/ml，9.032μg/ml，25.46μg/ml，40μg/ml，52.97μg/ml，64.62μg/ml。可以发现，混合溶液荧光光谱相对于纯果汁荧光光谱，在317nm都有荧光特征峰，根据前面多菌灵药液荧光光谱可以判断出此处为多菌灵荧光峰，并且随着药物浓度值增加，混合溶液其荧光强度都相应增加，因此可以利用317nm荧光峰来检测果汁中多菌灵药物残留。

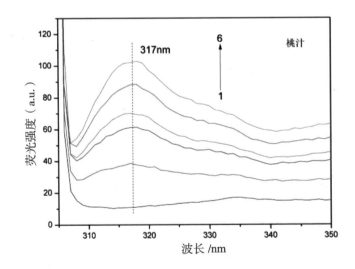

图5.8　桃汁–多菌灵混合溶液荧光光谱（多菌灵药液浓度：0.28mg/ml；λ_{ex}=300nm）

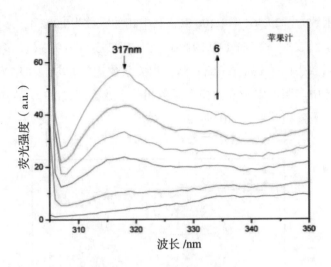

图5.9 苹果汁-多菌灵混合溶液荧光光谱（多菌灵药液浓度：0.28mg/ml；λ_{ex}=300nm）

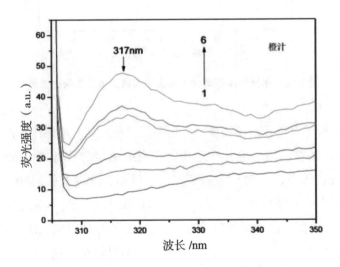

图5.10 橙汁-多菌灵混合溶液荧光光谱（多菌灵药液浓度：0.28mg/ml；λ_{ex}=300nm）

为进一步分析果汁-多菌灵混合溶液荧光光谱峰值随多菌灵含量变化的关系，经过换算得到了混合溶液中多菌灵含量的浓度比，以及相对应的峰值波长和荧光强度大小。通过分析软件分别对多菌灵农药含量与317nm处荧光峰强度进行最小二乘法回归分析，结果如图5.11所示，得到了多菌灵-桃汁预测模型函数为$y=29.464\,4+1.106\,8x$，其中相关系数为$0.992\,4$；多菌灵–苹果汁预测模型函数为$y=2.541\,1+0.794\,8x$，相关系数达到$0.993\,6$；多菌灵–橙汁预测模型函数为$y=9.234\,3+0.566\,8x$，相关系数达到$0.980\,2$。结果表明，桃汁与苹果汁中多菌灵农药残留模型函数相关系数都超过0.99，而橙汁中多菌灵残留模型函数相关系数为$0.980\,2$。

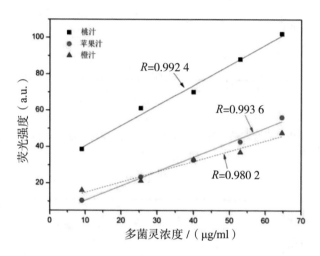

图5.11　果汁中多菌灵含量与荧光谱峰值强度之间的关系

　　为验证所得农药残留预测模型，把多菌灵药液加入苹果汁和橙汁中，配置成5种浓度混合溶液，橙汁和苹果汁中阿维菌素含量具体浓度如表5.4所示。然后在同等条件下对其进行荧光光谱检测，激发波长为300nm，根据317nm处相应荧光强度代入模型函数可求得测出量，然后得到其回收率参数。苹果汁–多菌灵模型函数5种浓度回收率范围为94.25%～103.31%，相对标准偏差（RSD）为4.69%；而橙汁–多菌灵模型函数5种浓度回收率范围为93.72%～103.24%，相对标准偏差（RSD）为3.84%。

　　进一步对3种果汁中多菌灵残留模型函数进行分析计算，得到相关系数、最低检出限（LOD）、定量限（LOQ）、平均回收率以及相对标准偏差等参数值，结果如表5.5所示。通过结果发现，桃汁中检测模型函数相对标准偏差最优，而苹果汁的农药残留模型LOD和LOQ参数最低。桃汁和苹果汁的农药残留模型函数平均回收率要优于橙汁，所以再结合模型函数相关系数来看，桃汁和苹果汁中农药残留预测模型要好于苹果汁中农药残留模型。

表5.4　果汁中多菌灵含量检测及其回收率

多菌灵实测值/ （μg/ml）	苹果汁中预测值/ （μg/ml）	回收率/%	橙汁中预测值/ （μg/ml）	回收率/%
75.12	71.28	94.88	70.40	93.72
87.55	89.96	102.75	87.29	99.71
98.54	101.66	103.17	97.02	98.46
108.35	111.93	103.31	111.86	103.24
117.15	110.41	94.25	111.52	95.19

表5.5　果汁中多菌灵含量预测函数相关参数

果汁类型	桃汁	苹果汁	橙汁
波长/nm	317	317	317
相关系数（R）	0.992 4	0.993 6	0.980 2
LOD/（μg/ml）	0.751 9	0.468 3	0.694 5
LOQ/（μg/ml）	2.506 3	1.560 9	2.315 0
平均回收率/%	99.36	99.67	98.06
RSD/%	3.636 8	4.687 3	3.840 0

5.5　阿维菌素荧光光谱检测分析

5.5.1　阿维菌素荧光光谱

对所配置的阿维菌素标准药液利用RF-5301PC荧光光度计检测其发射光谱，发现利用273nm进行激发时，在280～400nm范围内具有明显的荧光峰，其结果如图5.12所示，横坐标表示光的波长，纵坐标表示荧光强度。图5.12

（B）中从1到6分别对应6种浓度比的阿维菌素药液。可以看出在322nm和294nm处均有荧光峰，在334nm处出现一肩峰，而且随着浓度值的增加，其峰值都在增加。继续利用纯净水稀释药液，仍然用273nm波长激发，结果如图5.12（A）所示，图中从1到7对应浓度分别为0.009 8μg/ml，0.019 5μg/ml，0.039 1μg/ml，0.078 1μg/ml，0.156 3μg/ml，0.312 5μg/ml和0.625μg/ml。可以发现药液浓度值减小后，294nm处荧光峰分开为290nm和301nm两处荧光峰，通过对纯净水发射光谱分析比较，290nm处为阿维菌素药液相应成分荧光峰，301nm处为纯净水拉曼荧光峰，随着药液浓度逐渐增加，在294nm处合成为一个大的荧光峰包。另外，322nm和334nm处荧光峰保持不变，荧光强度随浓度值降低而逐渐减小。由上述分析结果，可以利用322nm和334nm作为阿维菌素药液发射光谱的特征峰。

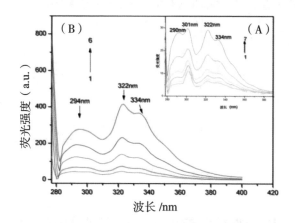

图5.12　阿维菌素发射光谱（A图从1到6表示阿维菌素溶液浓度值分别为0.0012 5mg/ml，0.002 5mg/ml，0.005mg/ml，0.010 1mg/ml，0.020 1mg/ml，0.040 2mg/ml，B图从1到7表示阿维菌素溶液浓度值为0.009 8μg/ml，0.019 5μg/ml，0.039 1μg/ml，0.078 1μg/ml，0.156 3μg/ml，0.312 5μg/ml，0.625μg/ml）

为分析阿维菌素浓度和荧光强度之间的相互关系，利用分析软件对322nm和334nm处不同浓度阿维菌素药液浓度值与荧光强度之间进行最小二乘法回归分析，具体结果如图5.13所示。由（A）图可以发现，0.009 8μg/ml～0.0012 5mg/ml浓度范围内其浓度值和荧光强度具有很好的线性关系，其相关系数高于

0.999。其中322nm处函数关系式为$y=6.189\ 9+37.173\ 9x$，334nm处函数式为$y=5.502\ 4+30.589\ 6x$。而超过0.001 25mg/ml浓度值后，不再具有良好的线性关系。分析认为，随着药液浓度的提高，激发光穿透力变弱，从而对溶液内部激发变弱，导致不能按照线性关系增加，但对其进行指数函数拟合后发现，得到相应的指数函数模型，能够很好地表征这种现象，相关系数都达到0.999 7，实验结果与荧光强度–浓度理论计算公式相符合，其理论公式为[100]

$$I_{\mathrm{f}} = Y_{\mathrm{f}} I_0 (1 - \mathrm{e}^{-abc}) \tag{5.6}$$

其中，Y_{f} 是物质的荧光量子产率，I_0 是激发光强度，a 是吸光系数，b 是样品池光径，c 是样品浓度。其中322nm处指数函数关系式为 $y_{322}=986.323\ 7-970.290\ 7\exp\left(-x/38.483\ 2\right)$，334nm处指数函数关系式为 $y_{334}=1\ 057.883\ 4-1\ 044.957\ 5\exp\left(-x/49.255\ 6\right)$。

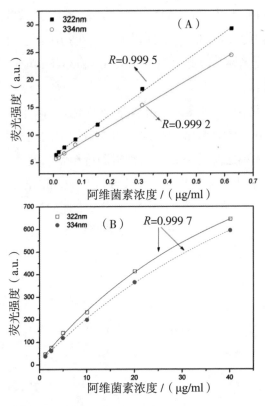

图5.13　阿维菌素药液在322nm和334nm处浓度值与荧光强度之间的关系曲线

5.5.2　果汁–阿维菌素混合溶液荧光光谱分析

利用微量量筒量取一定量稀释后的果汁（桃汁和苹果汁）放入比色皿中，再将一定量阿维菌素标准溶液逐量逐次添加到果汁（桃汁和苹果汁）中，每次加入后充分搅拌，使药液和果汁混合均匀。当超出比色皿容限后，用移液器取出一定量果汁和农药混合溶液，继续添加阿维菌素标准溶液。选取273nm作为激发波长，RF-5301PC荧光光度计快速自动扫描，两种果汁溶液对应的荧光检测结果如图5.14所示，图中箭头指向从1到8表示对应桃汁中农药残留浓度分别约为0μg/ml，1.296 8μg/ml，2.512 5μg/ml，3.654 5μg/ml，5.742 9μg/ml，7.605 4μg/ml，10.05μg/ml，15.075μg/ml；对应苹果汁中农药残留浓度分别为0μg/ml，1.296 8μg/ml，2.512 5μg/ml，5.742 9μg/ml，9.276 9μg/ml，11.271 9μg/ml，13.025 2μg/ml，18.689 4μg/ml。可发现混合溶液荧光光谱中有三处荧光峰，分别为301nm，322nm和334nm，并且随着药物浓度值增加，混合溶液其荧光强度都相应增加。同样可看到在301nm处，纯净水稀释后的桃汁也出现相应荧光峰，因此可以利用322nm和334nm荧光峰作为桃汁中阿维菌素农药残留特征峰。

为进一步分析果汁–阿维菌素混合溶液荧光光谱峰值随阿维菌素含量变化的关系，得到了混合溶液中阿维菌素含量的浓度比与其相对应的峰值波长和荧光强度大小之间的关系。分别对阿维菌素农药含量与荧光峰强度进行线性拟合，得到了两种果汁中农药含量与322nm和334nm处荧光光谱峰值预测模型函数，结果如图5.15所示。经过上述同样方法配制了橙汁–阿维菌素混合溶液，得到其荧光光谱和对应预测模型函数，如图5.16所示。图5.16（A）为混合溶液荧光光谱，图中1到6对应橙汁中农药残留浓度为0μg/ml，2.512 5μg/ml，4.729 4μg/ml，6.7μg/ml，8.463 2μg/ml和10.05μg/ml，发现荧光光谱与苹果汁和桃汁中阿维菌素特征峰一致。图5.16（B）为橙汁中不同浓度阿维菌素与荧光峰强度线性拟合结果，322nm和334nm处预测模型函数相关系数都超过0.99。

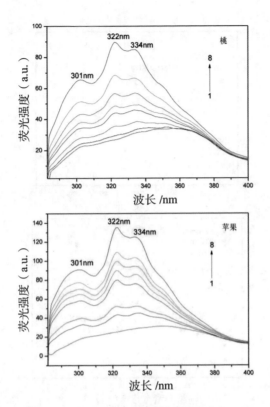

图5.14　果汁–阿维菌素混合溶液荧光光谱（阿维菌素溶液浓度：0.040 2mg/ml；$\lambda_{ex} = 273$ nm）

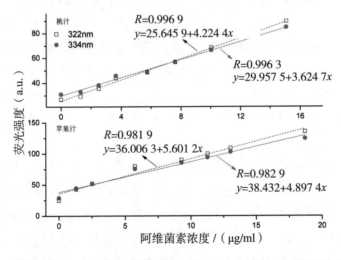

图5.15　桃汁和苹果汁中阿维菌素含量与荧光谱峰值强度之间的模型函数关系

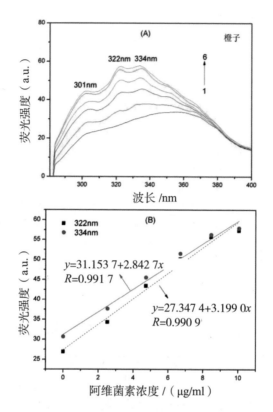

图5.16　橙汁–阿维菌素混合溶液荧光光谱及其阿维菌素含量与荧光谱峰值强度之间的
关系（阿维菌素溶液浓度：0.040 2mg/ml；$\lambda_{ex} = 273$ nm）

　　为验证所得农药残留预测模型，把阿维菌素药液加入桃汁和苹果汁中，配成五种浓度混合溶液，桃汁和苹果汁中阿维菌素含量具体浓度如表5.6和表5.7所示。然后在同等条件下对其进行荧光光谱检测，激发波长为273nm，根据322nm和334nm处相应荧光强度代入模型函数可求得测出量，然后得到其回收率参数。

　　进一步对两种果汁中阿维菌素残留模型函数进行分析计算，得到相关系数、最低检出限（LOD）、定量限（LOQ）、平均回收率，以及相对标准偏差等参数值，结果如表5.8所示。通过结果发现，桃汁中检测模型函数相关性要好于苹果汁，对应两种果汁的农药残留模型LOD和LOQ参数基本接近，相差不大。但是，在两种波长下的桃汁的预测模型函数其相对标准偏差桃汁都优于苹果汁。所以从总体上来说，桃汁中农药残留预测模型要好于苹果汁中农药残留模型。另一方面，对应两种果汁334nm处所得模型函数总体上要优于322nm处所得模型函数。

表5.6　桃汁中阿维菌素含量检测及其回收率

桃汁中阿维菌素实测值/（μg/ml）	322nm预测值/（μg/ml）	回收率/%	334nm预测值/（μg/ml）	回收率/%
20.247 8	21.535 5	106.4	21.238 3	104.9
21.356 3	22.199 1	103.9	22.188 8	103.9
22.348 0	23.856 9	106.7	23.489 1	105.1
23.240 6	24.482 7	105.3	24.426 0	105.1
24.048 2	25.800 1	107.3	25.584 6	106.4

表5.7　苹果汁中阿维菌素含量检测及其回收率

苹果汁中阿维菌素实测值/（μg/ml）	322nm预测值/（μg/ml）	回收率/%	334nm预测值/（μg/ml）	回收率/%
19.993 1	18.703 2	93.6	18.903 5	94.6
21.147 7	21.892 3	103.5	22.031 0	104.2
22.177 6	21.405 7	96.5	21.587 1	97.3
23.101 8	23.451 9	101.5	23.542 7	101.9
23.529 3	24.483 5	104.1	24.413 7	103.8

表5.8　果汁中阿维菌素含量预测函数相关参数

果汁类型	桃汁		苹果汁	
波长/nm	322	334	322	334
相关系数（R）	0.996 9	0.996 3	0.981 9	0.982 9
LOD/（μg/ml）	0.192 8	0.120 6	0.213 6	0.104 6
LOQ/（μg/ml）	0.642 8	0.401 9	0.712 0	0.348 8
平均回收率/%	105.92	105.08	99.84	100.36
RSD/%	1.267 4	0.846 9	4.600 6	4.212 5

5.6　百菌清荧光光谱检测分析

5.6.1　百菌清荧光光谱

改变激发波长，对所配置的百菌清药液利用RF-5301PC荧光光度计检测其发射光谱，结果如图5.17（A）所示，横坐标表示光的波长，纵坐标表示荧光强度。图中从1到5分别对应激发波长230nm，240nm，250nm，260nm和270nm，发现在325～425nm范围内有明显荧光峰，峰值分别位于352nm和370nm左右，结果显示随着激发波长递增，荧光强度逐渐下降，同时两处荧光峰出现竞争现象，352nm相对于370nm，其相对荧光强度在增加。370nm处荧光峰发生了轻微蓝移，逐渐成为肩峰，肩峰中心值减小到366nm，进一步增加激发波长，结果如图5.17（B）所示，图中对应激发波长分别为280nm，290nm，300nm，310nm和320nm。结果显示两处荧光峰的位置保持稳定，352nm荧光强度超过370nm荧光强度，与（A）图明显区别是随着激发波长递增，其荧光强度逐渐增加，实验结果显示激发光为280nm时为其拐点，同时原来370nm处肩峰值位置保持在366nm。通过对两处荧光峰的稳定性进行比较，可以选用352nm处的荧光峰作为百菌清荧光光谱的特征峰。

选用320nm作为激发波长，对稀释不同浓度百菌清药液检测其荧光光谱，结果如图5.18所示，其中图5.18（A）中1到5表示百菌清药液浓度为9.148 4μg/ml，0.018 3mg/ml，0.036 6mg/ml，0.073 2mg/ml，0.146 4mg/ml；图5.18（B）中1到6对应浓度为0mg/ml，0.285 9μg/ml，0.571 7μg/ml，1.143 5μg/ml，2.287 1μg/ml，4.574 2μg/ml。可以发现浓度较高时，（A）图在352nm有荧光峰，在366nm处有一肩峰，而且随着浓度增加，荧光强度提高。而（B）图显示浓度较低时，352nm处的荧光峰继续保持位置稳定，而366nm处的肩峰逐渐消失，同时在359nm处出现弱荧光峰，分析认为属于水的拉曼峰。实验结果进一步说明，可以选用352nm作为百菌清荧光特征峰。

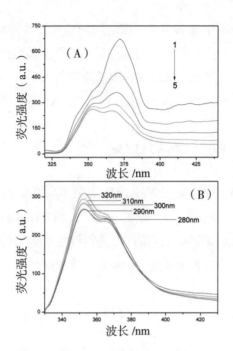

图5.17　百菌清荧光光谱（A图从1到5表示激发波长分别为230nm，240nm，250nm，260nm，270nm，B图对应激发波长为280nm，290nm，300nm，310nm，320nm；百菌清浓度：0.292 8mg/ml）

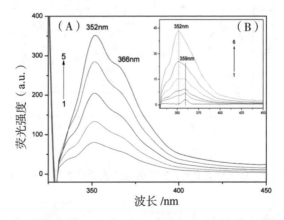

图5.18　不同浓度百菌清药液荧光光谱（A图从1到5表示药液浓度：9.148 4μg/ml，0.018 3mg/ml，0.036 6mg/ml，0.073 2mg/ml，0.146 4mg/ml；B图从1到6对应浓度：0mg/ml，0.285 9μg/ml，0.571 7μg/ml，1.143 5μg/ml，2.287 1μg/ml，4.574 2μg/ml；$\lambda_{ex} = 320$ nm）

为得到水中百菌清浓度和荧光强度之间的相互关系，对352nm处不同浓度百菌清药液浓度值与荧光强度之间进行最小二乘法函数回归分析，具体结果如图5.19所示。图中虚线为对11种百菌清浓度值（0～0.146 4mg/ml）指数函数回归分析的结果，其相关系数达到0.999，指数函数方程为

$$Y = 358.46 - 352.53e^{(-x/43.18)} \qquad (5.7)$$

实验结果与荧光强度–浓度理论计算结果相吻合。图5.19中实线为对0.285 9μg/ml，0.571 7μg/ml，1.143 5μg/ml，2.287 1μg/ml，4.574 2μg/ml，9.148 4μg/ml，18.3μg/ml百菌清各浓度值进行线性拟合后的结果，发现具有很好的线性关系，其线性相关系数为0.995，线性方程为

$$y = 7.14x + 7.515 \qquad (5.8)$$

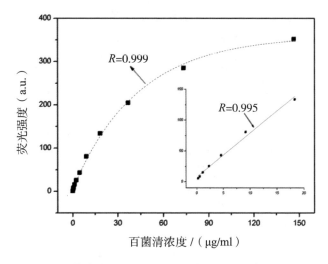

图5.19　百菌清浓度值与352nm处荧光强度之间的关系曲线

进一步对百菌清模型函数进行分析计算，根据空白样品算出标准偏差，根据3倍和10倍信噪比方法分别得到最低检出限、定量限参数值，同时根据实验结果，结合指数函数及其相关系数（要求R>0.99）得到线性范围参数

值，结果如表5.9所示。其中检出限（LOD）为0.018 8μg/ml，定量限（LOQ）为0.062 7μg/ml，线性范围为0.062 7～28.45μg/ml，其参数值达到对百菌清农药残留检测要求标准。

表5.9　百菌清残留预测模型函数相关参数

波长/nm	相关系数/（R）	LOD/（μg/ml）	LOQ/（μg/ml）	线性范围/（μg/ml）
352	0.995	0.018 8	0.062 7	0.062 7～28.45

通过对上述异丙甲草胺、灭蝇胺、多菌灵、阿维菌素和百菌清5种农药的荧光检测，研究发现，它们都有相应稳定的荧光特征峰，据此可以利用农药荧光光谱对其进行残留检测。实验还发现，随着药物浓度的增加，在一定浓度范围内其荧光强度呈线性增加，超过一定浓度值后总体按照指数函数增加，这与荧光强度-浓度的理论公式相一致。最后利用最小二乘法分析得到农药浓度与荧光强度相对应的模型函数及其相关性，相关系数均高于0.99，这为进一步研究果汁中此类农药残留提供了实验基础。

5.6.2　果汁-百菌清混合溶液荧光光谱分析

利用微量量筒量取稀释后果汁（桃汁、苹果汁和橙汁）放入比色皿中，再将适量的百菌清标准溶液利用移液器逐量逐次添加到果汁中，每次加入后充分搅拌，使药液和果汁混合均匀。选择320nm作为激发波长，RF-5301PC荧光光度计快速自动扫描，结果分别如图5.20～图5.22所示，图中箭头指向从1到6表示对应果汁中百菌清农药浓度分别为0mg/ml，0.028 3mg/ml，0.079 8mg/ml，0.125 5mg/ml，0.166 2mg/ml，0.202 7mg/ml。可以发现混合溶液荧光光谱相对于纯果汁荧光光谱，在352nm处都有荧光特征峰。根据前面百菌清药液荧光光谱可以判断此处为百菌清荧光峰。并且随着药物浓度值增加，混合溶液其荧光强度都相应增加，因此可以利用352nm荧光峰来检测果汁中百菌清药物残留。

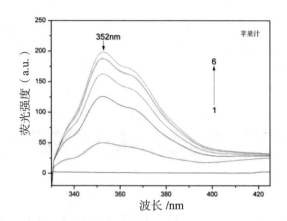

图5.20　苹果汁–百菌清混合溶液荧光光谱（百菌清药液浓度：0.878 2mg/ml；$\lambda_{ex} = 320\,nm$）

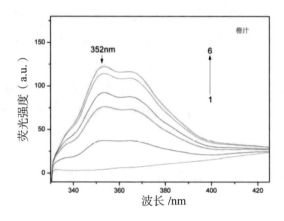

图5.21　橙汁–百菌清混合溶液荧光光谱（百菌清药液浓度：0.878 2mg/ml；$\lambda_{ex} = 320\,nm$）

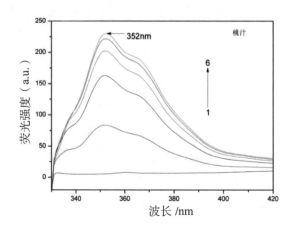

图5.22　桃汁–百菌清混合溶液荧光光谱（百菌清药液浓度：0.878 2mg/ml；$\lambda_{ex} = 320\,nm$）

　　为进一步分析三种果汁-百菌清混合溶液荧光光谱峰值随百菌清含量变化的关系，经过换算得到了混合溶液中百菌清含量的浓度比，及其相对应的峰值波长和荧光强度大小，具体结果如表5.10所示。通过分析软件分别对百菌清农药含量与352nm荧光峰强度进行最小二乘法回归分析，其中苹果汁中百菌清农药含量结果如图5.23所示，其中（A）图对应百菌清浓度为0mg/ml，0.028 3mg/ml，0.079 8mg/ml，0.125 5mg/ml，0.166 2mg/ml，0.202 7mg/ml。对应模型函数为$y=236.414\ 5-236.27\exp(-x/0.107\ 9)$，相关系数为0.998 9；（B）图对应百菌清浓度为0mg/ml，0.028 3mg/ml，0.054 9mg/ml，0.079 8mg/ml，0.103 3mg/ml，函数关系式为$y=4.342\ 3+1\ 455.889\ 6x$，相关系数为0.995 7。可以看出，随着百菌清浓度增加，总体上符合指数函数关系，当浓度比较低时满足线性函数关系。

表5.10　不同百菌清农药含量352nm处果汁农药混合溶液荧光强度

百菌清含量/（mg/ml）	0	0.028 3	0.079 8	0.125 5	0.166 2	0.202 7
荧光强度（苹果汁）	2.379 6	50.087 6	125.996 4	162.767 7	187.657 4	198.168 7
荧光强度（橙汁）	4.101 8	37.230 6	75.567 3	91.604 4	113.437 4	121.475 8
荧光强度（桃汁）	5.501 2	83.773 2	163.263 5	202.646 6	221.841 4	230.028 8

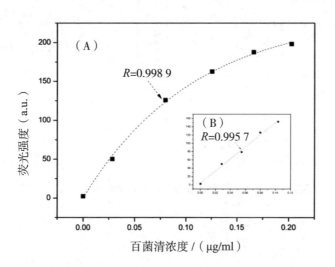

图5.23　苹果汁中百菌清含量与荧光谱峰值强度之间的关系

　　利用同样分析方法对橙汁和桃汁中百菌清含量进行分析，得到相应的模型函数，结果分别如图5.24和图5.25所示。图5.24中（A）图对应百菌清浓度为0mg/ml，0.028 3mg/ml，0.079 8mg/ml，0.125 5mg/ml，0.166 2mg/ml，0.202 7mg/ml。对应模型函数为$y=147.892\,5-142.329\,4\exp\,(-x/0.122\,2)$，相关系数为0.996 5；（B）图对应百菌清浓度为0mg/ml，0.028 3mg/ml，0.054 9mg/ml，0.079 8mg/ml，0.125 5mg/ml，根据实验结果对其进行两种函数回归分析，指数函数关系式为$y=118.977\,7-114.774\,1\exp\,(-x/0.086\,4)$，相关系数为0.997 3，而线性函数关系式为$y=13.099\,3+688.489\,6x$，相关系数为0.964 4。图5.25中，（A）图对应百菌清浓度同样为0mg/ml，0.028 3mg/ml，0.079 8mg/ml，0.125 5mg/ml，0.166 2mg/ml，0.202 7mg/ml，对应模型函数为$y=245.903\,7-239.958\,5\exp\,(-x/0.073\,6)$，相关系数为0.999 9；（B）图对应百菌清浓度为0mg/ml，0.028 3mg/ml，0.054 9mg/ml，0.079 8mg/ml，0.103 3mg/ml，根据实验结果对其进行两种函数回归分析，指数函数关系式为$y=222.111\,7-217.040\,7\exp\,(-x/0.061\,2)$，相关系数为0.999 6，而线性函数关系式为$y=24.064\,2+1\,686.816\,8x$，相关系数为0.961 2。

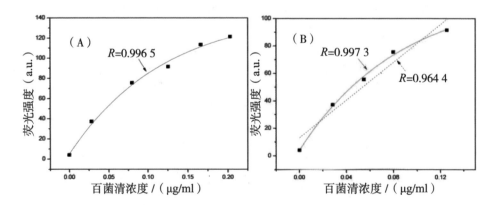

图5.24　橙汁中百菌清含量与荧光谱峰值强度之间的关系

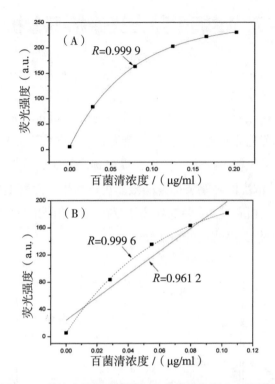

图5.25　桃汁中百菌清含量与荧光谱峰值强度之间的关系

结果表明，三种果汁中相同百菌清浓度情况下都很好地符合指数函数关系，从相关性方面来看，对应桃汁最优，而当橙汁和桃汁中百菌清浓度较低时，相对于苹果汁，桃汁中百菌清残留模型函数线性相关性要低很多，仍然按照指数规律递增。为进一步对所得模型函数（指数函数）进行比较分析，分别配置三种果汁中百菌清浓度为0.054 9mg/ml，0.103 3mg/ml，0.146 4mg/ml，0.184 9mg/ml，然后对其混合溶液进行荧光光谱实验，得到352nm处荧光强度，利用上面所得到的模型函数分析计算加标回收率，苹果汁–百菌清模型函数加标回收率范围为102%～108%，橙汁–百菌清模型函数加标回收率范围为94%～109%，桃汁–百菌清模型函数加标回收率范围为93%～104%。结果表明，所得三种果汁中百菌清含量检测模型函数都具有很好的加标回收率，另外，桃汁–百菌清模型函数相关性最优，为0.999 9。

5.7　哒螨灵荧光光谱检测分析

取一定量哒螨灵农药，将其配置成不同浓度的标准药液，对哒螨灵标准药液利用LS55荧光分光光度计检测其荧光光谱，激发光波长为280nm，其结果如图5.26所示，横坐标表示波长，纵坐标表示荧光强度。图中从1到8分别对应8种不同浓度的哒螨灵标准药液。可以看出，随着哒螨灵农药浓度的提高，荧光强度相应提高，在356nm处存在明显的荧光峰。因此，可以把356nm处的荧光峰作为哒螨灵的特征峰。

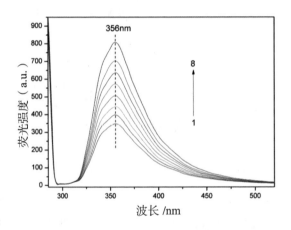

图5.26　农药哒螨灵荧光光谱（图中从1到8分别对应浓度：0.004 9mg/ml，0.005 5mg/ml，0.006 3mg/ml，0.007 2mg/ml，0.008 1mg/ml，0.009 3mg/ml，0.010 5mg/ml，0.012mg/ml）

为分析哒螨灵药物浓度和荧光强度之间的相互关系，对哒螨灵药液浓度值与特征峰荧光强度值之间进行线性回归分析，具体结果如图5.27所示。结果表明哒螨灵浓度值与356nm处荧光强度具有很好的线性关系，相关系数为0.998 9，函数关系式为

$$y=47.153\ 47+63\ 334.386\ 07x \tag{5.9}$$

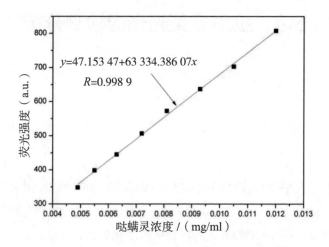

图5.27 哒螨灵药液浓度值与荧光光谱在356nm处荧光强度之间的关系

为验证所得哒螨灵农药残留预测模型，配置成8种浓度哒螨灵药液，具体浓度如表5.11所示。然后在同等条件下对其进行荧光光谱检测，激发波长设置为280nm，将354nm处相应荧光强度代入公式（5.9）可求得预测浓度值，然后得到其回收率参数。进一步分析计算可得，平均回收率为99.70%，相对标准偏差（RSD，%）为1.71%，检出限（LOD）为0.005 8μg/ml，定量限（LOQ）为0.019 3μg/ml。

表5.11 哒螨灵含量检测及其回收率

实际浓度/（mg/ml）	356nm 预测浓度/（mg/ml）	回收率/%
0.004 6	0.004 5	97.29
0.005 2	0.005 2	99.38
0.005 9	0.005 9	100.06
0.006 7	0.006 8	101.25
0.007 6	0.007 7	101.73
0.008 7	0.008 8	100.95
0.009 9	0.009 9	99.76
0.011 3	0.011 0	97.21

5.8　抗生素荧光光谱检测分析

5.8.1　样品制备

使用电子天平（METTLER TOLEDOML304T）称取四环素类抗生素盐酸金霉素（Chlortetracycline Hydrochloride，CTC）25mg；由于表面活化剂十六烷基三甲基溴化胺（CTMAB）临界胶束浓度为9×10^{-4}mol/L，实验中配置胶束浓度为4.5×10^{-4}mol/L，得到混合溶液浓度为62.5μg/ml。同种药品实验均在一天内完成，单独测试。

将盐酸左氧氟沙星片（Levofloxacin Hydrochloride，OFLX）研磨成白色粉末后，称取15mg加入100ml的水，使之搅拌充分混合后，从中取1ml溶液再次加水稀释，得到溶液浓度为1.5μg/ml。

5.8.2　四环素类抗生素荧光光谱检测分析

使用LS55荧光分光光度计进行光谱采集，设置发射波长的扫描范围为200~800nm，狭缝宽度10.0nm。同一浓度条件下激发波长为320nm时，CTC样品荧光强度最佳。因此，设置此处为激发波长。

研究发现，四环素类药物荧光较弱，表面活性剂的胶束溶液对荧光测定具有增稳、增敏的性质[223]，而且四环素类抗生素在阳离子表面活化剂十六烷基三甲基溴化胺（CTMAB）胶束体系中的荧光强度比单独四环素类抗生素的荧光强度有明显增强[224]。如图5.28所示，加入了CTMAB胶束溶液后，CTC溶液荧光强度有明显大幅度升高，据此建立四环素类抗生素胶束增敏荧光测定方法。文献[225]中提到四环素类药物在碱性条件下应用荧光增敏法测定，然而大多数受到污染的水环境都是偏酸性的，所以本实验不影响水中的pH值，可直接进行实验。

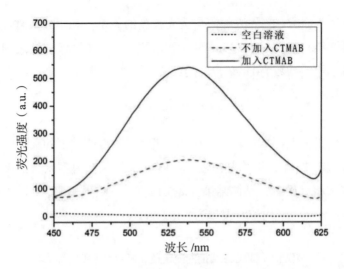

图5.28　浓度为27.387 60μg/ml的CTC溶液增敏效果

对不同浓度的CTC溶液检测荧光光谱，其结果如图5.29所示。图中的数字1代表水的荧光光谱，从2到7分别对应了6种不同浓度的CTC溶液，浓度从低到高分别是0μg/ml，4.088 79μg/ml，7.675 44μg/ml，12.096 77μg/ml，16.544 12μg/ml，21.109 27μg/ml和25.297 62μg/ml。与水的荧光光谱比较，发现CTC在537nm处存在明显的荧光峰，而且随着抗生素浓度的提高，荧光强度相应提高。因此，可以把537nm荧光峰作为CTC素的特征峰。

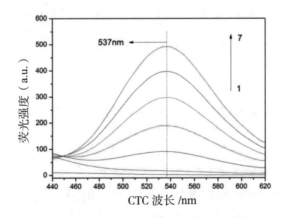

图5.29　CTC溶液荧光光谱（从1到7分别对应浓度：0μg/ml，4.088 79μg/ml，
7.675 44μg/ml，12.096 77μg/ml，16.544 12μg/ml，21.109 27μg/ml，25.297 62μg/ml）

为进一步研究CTC的浓度值与荧光强度的关系，利用分析软件进行拟合回归分析。结果表明，在537nm处荧光峰强度与CTC溶液浓度之间有很好的线性关系，相关系数为0.999 77，函数关系式为

$$y = 22.581\ 11x - 79.700\ 95 \tag{5.10}$$

根据所得模型函数，把CTC在537nm处所测得的浓度的荧光强度值代入模型函数式（5.10），计算其浓度。为了验证该预测模型函数的准确性，算出回收率和相对误差，具体结果如表5.12所示。结果表明，CTC的平均回收率为99.569 80%，平均相对误差为1.367 88%。

表5.12　CTC浓度值的测定及计算回收率和相对误差

实际浓度/（μg/ml）	计算浓度/（μg/ml）	回收率/%	相对误差/%	平均回收率/%	平均相对误差/%
14.423 08	14.000 15	97.067 68	2.932 32		
18.945 99	18.874 45	99.622 40	0.377 60		
19.837 88	19.647 50	99.040 33	0.959 67	99.569 80	1.367 88
23.067 82	22.808 39	98.875 37	1.124 63		
24.390 24	24.652 74	101.076 25	1.076 25		
27.387 64	27.863 31	101.736 79	1.736 79		

5.8.3　喹诺酮类抗生素荧光光谱检测分析

盐酸左氧氟沙星（OFLX）属于喹诺酮类抗生素，其分子中具有大的共轭π键结构，能直接产生较强的荧光[226]，使用LS55荧光分光光度计进行光谱采集，设置盐酸左氧氟沙星（OFLX）样品的激发波长为280nm，发射波长扫描范围为200～800nm，狭缝宽度5.0nm。

对不同浓度的左氧氟沙星溶液检测荧光光谱，其具体结果如图5.30所示。其中1为不加金霉素的空白溶液，从2到8分别对应了7种不同浓度的OFLX溶液。结果发现，OFLX在470nm处存在明显的荧光峰，相应的荧光强度随着溶液浓度的升高也增大。因此，可以把470nm荧光峰作为OFLX的荧光特征峰。

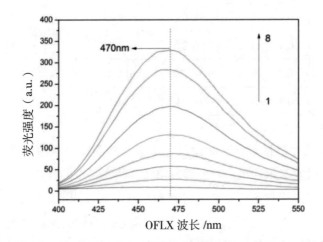

图5.30 OFLX溶液荧光光谱（从1到8分别对应浓度：0μg/ml，0.050 73μg/ml，0.130 14μg/ml，0.217 95μg/ml，0.337 21μg/ml，0.519 61μg/ml，0.730 77μg/ml和0.847 83μg/ml）

将数据处理后，对OFLX的浓度值与荧光强度进行回归分析。结果表明，OFLX溶液在470nm处荧光峰强度与浓度之间有很好的线性关系，相关系数为0.99969，函数关系式为

$$y = 376.720\,96x + 6.445\,76 \qquad (5.11)$$

将数据处理后，对OFLX的浓度值与荧光强度进行回归分析，相应地配置了7组不同浓度的溶液，把不同浓度的左氧氟沙星在470nm处的荧光强度值代入模型函数式（5.11）中，计算浓度，并求出回收率和相对误差以验证喹诺酮类抗生素线性模型函数的准确性，具体结果如表5.13所示。结果表明，OFLX的平均回收率为98.416 87%，平均相对误差为1.788 36%。

表5.13　OFLX浓度值的测定及回收率和相对误差的计算

实际浓度/ （μg/ml）	计算浓度 /（μg/ml）	回收率 /%	相对误差 /%	平均回收率 /%	平均相对 误差/%
0.244 77	0.241 96	98.850 55	1.149 45		
0.354 96	0.342 27	96.423 04	3.576 96		
0.451 05	0.438 87	97.300 03	2.699 97	98.416 87	1.788 36
0.479 59	0.467 80	97.542 27	2.457 73		
0.875 00	0.880 39	100.615 70	0.615 70		
0.923 08	0.920 95	99.769 64	0.230 36		

　　基于荧光光谱技术分别对盐酸金霉素和盐酸左氧氟沙星进行了含量检测，根据盐酸左氧氟沙星自身能够发出较高荧光强度的特点，利用直接荧光法检测。实验结果显示，盐酸金霉素和盐酸左氧氟沙星溶液分别在537nm处和470nm处的荧光峰强度与浓度之间都有很好的线性关系，根据所构建的线性函数模型的相关系数、回收率和相对误差，可知模型效果很好。该研究结果对实现抗生素的定性与定量快速检测具有一定的应用参考价值。

5.9　荧光光谱和吸收光谱对比分析

　　本章与第4章分别基于荧光光谱和吸收光谱对农药及其在果汁中的残留进行了检测分析，并获得了相应的含量预测模型函数，结果表明两种光谱方法都能实现对农药残留进行检测，模型函数相关系数几乎都超过0.99，另外，吸收光谱法比较适于进行线性回归分析，而荧光光谱法适于进行指数函数回归分析。为进一步对荧光和吸收光谱两种方法进行比较分析，对阿维菌素和多菌灵两种农药分析结果进行归纳，结果如表5.14和5.15所示。结果表明，在模型函数相关性方面，吸收光谱要优于荧光光谱方法，另外对于三种果汁（苹果汁、桃汁和橙汁）而言，桃汁中农药残留模型函数要优于另外两种果汁。

表5.14　多菌灵农药残留模型函数相关系数

光谱类型	多菌灵	苹果汁-多菌灵	桃汁-多菌灵	橙汁-多菌灵
吸收光谱	0.998 2	0.991 3	0.995 0	0.996 2
荧光光谱	0.998 1	0.993 6	0.992 4	0.980 2

表5.15　阿维菌素农药残留模型函数相关系数

光谱类型	阿维菌素	苹果汁-阿维菌素	桃汁-阿维菌素	橙汁-阿维菌素
吸收光谱	0.999 4	0.990 4	0.996 4	0.990 3
荧光光谱	0.999 5	0.982 9	0.996 9	0.991 7

5.10　本章小结

本章基于荧光光谱技术系统研究了农药（异丙甲草胺、灭蝇胺、多菌灵、阿维菌素、百菌清、哒螨灵）及其与果汁（苹果汁、桃汁和橙汁）混合溶液荧光强度和药物浓度之间的关系曲线，主要通过分析荧光强度特征峰得到农药残留模型函数，并对回收率、检出限和定量限等参数进行分析研究，得到了以下结论：

应用荧光方法检测桃汁、葡萄汁中异丙甲草胺残留，发现其荧光特征峰在335nm处，分别建立了对应的线性模型，相关系数大于0.99；经过对两种果汁中的检测性能对比分析，可知背景溶液影响检测效果，异丙甲草胺在葡萄汁中更易于被检测出来。应用荧光方法检测苹果汁中灭蝇胺残留，发现其荧光特征峰在352nm处，针对352nm处荧光强度与灭蝇胺浓度进行线性拟合，两者间线性关系良好，相关系数大于0.99。

通过对不同浓度药物（阿维菌素、百菌清和多菌灵）荧光光谱进行分析，得到药物的特征峰，其中322nm和334nm为阿维菌素药液发射光谱稳定特征峰，352nm荧光峰为百菌清荧光光谱的特征峰，多菌灵荧光特征峰为317nm。研究获得了药物浓度和特征峰荧光强度之间的模型函数，为进一步利用荧光光谱分析果汁中药物残留提供了重要的实验依据。

根据不同药物（阿维菌素、百菌清和多菌灵）荧光光谱特征峰，对药物和果汁（苹果汁、桃汁和橙汁）混合体系荧光光谱进行分析，研究获得了药物在果汁中农药残留预测模型函数。研究结果表明，根据农药荧光光谱特征峰，利用荧光光谱可以得到果汁中药物残留模型函数，药物浓度和吸光度具有比较好的线性相关性。

实验结果表明，吸收和荧光两种光谱方法都能实现农药残留检测，模型函数相关系数几乎都超过0.99，以上实验及分析均对应低浓度样本，可见仅依据特征峰处的单个波长点信息即可建立线性关系良好的分析模型，符合朗伯–比尔定律中的相关推导。本章通过一系列低浓度情况下的光谱检测实验分析验证了荧光光谱法实现农药残留检测的可行性及有效性，并为后续实现农药残留降解表征及效果评估提供了相关研究基础。

第6章 基于多维特征光谱的农药残留荧光检测方法

本章主要研究基于多维特征光谱的农药残留荧光检测方法。由朗伯-比尔定律可知,针对高浓度样本,其浓度值与特征峰处的荧光强度值不再呈标准线性关系。若仅依据单个特征峰处的波长点信息建立一元线性模型,其精度必然较低。基于多个特征波长点或者全波长建立分析模型则可以提高检测精度,本章以苹果汁中的克菌丹残留为研究对象,配制一系列高浓度样本,首先应用遗传算法、粒子群算法、改进的混合粒子群算法、连续投影算法,以及主成分分析等算法优选出特征波长,并基于特征波长分别建立多元线性、支持向量机、非线性检测模型。通过计算各模型对应的决定系数R^2、训练集均方根误差RMSEC、测试集均方根误差RMSEP等参数,对算法性能分析对比,明确了不同情况下的最佳模型方案,实现苹果汁中克菌丹残留在高浓度下的精确检测分析。

6.1　检测方案

6.1.1　试剂和样品

克菌丹：由河北冠龙农化有限公司生产，可湿性粉剂，有效成分含量50%。

苹果汁：纯度100%，购于大型超市。

实验用水：纯净水。

6.1.2　检测仪器

应用LS55荧光分光光度计检测得到苹果汁–克菌丹混合溶液荧光光谱。设置仪器采样间隔为0.5nm；波长范围：300～500nm；激发波长：280nm；狭缝宽度6.0。

6.1.3　检测方法

苹果汁–克菌丹混合溶液荧光光谱的检测过程按照如下步骤：

（1）将100%苹果汁稀释20倍，放置备用。

（2）称取克菌丹0.1g溶于100ml纯净水中，该溶液中克菌丹农药的标准浓度为$0.1 \times 50\% \times 1000mg/100ml = 0.5mg/ml$，放置备用。

（3）取稀释后的苹果汁3ml放于比色皿中检测，记录其荧光光谱，检测后冲洗比色皿。

（4）取稀释后的苹果汁50ml放于容器，依次向容器内加入不同体积的克菌丹农药（浓度为0.5mg/ml），每次滴入克菌丹后摇匀形成苹果汁–克菌丹混合溶液，取其中3ml作为实验样本放入比色皿，检测其荧光光谱，检测后重新倒回容器。并向容器内再次滴入克菌丹，重复此过程。共完成153个样本的荧光光谱数据采集。

6.1.4　苹果汁-克菌丹混合溶液荧光光谱

将前述配制好的153个实验样本进行荧光检测，得到其原始荧光光谱如图6.1（A）所示。

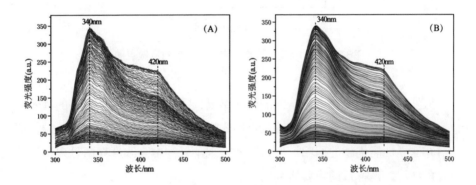

图6.1　克菌丹-苹果汁混合溶液原始荧光光谱及平滑后荧光光谱

对数据进行S-G平滑处理后的荧光光谱如图6.1（B）所示，发射波长范围为300～500nm，横轴表示波长，纵轴为153个实验样本所对应的荧光光谱。其中，克菌丹在340nm处具有明显特征峰，且荧光强度值随着溶液中克菌丹浓度的增加而不断提高，420nm处为其肩峰。为分析340nm处特征峰的荧光强度与苹果汁中克菌丹浓度之间的变化关系，绘制两者之间的散点图，如图6.2所示。

由图6.2可知，在样本低浓度范围内，特征峰荧光强度与克菌丹浓度基本呈线性关系。而随着克菌丹浓度增加，散点图逐渐偏向浓度轴，且在最后几组样本的测试中，荧光强度不升反降，逐渐低于饱和状态时的最大荧光强度，这说明发生了一定程度的荧光猝灭或自吸现象。可见在克菌丹高浓度时，特征峰荧光强度与溶液浓度之间为非线性关系。此时如果再用一元线性模型拟合两者间的数学关系，其对应的预测误差较大，而基于化学模式识别方法可以建立两者间的非线性关系模型。

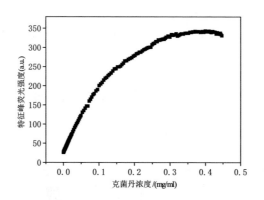

图6.2　340nm荧光强度与克菌丹浓度对应散点图

另外，如果想要获得更精确的预测结果，需要结合光谱中更多的有效信息，而非仅仅依据特征峰一个波长点的光谱数据，即如何筛选出显著的特征光谱并建立性能优越的回归模型，有效实现苹果汁中高浓度克菌丹残留的精确含量估计，是本章的主要研究内容。

6.1.5　数据集

将苹果汁–克菌丹混合溶液荧光光谱对应的属性矩阵记作X（153×401），其中153代表样本个数，401代表300～500nm光谱范围内的采样点个数，由于采样间隔为0.5nm，则波长点总数为401。样本浓度矩阵可记作y（153，1）。在153组样本数据中按照2：1比例将其均匀划分为训练集和测试集，即按照顺序每3个样本中前两个为训练集样本，后一个为测试集样本。可得到训练集共102组，测试集共51组。将数据集导入MATLAB平台，分别应用Libsvm工具箱[227-228]以及GA工具箱等即可建立基于全光谱、特征光谱下的线性及非线性克菌丹浓度回归模型。

6.2　基于特征峰的分析方法性能研究

由苹果汁中克菌丹农药残留对应的荧光光谱图可知，其在340nm处有特征峰出现，将特征峰处荧光强度作为自变量 x ，样本对应的克菌丹残留浓度作为因变量 y ，可建立两者间的一元回归模型。样本共153组，训练集、测试集的样本个数分别为102组、51组。

6.2.1　一元线性方法

将训练集中样本所对应的340nm处特征峰的荧光强度值作为建模自变量 x ，以样本浓度作为因变量 y ，建立两者间的一元线性模型，可得线性关系式为 $y=-0.065\,3+0.001\,2x$ ，其中， x 为340nm波长处的荧光强度， y 为苹果汁中克菌丹残留的浓度。为测试该一元线性模型的回归性能，分别对训练集、测试集样本进行测试验证，可得预测结果如图6.3所示。

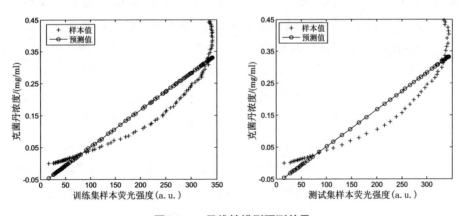

图6.3　一元线性模型预测效果

如图6.3所示，分别绘制了训练集、测试集的浓度预测效果，两者对应的均方根误差RMSEC，RMSEP分别为0.048 9，0.050 6，决定系数分别为

0.892 4，0.887 5，可见预测性能较差，特征峰荧光强度和克菌丹浓度显然不再呈标准的线性关系。由朗伯-比尔定律可知，在低浓度溶液中，样本浓度与荧光强度基本呈线性关系，而此处的实验样本浓度已经超出线性范围，且由于样品本身的非匀质、散射，以及仪器自身造成的测量误差等原因都会破坏荧光强度与浓度间的线性关系。尤其在高浓度时，荧光光谱与样品浓度呈现非线性响应，此时再应用一元线性校正方法引起的偏差会较大。

6.2.2　一元非线性方法

6.2.2.1　指数拟合

针对340nm处特征峰荧光强度及样本浓度建立两者间的一元指数模型，拟合得到的指数关系式为 $y = 0.0129\exp(x/100.2097) - 0.0047$，其中，$x$ 为340nm波长处的荧光强度，y 为样本浓度。根据该指数模型，分别将训练集、测试集样本对应的340nm处荧光强度值重新代入模型，计算得出各样本对应的克菌丹浓度预测值，并与其实际值进行比较，进一步计算得出模型决定系数以及均方根误差等参数。得到训练集、测试集决定系数分别为0.975 7，0.972 6，两者均方根误差RMSEC，RMSEP分别为0.023 3，0.025 0。一元指数模型的预测效果如图6.4所示，分别绘制了训练集、测试集的指数拟合效果。

由图6.4可知，大多数样本吻合良好，但在荧光强度值较高的样本点其预测误差较大，模型预测值均小于样本浓度值。尽管样本荧光强度与溶液浓度之间理论上为指数关系，形式如朗伯-比尔定律推导出的关系式。但当克菌丹浓度较高时，会在一定程度上出现荧光猝灭现象，对应的荧光强度不再随着浓度的增加而增加，这导致荧光强度与浓度值之间将不再呈标准的指数关系。

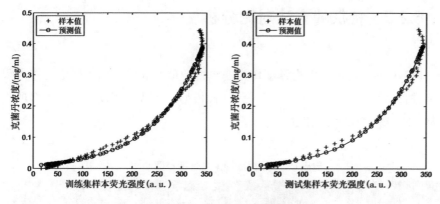

图6.4　一元指数模型预测效果

6.2.2.2　多项式拟合

针对苹果汁–克菌丹混合溶液340nm处的特征峰荧光强度值和克菌丹浓度值应用一元三次多项式建立模型，可得模型表达式为 $y = 0.003x^3 - 0.0034x^2 + 0.0016x - 0.0011$，其中，$x, y$ 的含义同前。训练集、测试集的预测效果如图6.5所示，两者对应的决定系数分别为0.976 7和0.973 5，均方根误差分别为RMSEC=0.022 7，RMSEP=0.024 6。可见一元多项式回归模型的预测效果与指数模型类似，仍是高浓度样本的预测误差偏大。

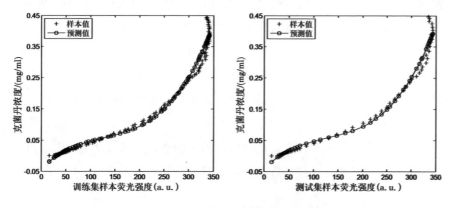

图6.5　一元多项式模型预测效果

6.2.3　特征峰方法对比分析

以340nm处特征峰荧光强度作为建模自变量，以样本克菌丹浓度作为因变量进行一元分析，分别建立了一元线性模型、指数模型及一元三次多项式模型，将其性能参数对比如下：

表6.1　一元特征峰模型性能参数对比

模型类别	关系表达式	训练集		测试集	
		R^2	RMSEC	R^2	RMSEP
线性模型	$y=-0.065\ 3+0.001\ 2x$	0.892 4	0.048 9	0.887 5	0.050 6
指数模型	$y=0.012\ 9 \times \exp\ (\ x/100.209\ 7\ ) - 0.004\ 7$	0.975 7	0.023 3	0.972 6	0.025
三次多项式	$y=0.003x^3-0.003\ 4x^2+0.001\ 6x- 0.001\ 1$	0.976 7	0.022 7	0.973 5	0.024 6

由表6.1可知，当应用特征峰处的荧光强度进行建模时，一元线性模型性能较差，决定系数小于0.9，指数模型和三次多项式模型性能相当，决定系数均大于0.97，且校正均方根误差RMSEC及预测均方根误差RMSEP较小，但从预测效果图可以看出两者对高浓度样本的预测误差较大。

如果所配制的苹果汁−克菌丹实验样本浓度均处于较低的线性范围内，与第3章研究的低浓度农药残留检测分析类似，其一元线性模型就可以取得理想的拟合效果。而本章的研究对象却覆盖了高浓度实验样本，此时仅仅依据特征峰一个波长点的信息所建立的一元模型，其预测性能并不理想，需要确定更多较显著的特征波长点，在获得足够多的有效光谱数据基础上，进一步研究多元线性或者非线性分析方法才能取得较好的预测效果。

6.3　基于特征光谱的多元线性分析

本节基于特征光谱进行多元线性分析，首先应用逐步回归方法、连续投影方法、主成分分析方法，以及偏最小二乘法获得特征光谱，然后在特征光谱基础上对苹果汁中克菌丹农药残留进行多元线性分析，建立对应的浓度预测模型并测试验证。

6.3.1　逐步回归分析

6.3.1.1　SWR–MLR算法流程

逐步回归方法（stepwise regress，SWR）可以通过逐个增加或者删减变量的方法，筛选出对模型较显著的若干变量作为回归自变量，使得在该组自变量下的回归模型性能最优。SWR是一种有效选择显著变量的方法。[229–231]

首先，基于MATLAB平台应用逐步回归方法在训练集样本中优选特征波长点，结果显示共筛选出24个较显著的波长变量，然后将这24个特征波长作为建模自变量，以样本克菌丹浓度作为因变量进行多元线性回归（multiple linear regression，MLR），最后针对训练集、测试集样本分别进行测试，验证SWR–MLR方法的预测性能。

6.3.1.2　SWR–MLR结果分析

逐步回归后筛选出的24个特征波长分布及其回归系数如图6.6所示。

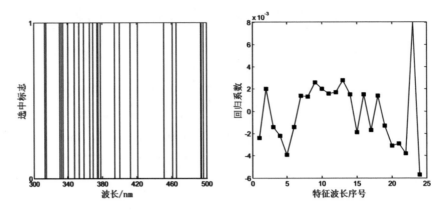

图6.6　SWR–MLR波长点分布及对应拟合系数

由图可知，逐步回归筛选出的24个波长点主要集中在340nm附近，而在其原始荧光光谱图中，340nm恰为其特征峰位置，故该位置附近的波长点对模型的作用更为显著。根据24个波长点变量及其拟合系数可写出SWR–MLR对应的多元线性关系式为

$$y = \sum_{i=1}^{24} W_i X_i + \text{intercept} \tag{6.1}$$

其中，y代表克菌丹的浓度预测值，X_i为第i个波长点处的荧光强度，W_i代表第i个波长点处的回归系数，intercept是模型中的常数项，此处该值为0.044。根据24个特征波长重新构建训练集、测试集并对两者进行测试验证，对应的预测结果如图6.7所示。其中训练集、测试集的均方根误差分别为RMSEC=0.024 2，RMSEP=0.024 4，模型决定系数分别为0.999 3，0.995 5。由预测效果图及性能参数可知，训练集及测试集中样本的浓度预测值均高于其实际值，逐步回归方法预测效果一般。

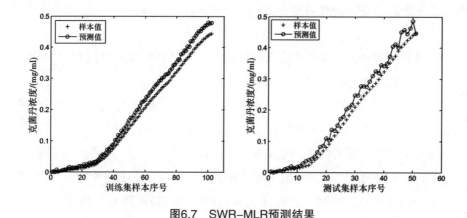

图6.7　SWR-MLR预测结果

6.3.2　基于连续投影算法的多元线性分析

6.3.2.1　SPA-MLR算法流程

基于连续投影算法（successive projections algorithm，SPA）的多元线性回归（multiple linear regression，MLR）方法，记作SPA-MLR，其分析过程如图6.8所示。

图6.8　SPA-MLR分析过程示意图

如图6.8所示，首先由SPA算法进行特征光谱选择，其根据连续投影的方式依次引入特征波长，最后优选出数量最少且对应RMSECV最低的特征波长组合。然后，以该特征波长组合中对应的若干荧光强度作为自变量，以样本克菌丹浓度作为因变量，进行多元线性拟合。最后，对训练集、测试集样本进行测试，验证算法性能。

6.3.2.2　SPA-MLR结果分析

连续投影算法SPA在优选特征波长时，将其特征维数范围设置为1～20，执行后得到的SPA-MLR相关结果如下：

图6.9为不同特征波长个数对应的交叉验证均方根误差RMSECV趋势图，由图可知，并不是特征个数越多越好，在特征波长个数较少的时候，RMSECV值较大，随着特征维数的增加，RMSECV不断减小；当特征波长个数为12时，RMSECV达到最小，其值为0.005 418；之后，随着特征个数的增多，RMSECV又开始小幅上升。这说明后面增加的特征波长信息相对冗余，对模型性能提升没有起到改进作用，所以应用SPA算法在训练集原401维光谱属性中筛选出的最佳特征维数为12，此时对应的RMSECV取最小值，该12个特征波长点即为连续投影算法的优选结果。

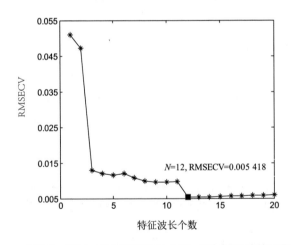

图6.9　SPA-MLR特征波长个数-均方根误差关系图

图6.10绘制了12个特征波长点的分布，其中，（A）图中的实线为训练集样本的荧光强度曲线，340nm为其特征峰位置，SPA优选出的12个特征波长点中，其中有8个靠近特征峰，其在整个波长段范围300～500nm之间的分布在（B）图中标识更清楚。

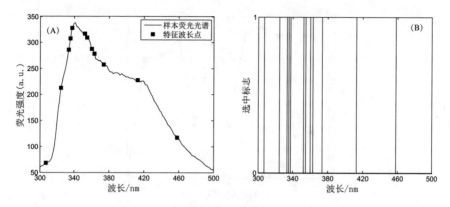

图6.10　SPA-MLR特征波长分布

12个特征波长点按照贡献率排序分别为335.5nm，333.5nm，354.5nm，337.5nm，363nm，324.5nm，352nm，412.5nm，373.5nm，360nm，458nm，307nm，可见SPA算法能够有效筛选出对模型较为显著的波长点，以优选出的12个波长点作为特征变量进行多元线性拟合，其对应的模型表达式可写为如下形式：

$$y = 0.048\,2 - 0.002\,7x_{335.5} - 0.003x_{333.5} + 0.002x_{354.5} + 0.002\,4x_{371.5}$$
$$+ 0.002\,2x_{363} - 0.002\,4x_{324.5} + 0.001\,7x_{352} - 0.002\,4x_{412.5}$$
$$+ 0.0019x_{373.5} + 0.0011x_{360} + 0.000\,8x_{337.5} - 0.004\,8x_{307}$$

其中，y 为样本预测浓度，$x_{\text{wavelength}}$ 为特征波长wavelength处的荧光强度值。关系式中各特征变量的回归系数如图6.11所示。

对上述多元线性模型进行测试验证，得到训练集、测试集均方根误差分别为RMSEC=0.004 6，RMSEP=0.007 9；模型决定系数分别为0.999，0.997 4。对应的预测跟踪效果如图6.12所示，图中同时给出了预测结果与 $y = x$ 对角线的对比效果，可见训练集各样本点基本分布在对角线上，预测误差小。测试集中有部分高浓度样本分布于对角线两侧，预测误差高于训练集。

图6.13分别绘制了训练集、测试集对应的残差大小，显示有个别高浓度样本的预测误差较大。

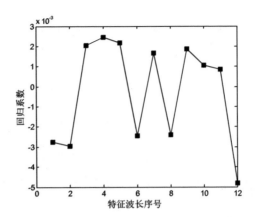

图6.11　SPA-MLR特征变量回归系数图

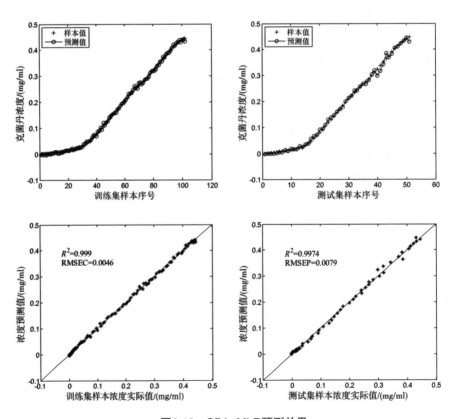

图6.12　SPA-MLR预测效果

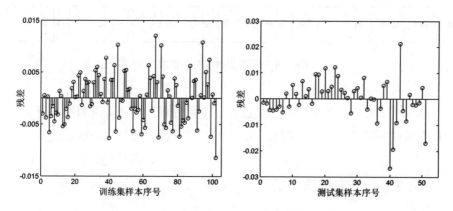

图6.13　SPA–MLR预测残差

　　由以上分析可知，SPA算法能够优选出较低维数的特征波长，将原始401维荧光光谱降维后，只需要其中12维特征光谱即可实现多元线性回归分析，且SPA–MLR算法模型具有理想的预测性能。

　　以上分别通过逐步回归方法、连续投影方法优选出特征波长点，其分别在24维、12维特征波长下进行了多元线性拟合，根据各自的测试结果可知，连续投影算法的预测精度更高。以上两种优选特征波长的方法属于特征选择类算法，而通过特征提取的方式也可以提取出光谱主成分，为测试主成分下的多元线性拟合性能，将分别应用主成分方法、偏最小二乘方法进一步建模分析。

6.3.3　主成分回归分析

6.3.3.1　PCR算法流程

　　主成分回归（principal component regression，PCR）的分析过程如图6.14所示。

图6.14　PCR分析过程示意图

据图6.14所示，首先将数据集进行标准化处理，由PCA得到主成分，然后根据主成分进行多元线性拟合，最后对主成分回归算法进行测试验证。

6.3.3.2　PCR结果分析

选择前三个主成分作为建模自变量，各主成分特征值及第一主成分的载荷系数如图6.15所示。

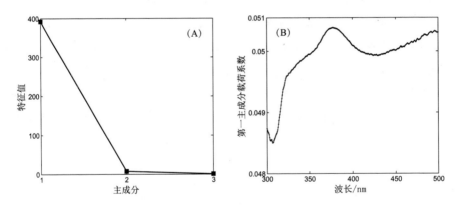

图6.15　PCR主成分特征值及载荷系数

与特征值相对应的三个主成分方差贡献率分别为98.21%，1.73%，0.04%，可见前三个主成分的方差累积贡献率已经大于99%，几乎能够代表原401个波长点的所有属性信息。每个波长点变量在第一主成分中的载荷系数如图6.15（B）所示，系数较高的波长点分布在350～400nm之间，说明该区间内的波长点信息对模型作用较显著。

以三个主成分作为综合自变量，以训练集样本浓度作为因变量，线性拟合得到的函数关系式为 $y = 0.0018 + 0.0492u_1 - 0.0631u_2 - 0.2805u_3$，其中 u_1，

u_2，u_3分别为标准化的主成分变量，y为标准化克菌丹浓度预测值。将主成分训练集、主成分测试集分别输入模型，可计算出对应的浓度预测值，两者的跟踪预测效果如图6.16所示。

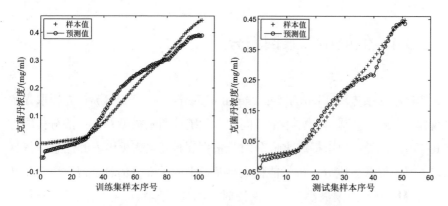

图6.16　PCR浓度预测值与样本值跟踪对比图

以浓度实际值为横坐标、浓度预测值为纵坐标，图6.17绘制了训练集、测试集样本的拟合程度，越靠近对角线说明误差越小，偏离较多的表示误差越大，落在对角线上表示预测值与实际值完全相等。

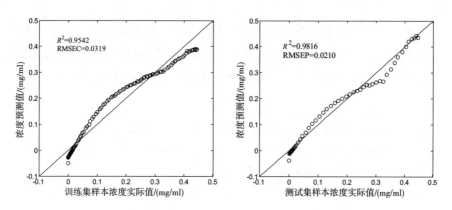

图6.17　PCR浓度预测值与样本值拟合程度

由图6.16、图6.17可知，在起始阶段的低浓度样本以及最后的高浓度样本中，预测值低于实际值，而中间浓度的样本其预测值高于实际值。训练集、测试集对应的均方根误差分别为RMSEC=0.031 9，RMSEP=0.021 0；模型决定系数分别为0.954 2，0.981 6。由预测效果及模型参数可知，PCR在三个主成分下的回归模型预测性能一般。

6.3.4　偏最小二乘回归分析

偏最小二乘方法（partial least squares regression，PLSR）首先提取光谱主成分，并建立主成分与样本浓度间的多元统计回归模型，其主成分提取与PCR有不同之处，PCR提取主成分时只根据属性矩阵X所代表的信息，依据方差贡献率提取主成分，虽然能代表自变量中的大部分信息，但对因变量却缺乏解释能力。而偏最小二乘方法同时对属性矩阵X和因变量矩阵Y进行主成分分解，提取出对因变量解释性最强的综合变量，使光谱主成分与浓度达到最大相关程度，从而克服变量多重相关性带来的负面影响，进一步提高模型的可靠性。

6.3.4.1　PLSR算法流程

偏最小二乘方法的分析过程如图6.18所示，首先将数据集标准化，基于标准化训练集应用PLSR进行拟合回归，得到标准化变量对应的主成分模型，进而可以还原成原始变量模型，最后对模型进行测试验证。

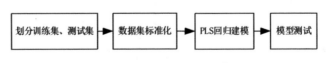

图6.18　PLSR分析过程示意图

6.3.4.2　PLSR结果分析

选择PLSR中前三个主成分作为多元线性回归建模的自变量，主成分对自变量及因变量的累积方差贡献率如图6.19所示。其中，三个主成分对自变量X的方差贡献率依次为98.24%，1.7%和0.04%，其对因变量Y的方差贡献率分别为95.51%，2.7%和1.29%。

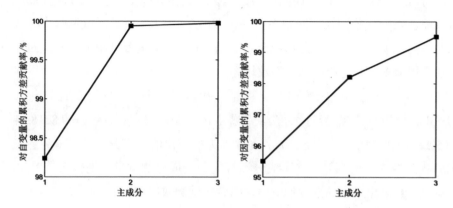

图6.19 PLSR主成分对自变量及因变量的累计方差贡献率

由图6.19可知，选取前三个主成分时，不仅对自变量X（属性矩阵）的方差贡献率达到99%以上，而且能够很好地解释因变量Y（浓度矩阵），其对Y的方差贡献率也超过了99%。各波长点变量在第一主成分中的载荷系数如图6.20（A）所示。

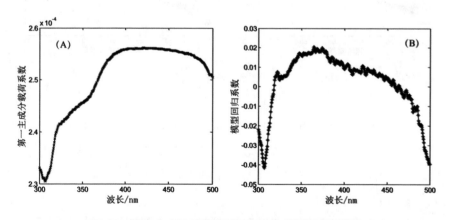

图6.20 第一主成分载荷系数及标准化模型回归系数分布

图6.20（A）中的第一主成分载荷图显然与6.3.3一节中的PCR不完全一

致，这是因为PCR中的主成分提取只考虑了自变量本身的信息，而PLSR中的主成分不仅考虑对自变量信息的概括，而且同时包含了对因变量的解释能力。将PLSR对应的标准化回归模型的拟合系数作为纵轴，基于300~500nm所有波长点变量绘制模型回归系数图，如图6.20（B）所示，可见三个主成分对应的标准化模型与实际情况相符，即特征峰340nm及其附近波长点对模型的作用显著，其对应的回归系数较高。

将前三个主成分作为建模自变量，以训练集样本浓度作为因变量，PLSR拟合得到的克菌丹浓度与光谱主成分间的关系式为 $y = 9.8218t_1 + 1.6502t_2 + 1.1424t_3$，其中 t_1，t_2，t_3 分别为标准化的主成分变量，y 为标准化的克菌丹浓度预测值。将主成分训练集、主成分测试集分别输入该PLSR模型，可计算出对应的浓度预测值，两者的预测效果如图6.21所示。

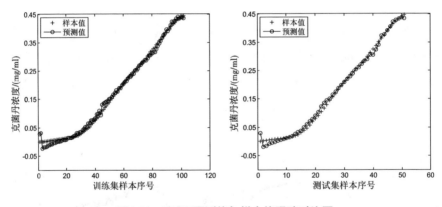

图6.21　PLSR预测值与样本值跟踪对比图

由图6.21可知，训练集、测试集中高浓度样本的预测精度提高，但低浓度样本的预测误差较大。训练集、测试集各样本的拟合程度及残差分别如图6.22、图6.23所示，前几个低浓度样本的残差较大，最高为0.03，其他样本的残差基本上不超过0.02。

由图6.22、图6.23可知，PLSR在提取三个主成分时得到的回归模型相比PCR方法，其预测精度更高，将PLSR，PCR两者的相关性能指标列于表6.2中。

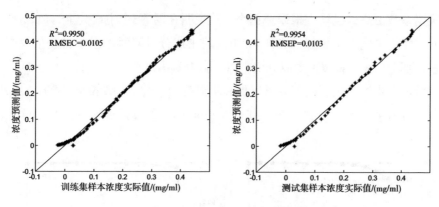

图6.22　PLSR预测值与样本值拟合图

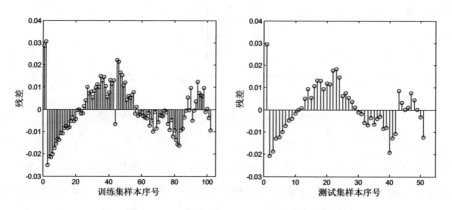

图6.23　PLSR浓度预测值与样本值残差图

表6.2　PCR、PLSR算法性能对比

算法类别	主成分方差累积贡献率（X）	主成分方差累积贡献率（y）	训练集		测试集	
			R^2	RMSEC	R^2	RMSEP
PCR	99.97%	null	0.9542	0.0319	0.9891	0.0148
PLSR	99.98%	99.5%	0.9950	0.0105	0.9954	0.0103

由表6.2可知，无论是训练集还是测试集样本，PLSR的预测效果更好，

其决定系数更高，且均方根误差更小。这说明在同等3个主成分下，PLSR比PCR的性能更优，主要原因在于PLSR提取主成分时同时考虑了自变量及因变量两部分因素，而PCR主成分仅来自于自变量信息。

为进一步提高预测精度，可以提高主成分的个数，如图6.24（A）所示，绘制了PLSR选取15个主成分时，其对因变量y的累积方差贡献率。

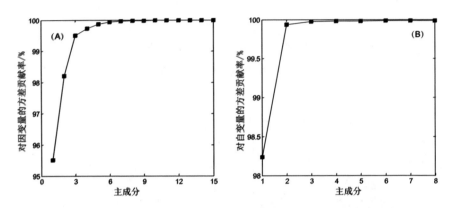

图6.24　PLSR主成分对因变量、自变量的累积方差贡献率

由图6.24（A）可知，当主成分个数为8时，其达到的累积方差贡献率接近100%，此处选取前8个主成分进行PLSR回归。图6.24（B）为该8个主成分对自变量的累积方差贡献率，可见其对自变量的贡献率也接近100%，可以代表所有的自变量信息。取前8个主成分建立PLSR回归模型，并分别对训练集、测试集进行测试验证，预测结果如图6.25所示。

训练集、测试集对应的均方根误差分别为RMSEC=0.002 4，RMSEP=0.005 9；其决定系数分别为0.999 7，0.998 6。由性能指标及图6.25的预测结果可知，训练集样本点基本全部位于对角线上，说明其预测误差极小；而测试集样本稍微低于训练集，但仍然达到较好的预测效果，相比3个主成分对应的PLSR模型，选取8个主成分大大提高了PLSR的预测精度。

在8个主成分下，PLSR拟合得到的因变量与主成分之间关系式为

$$y = 9.821\,8t_1 + 1.650\,2t_2 + 1.142\,4t_3 + 0.483\,5t_4$$
$$+ 0.362\,7t_5 + 0.272\,7t_6 + 0.152\,0t_7 + 0.120\,5t_8$$

其中，$t_1, t_2, \cdots, t_8$ 分别为8个主成分综合变量，y 为克菌丹浓度预测值。

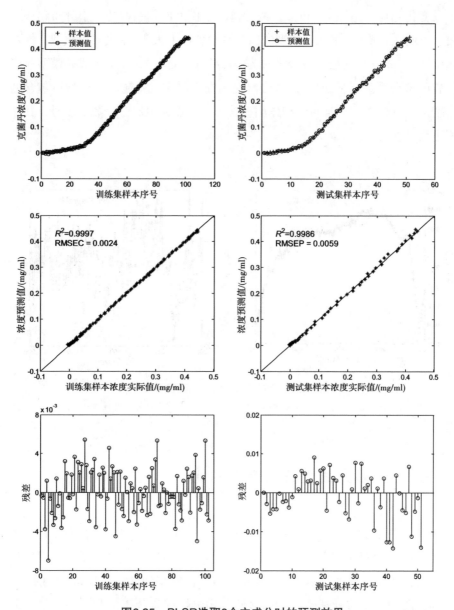

图6.25　PLSR选取8个主成分时的预测效果

由于每个主成分均为所有自变量的线性组合，可将主成分模型关系式转化为关于波长点自变量的函数模型。图6.26中分别绘制了提取3个及8个主成分时对应的标准化模型回归系数，显示了两种情况下对应的模型回归系数大小及变化趋势。由图6.26可知，两种情况下模型回归系数的大小分布趋势一致，不同点在于8个主成分模型的回归系数整体上大于3个主成分模型，如左图中3个主成分时的最大拟合系数为0.02左右，而右图中8个主成分模型对应位置的拟合系数却接近0.2，这恰恰说明提取的主成分越多，模型所包含的自变量信息越丰富，且对模型作用显著的波长点在主成分个数更多时，其作用更为显著。

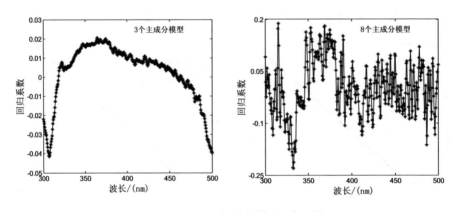

图6.26　PLSR标准化模型回归系数

6.3.5　多元线性方法性能对比

本节主要分析了多元线性方法在高浓度情况下苹果汁中克菌丹残留预测中的应用，分别应用逐步回归方法、连续投影方法、主成分回归，以及偏最小二乘回归方法进行多元线性分析，各算法模型的性能参数如表6.3所示。四种方法均属于多元线性分析，显然其预测性能均优于6.3.4一节中的一元模型。其中逐步回归SWR、连续投影SPA属于特征选择方法，分别利用筛选出的特征波长点建立多元线性模型，两者相比，SPA–MLR的预测精度更高，且特征维数更低。PCR和PLSR属于特征提取方法，在同取3个主成分时，由前面的分析可知，PLSR的预测性能优于PCR；PLSR在取8个主成分时预测性能达到最佳，且各项指标均优于特征选择类的SPA–MLR模型。

表6.3　多元线性方法性能对比

算法类型	特征维数	训练集		测试集	
		R^2	RMSEC	R^2	RMSEP
SWR–MLR	24	0.999 3	0.024 2	0.995 5	0.024 4
SPA–MLR	12	0.999	0.004 6	0.997 4	0.007 9
PCR	3	0.954 2	0.031 9	0.981 6	0.021 0
PLSR	3	0.995 0	0.010 5	0.995 4	0.010 3
PLSR	8	0.999 7	0.002 4	0.998 6	0.005 9

通过以上分析可知，应用特征选择的SPA–MLR模型、应用特征提取的PLSR模型（8个主成分），两者均可以达到理想的预测精度。两者各有优势，其中PLSR模型在8个主成分时的预测精度最高，但特征提取需要时间开销，且模型的对应输入仍然是所有原始光谱的线性组合。SPA–MLR模型的预测精度稍低，但其降维效果明显，从原始401维荧光光谱中优选出12个特征波长，不需要额外的特征提取开销，且模型形式直观、具体，模型训练简单，便于应用。

6.4　基于特征光谱的支持向量机非线性分析

6.3节中分析了应用多元线性方法对苹果汁中高浓度克菌丹残留进行含量预测，为进一步提高预测精度，本节基于特征光谱应用支持向量机方法进行非线性分析,并与多元线性方法进行性能对比。

6.4.1　基于全光谱的支持向量机方法

为便于分析比较特征光谱模型的性能,本节首先利用全光谱数据集进行支持向量机回归分析。基于苹果汁-克菌丹原始荧光光谱中的401个波长点训练支持向量机模型,并通过训练集、测试集检验全光谱模型的预测性能。

6.4.1.1　SVR算法流程

支持向量机回归(support vector regression,SVR)的分析流程如图6.27所示。

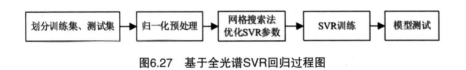

图6.27　基于全光谱SVR回归过程图

首先将153组样本按照2∶1的比例均匀划分为102组训练集、51组测试集,归一化处理后将训练集样本所对应的全部401列属性(荧光强度)作为SVR输入,训练过程中的SVR参数应用网格搜索法进行优化,其中适应度函数定义为交叉验证均方方差,即MSECV(mean square error cross validation)。SVR模型训练完成后,分别将训练集、测试集样本的所有属性作为模型输入,预测其浓度输出,计算模型决定系数及均方根误差等参数,验证SVR方法的预测效果及性能。

6.4.1.2　SVR结果分析

设置SVR参数寻优范围为$[2^{-10},2^{10}]$,设置5折交叉验证,应用径向基核函数,基于全光谱建立SVR模型并测试,其中,SVR参数优化结果为$c=1$,

$g=1$，参数寻优过程如图6.28所示。

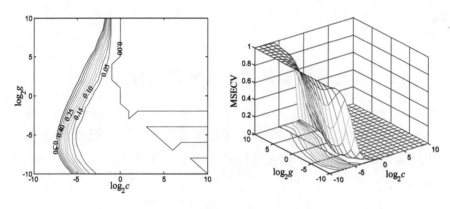

图6.28 网格搜索法优化SVR参数过程

寻优过程中的5折交叉验证最小均方误差MSECV为18.46×10^{-5}，以最佳SVR参数（$c=1$，$g=1$）为训练模型，并对训练集、测试集进行验证，预测效果如图6.29所示。训练集均方根误差RMSEC、测试集均方根误差RMSEP均为0.000 1，两者对应的决定系数分别为0.999 7、0.999 3。

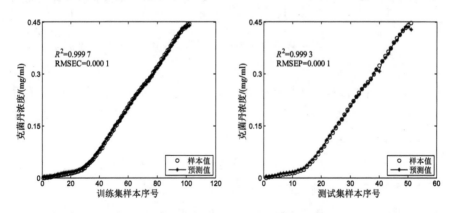

图6.29 全光谱SVR方法预测结果

由图6.29可知，除了测试集中有部分样本预测误差较大，其余预测效果较好。但基于全光谱建立的模型，由于光谱维数高使得模型复杂、训练时间较长，且由于各波长点间的荧光强度存在多重相关性，若首先通过特征选择或者特征提取的方式将全光谱降维，然后应用降维后的特征光谱建立SVR模型，这将加快训练速度且可以得到更加精简的模型。

6.4.2　基于遗传算法的支持向量机方法

本节基于遗传算法从苹果汁–克菌丹原始荧光光谱中优选出特征波长，应用降维后的特征光谱训练支持向量机模型，并检测该方法的浓度预测性能。

6.4.2.1　GA–SVR算法流程

基于遗传算法的支持向量机方法（genetic algorithms–support vector regression，GA–SVR）分析过程如图6.30所示。

图6.30　GA–SVR分析过程示意图

首先，应用遗传算法选择特征波长以及优化支持向量机参数，以优选后的特征波长重新构建训练集、测试集。然后，基于训练集及最佳参数训练SVR模型，并对GA–SVR方法的性能进行测试验证。

GA–SVR方法中的重要步骤是应用GA同时优选特征波长以及优化SVR参数，该步骤的具体实现流程如图6.31所示。首先针对特征波长组合及SVR参数进行二进制编码，其中，二进制码总长度为421，第一部分长度为401，对应特征波长选择；第二部分长度为20，分别对应SVR参数c，g的优化。适应度函数与交叉验证均方误差MSECV及特征维数dim两个因素相关，MSECV较小且同时dim较低时对应较高的适应度值。当优化完成后，最优个体解码后即可得到特征波长组合及最佳SVR参数。

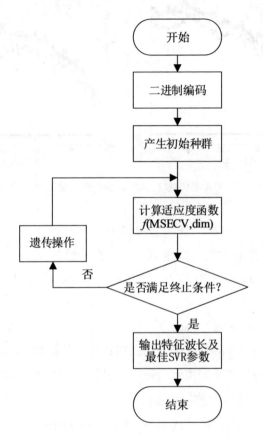

图6.31　GA–SVR优化流程图

6.4.2.2　GA–SVR结果分析

GA–SVR相关参数分别设置为：遗传代数GEN=300，种群数量POP=60，交叉概率P_c=0.7，变异概率P_m=0.01。采用二进制编码，个体长度LEN=421，包括401个特征波长编码及20个SVR参数编码，其中参数c，g的个体长度均为10。参数c，g的取值范围分别设为[0.1，10]，[0.01，0.1]。由于遗传算法在优化过程中其种群按照一定的概率进行交叉、变异等操作，使得每次执行结果不完全一致，执行程序两次，其优选出的特征维数变化趋势如图6.32所示：

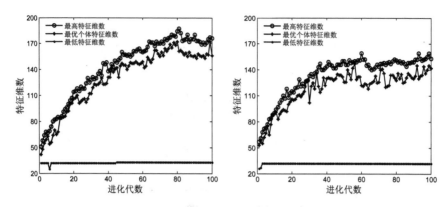

图6.32   GA-SVR执行两次对应的特征维数变化趋势

图6.32中共三条曲线，分别为每代种群内部的最高特征维数、最低特征维数及最优个体对应的特征维数，两次执行结果显示：在迭代过程中最优个体的特征维数均呈上升趋势，最后趋于稳定，当100代结束后优选出的特征波长分别为156维和144维，优化后的最佳SVR参数非常接近，分别为$c=9.53$，$g=0.08$和$c=9.26$，$g=0.09$。另外，因为适应度函数定义为特征维数dim和交叉验证MSECV的联合函数，所以最优个体的特征维数在种群内并非最低，由dim和MSECV共同决定的适应度值最高的个体为最优个体，其特征维数略低于当前代种群内的最高特征维数。

以第2次结果为例，在迭代过程中GA-SVR对应的适应度曲线及波长选中次数如图6.33所示。

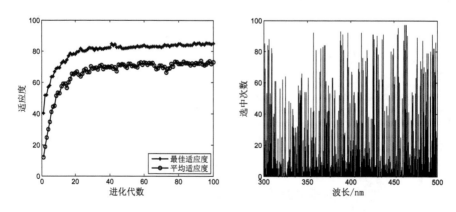

图6.33   GA-SVR适应度函数曲线及波长选择次数统计图

由适应度曲线可知，种群内个体的最佳适应度及平均适应度均呈上升趋势，经过100代迭代后最佳适应度值趋于稳定，此时种群内的最优个体即为问题的解。优化过程中每个波长点变量的选中次数统计如图6.33所示，迭代结束后最优个体中对应的特征波长点共144个，相比原始全光谱中的401个波长点总数，实现了一定程度的自变量降维。以优选出的144个特征波长重新构建训练集，基于对应的最佳参数$c=9.26$，$g=0.09$进行SVR训练，并分别针对训练集、测试集进行模型性能测试，可得两者的预测效果如图6.34所示。

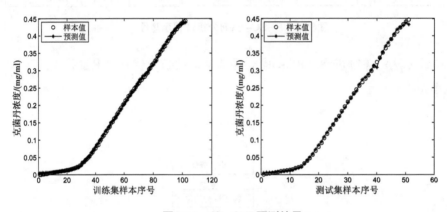

图6.34　GA–SVR预测结果

其中训练集、测试集对应的均方根误差分别为RMSEC=0.000 1，RMSEP=0.000 2；决定系数分别为0.999 6，0.999 2。由图6.34可知，训练集、测试集中各样本预测效果较好，与6.4.1中的全光谱模型相比，该144维对应的特征光谱模型其性能并没有明显下降，这说明原始光谱中含有大量冗余信息，而遗传算法能够优选出原光谱中的绝大多数有效信息。但其不足是GA优选出的特征波长维数仍然较高，使得模型简化的效果不明显。

6.4.3　基于粒子群的支持向量机方法

为与遗传算法的降维性能相对比，本节应用粒子群算法优选特征波长，并基于支持向量机方法训练建模，通过对训练集、测试集的样本测试检验该方法的浓度预测性能。

6.4.3.1 BPSO-SVR算法流程

基于粒子群的支持向量机方法（binary particle swarm optimization algorithm-support vector regression，BPSO-SVR）分析过程如图6.35所示。

图6.35 BPSO-SVR分析过程示意图

该方法的关键步骤是BPSO同时优选特征波长及优化SVR参数，其实现流程如图6.36所示。

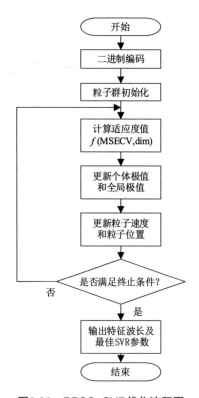

图6.36 BPSO-SVR优化流程图

BPSO-SVR的算法过程为：首先应用离散二进制粒子群算法优选特征波长并优化支持向量机参数，然后基于特征波长构建训练集，在最佳SVR参数下训练建模，并进行测试验证。与GA的优化过程类似，BPSO对应的适应度函数同样定义为交叉验证均方误差（MSECV）及特征维数dim的联合函数。

如图6.36所示，粒子编码采用二进制编码，和遗传算法优选特征波长的编码方法类似，编码共包括三部分，第一部分长度401，代表特征波长选择，第二、第三部分长度均为10，分别代表参数c和参数g的二进制编码。

6.4.3.2　BPSO-SVR结果分析

设置BPSO-SVR方法的相关参数如下：代数GEN=100，粒子数POP=50，粒子维数LEN=421，惯性权重w由0.9线性递减至0.4，学习因子$c_1=c_2=2$，粒子速度范围设置为[-6，6]，参数c，g的优化范围分别设置为[0.1，10]，[0.01，0.1]，k取5折交叉验证，选择径向基核函数。当迭代结束后，粒子群中的全局极值即为最优解，分别提取出特征波长组合及最佳参数，构建特征数据集并进行SVR模型训练，最后进行性能验证。

为便于分析对比，采用与GA-SVR相同的初始种群开始迭代，对应的适应度曲线及波长选中次数如图6.37所示。

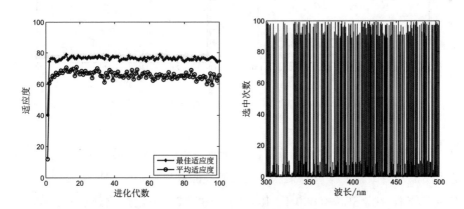

图6.37　BPSO-SVR适应度函数曲线及波长选中次数统计图

由图6.37可知，BPSO算法收敛速度较快，从第4代开始，其最高适应度值趋于稳定，由于收敛快将会导致粒子更新过早停止，即第4代后种群内的最优粒子几乎不再发生变化，该粒子对应的特征波长组合已经稳定，二进制位上取值为1的粒子在其后面的迭代中将始终保持为1，所以这些粒子对应的选中次数均接近总代数100，如图中的波长选中次数统计结果所示。

BPSO-SVR迭代过程中粒子的特征维数以及交叉验证均方误差MSECV的变化趋势如图6.38所示。由图可知，从第4代开始最优粒子的特征维数稳定在200维左右，对应的最佳MSECV为 0.076×10^{-3}。最优粒子的特征维数位于种群内的最高维数和最低维数之间，恰恰说明了适应度函数除了和特征维数相关外，MSECV也是影响适应度值的关键因素，最低特征维数的粒子以及最低MSECV的粒子均不是最优粒子，只有当特征维数及MSECV组合所对应的适应度值最高的粒子才是最优解。BPSO在迭代结束后优选出特征波长为192维，优化得到的最佳SVR参数分别为c=9.41，g=0.08。

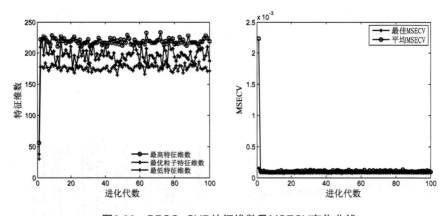

图6.38　BPSO-SVR特征维数及MSECV变化曲线

以优选出的192维特征波长构建特征训练集，基于最佳参数训练支持向量机模型并测试验证。训练集、测试集的预测效果如图6.39所示。其中均方根误差分别为RMSEC=0.000 1，RMSEP=0.000 2；决定系数分别为0.999 6，0.999 2。指标值与GA-SVR方法中的结果相同。

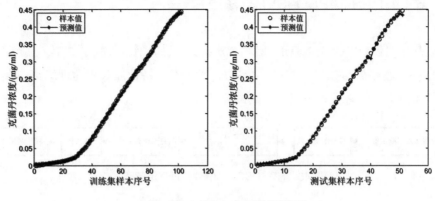

图6.39　BPSO–SVR预测结果

由图6.39可知，训练集、测试集中各样本预测效果较好，与GA–SVR对应的预测性能相当。与GA–SVR相比，从优化后的SVR参数值及模型测试结果来看，两者结果非常相近，不同的是，BPSO的收敛速度更快，但其优选出的特征波长维数更高，在相同初始种群情况下，GA优选出144维，而BPSO对应196维。

根据以上分析可知，遗传算法、离散二进制粒子群算法均可以实现针对特征波长选择和SVR参数的联合优化，两者所建模型性能相当，可以实现高浓度下苹果汁中克菌丹残留的浓度估计。但不足之处是两者优选出的特征维数较高，没有起到明显的自变量降维作用，对应SVR模型的复杂度仍然较高。

6.4.4　基于混合粒子群的支持向量机方法

本节针对BPSO算法进行改进，在其粒子更新环节引入遗传算法GA，改进后的算法可以综合PSO，GA两者的优点，使其快速收敛的同时能够保持粒子的多样性，称为混合粒子群算法（hybrid genetic algorithm particle swarm optimization，HGAPSO）。

6.4.4.1　HGAPSO-SVR算法流程

基于HGAPSO结合SVR训练的分析过程如图6.40所示，首先应用HGAPSO优选特征波长及优化SVR参数，然后基于特征波长构建训练集，在最佳参数下训练特征光谱模型并测试验证。

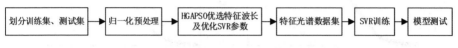

图6.40　HGAPSO-SVR分析过程示意图

适应度函数与GA，BPSO算法中的定义相同，定义为交叉验证均方误差及特征维数的联合函数，HGAPSO优选特征波长及优化参数的流程如图6.41所示。

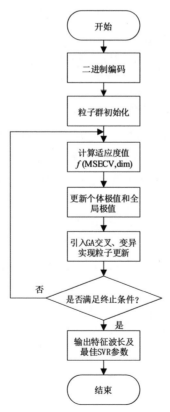

图6.41　HGAPSO-SVR优化流程图

HGAPSO与BPSO的算法流程类似，只是在粒子更新环节引入遗传算法中的交叉和变异操作，增加粒子的多样性，避免出现早熟收敛。

6.4.4.2　HGAPSO–SVR结果分析

设置HGAPSO-SVR方法的相关参数为代数GEN=100，粒子数POP=50，粒子维数LEN=421，参数c，g的优化范围根据经验分别设定为[0.1，10]，[0.01，0.1]，k取5折交叉验证，选择径向基核函数，变异概率P_m=0.5。HGAPSO-SVR对应的适应度曲线及特征维数变化趋势如图6.42所示，迭代结束后优选出的特征维数为55维，优化后的最佳SVR参数为c=10，g=0.03。

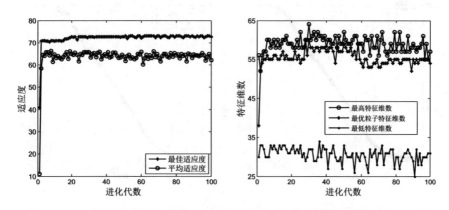

图6.42　HGAPSO–SVR适应度曲线及特征维数变化趋势图

由图6.42可知，在和BPSO相同的初始种群下，HGAPSO对应的最高适应度值相对偏低，但其优选出的特征波长维数较少，只有55维，图6.42同时给出了优化过程中每代对应的最高特征维数、最低特征维数及种群内最优粒子特征维数三者间的对比关系。

迭代过程中所有波长点变量的选中次数统计如图6.43（A）所示，将优选出的55维特征波长分布显示在样本荧光光谱上，如图6.43（B）所示。

以优选出的55维特征波长重新构建训练集，基于最佳参数c，g完成SVR训练，并针对训练集、测试集进行性能验证，预测效果及拟合程度如图6.44所示。

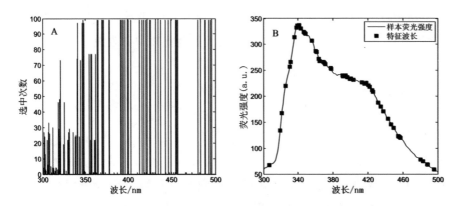

图6.43 HGAPSO-SVR波长选中次数统计及特征波长分布

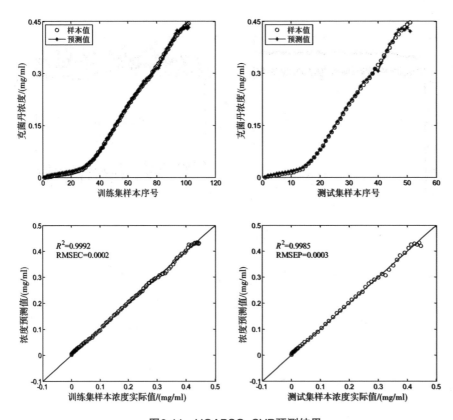

图6.44 HGAPSO-SVR预测结果

其中，训练集、测试集对应的模型决定系数分别为0.999 2，0.998 5，均方根误差分别为RMSEC=0.000 2，RMSEP=0.000 3。由此可知，经过改进后的混合粒子群HGAPSO-SVR算法，其对应的训练集、测试集预测精度相比BPSO-SVR，GA-SVR方法均有所下降，尤其高浓度样本点的预测误差较大。但其优选出的特征维数较低，有效降低了模型复杂度。需要说明的是，HGAPSO-SVR，BPSO-SVR以及GA-SVR均属于随机搜索算法，每次的执行结果与初始种群、算法参数的取值密切相关，经测试可知，三种算法在几种不同的初始种群下均是HGAPSO-SVR优选出的特征波长最少。

总体来说，HGAPSO-SVR更具优越性，因为其在快速收敛的同时优选出的特征维数最低，且对应较为理想的预测精度。可见，HGAPSO-SVR方法综合了遗传算法、粒子群算法的优点，既能以较快的速度收敛，且通过增加粒子多样性可避免进入局部最优，使得最后优选出的特征维数低于GA-SVR及BPSO-SVR方法。尽管如此，从上例HGAPSO的测试结果来看，其优选出的特征维数仍有55维。如果能在保持模型预测精度的基础上进一步降低特征维数，则可获得更加精简的模型。6.4.5节将在HGAPSO-SVR方法的基础上继续改进，实现二次特征选择。

6.4.5　基于二次特征选择的支持向量机方法

本节在HGAPSO-SVR方法的基础上继续改进，应用连续投影算法SPA实现二次特征选择，并结合支持向量机进行训练拟合，将改进后的方法记作HGAPSO-SPA-SVR。

6.4.5.1　HGAPSO-SPA-SVR算法流程

基于二次特征选择的HGAPSO-SPA-SVR分析过程如图6.45所示。

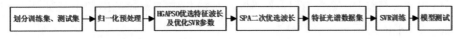

图6.45　HGAPSO-SPA-SVR分析过程示意图

首先应用HGAPSO算法进行第一次特征选择，同时优化得到最佳SVR参数，在第一次优选出的55维特征波长中，继续应用SPA算法进行第二次特征选择，则可以筛选出更加显著的少数特征波长作为新的SVR模型输入，在最佳参数下进行支持向量机训练则可以建立综合性能更加优越的精简模型。

6.4.5.2　HGAPSO–SPA–SVR结果分析

设置HGAPSO–SPA–SVR方法的相关参数：代数GEN=100，粒子数POP=50，粒子维数LEN=421。参数c，g的优化范围根据经验分别设定为[0.1，10]，[0.01，0.1]，k取5折交叉验证，选择径向基核函数，变异概率P_m=0.5。SPA对应的特征变量范围设置为1～20。SPA进行二次特征波长选择时，变量个数与交叉验证均方根误差RMSECV的关系如图6.46所示。

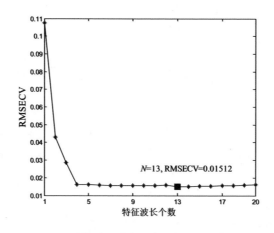

图6.46　SPA特征波长个数–交叉验证均方根误差关系图

可知在特征波长个数为13时，其对应的RMSECV取最小值0.01512，则SPA在二次特征选择后，在原来55维特征波长中重新筛选出13个特征波长，其分布如图6.47所示。

由图6.47可知，13个特征波长分布于300～500nm的各个区间，在靠近特征峰位置有5个特征波长点，分别为347.5nm，377.5nm，330.5nm，391nm，321.5nm；起止位置附近各有1个特征波长点，另外5个则分布在420～460nm区间范围内。

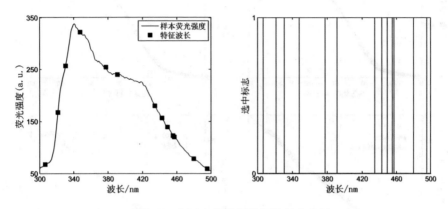

图6.47　SPA二次选择特征波长分布图

以该13个特征波长构建特征训练集，基于HGAPSO优化时获得的最佳参数c=10，g=0.03进行SVR模型训练并测试，对应的训练集、测试集预测结果及残差如图6.48所示。

可见大部分样本的跟踪效果较好，部分高浓度样本点的预测值低于实际值。其中训练集、测试集的预测均方根误差分别为RMSEC=0.014 14，RMSEP=0.017 32；模型决定系数分别为0.997 9，0.997 4。与6.4.4节中的HGAPSO-SVR方法相比，其均方根误差增加且决定系数降低，说明二次特征选择后的HGAPSO-SPA-SVR预测精度稍有下降，但因其特征波长只有13维，训练复杂度大大降低，故二次改进后的HGAPSO-SPA-SVR方法综合性能更优，是实现苹果汁中高浓度克菌丹含量准确估计的精简有效模型。

以上各种方法均属于特征选择类算法，即从原始光谱中通过算法优选出某几个特征波长，实现自变量降维，从而简化模型复杂度。除去特征选择，另有特征提取类算法，也可以达到降维目的，即从原始自变量中提取出主成分或者综合变量，如主成分分析方法能够在少数几个主成分的情况下获得较理想的预测性能。

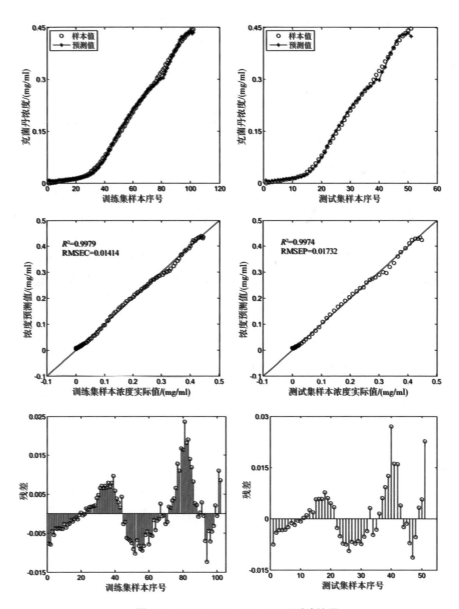

图6.48　HGAPSO–SPA–SVR测试结果

6.4.6　基于主成分分析的支持向量机方法

本节应用主成分分析方法提取光谱主成分，在主成分下结合支持向量机方法实现苹果汁中克菌丹残留在高浓度下的含量估计，并与特征选择类方法进行性能对比。

6.4.6.1　PCA–SVR算法流程

基于主成分分析的支持向量机方法记作PCA–SVR（principal component analysis–support vector regression），其分析过程如图6.49所示。

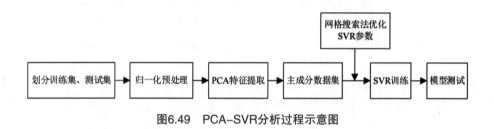

图6.49　PCA–SVR分析过程示意图

据图6.49所示，数据集归一化后，首先由PCA进行特征提取，从原始401列荧光强度属性中提取主成分变量，并将标准数据集划分为主成分训练集及主成分测试集；然后进行SVR训练拟合，其中SVR参数由网格搜索法优化产生；最后对算法模型进行测试验证。

6.4.6.2　PCA–SVR结果分析

如图6.50所示，分别绘制了前三个主成分各自的贡献率及特征值，其贡献率分别为98.13%，1.8%和0.04%；特征值分别为43.41，0.79和0.017，可见选取前两个主成分足以描述原数据集中401个波长点的荧光强度属性。

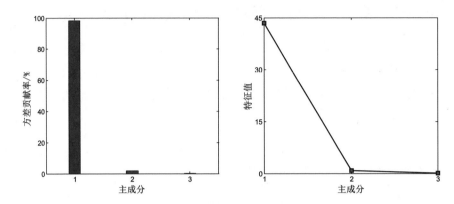

图6.50   PCA前三个主成分贡献率及特征值图

SVR参数通过网格搜索法优化，参数寻优范围均设置为$[2^{-10},2^{10}]$，其优化过程的二维、三维趋势如图6.51所示，优化后的最佳SVR参数分别为$c=2$，$g=1$；优化过程中的最佳交叉验证均方误差为$\text{MSECV}=13.72\times10^{-5}$。

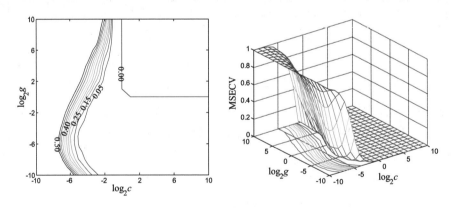

图6.51   PCA-SVR网格搜索法参数优化趋势图

其中第一、第二主成分对应的载荷系数如图6.52所示。

图6.52中第一主成分的载荷系数曲线表明，各波长点变量在第一主成分中的载荷系数均处于[0.04，0.06]之间，其中权重较大的集中在340nm处，这与原荧光光谱的特征峰位置相一致，说明特征峰及其附近波长点位置处的荧

光强度描述了光谱属性的主要特征。图6.52中同时绘制了第二主成分对应的载荷系数趋势，第二主成分主要描述除去第一主成分之外的剩余光谱信息。用主成分变量建立模型的预测效果一般优于特征峰单变量对应的模型性能，因为主成分的实质为所有波长点变量的线性组合，相比单个特征峰变量，其包含的数据信息量较大。

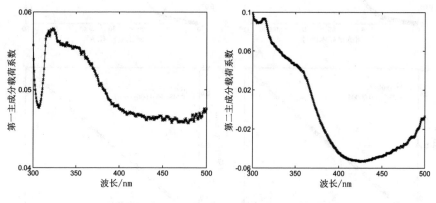

图6.52　PCA-SVR第一、第二主成分载荷系数

　　PCA-SVR方法对应的训练集、测试集预测效果如图6.53所示。其中训练集、测试集对应的预测均方根误差分别为RMSEC=0.000 05，RMSEP=0.000 1；决定系数分别为0.999 7，0.999 3。从拟合程度看，训练集样本点基本全部处于对角线上，测试集中有2个样本点稍偏离对角线，其余样本基本也位于对角线上。可见，在提取2个主成分的情况下，PCA-SVR方法的预测性能较高，除去测试集中个别高浓度样本有明显误差，其他样本均吻合较好；从性能参数进行比较，PCA-SVR对应的训练集、测试集均方根误差均低于前述各特征光谱模型，决定系数均高于其余方法，由此可知，在分析过的全光谱SVR，GA-SVR，BPSO-SVR，HGAPSO-SVR，HGAPSO-SPA-SVR等各种方法中，PCA-SVR预测精度最高，性能指标优于前述的各种支持向量机方法。

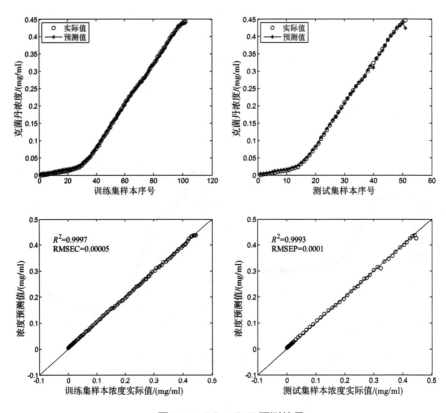

图6.53　PCA-SVR预测结果

6.4.7　基于特征光谱的支持向量机性能对比分析

本节研究了基于特征光谱的支持向量机方法，分别应用GA，PSO，HGAPSO，SPA等算法优选特征波长，以及PCA提取主成分，基于特征光谱数据集训练SVR模型并测试。分析结果表明，上述几种SVR方法均能实现苹果汁中克菌丹高浓度残留的含量估计，但在收敛速度、预测精度及特征维数大小方面各有不同，现对其模型性能进行对比。表6.4中分别列出了本节各种SVR方法对应的性能参数，为了与6.4.6节中性能较优的多元线性模型进行对比，同时将SPA-MLR，PLSR在8个主成分下对应的性能参数列于表6.4中。

表6.4　支持向量机方法、多元线性方法结果对比

算法类型	建模方法	最佳参数	特征维数	收敛代数	训练集		测试集	
					R^2	RMSEC	R^2	RMSEP
支持向量机	GA–SVR	$c=9.26$ $g=0.09$	144	40	0.999 6	0.000 1	0.999 2	0.000 2
	PSO–SVR	$c=9.41$ $g=0.08$	192	4	0.999 6	0.000 1	0.999 2	0.000 2
支持向量机	HGAPSO–SVR	$c=10$ $g=0.03$	55	4	0.999 2	0.000 2	0.998 5	0.000 3
	HGAPSO–SPA–SVR	$c=10$ $g=0.03$	13	4	0.997 9	0.014 14	0.997 4	0.017 32
	PCA–SVR	$c=2$ $g=1$	2	null	0.999 7	0.000 05	0.999 3	0.000 1
多元线性	SPA–MLR	null	12	null	0.999	0.004 6	0.997 4	0.007 9
	PLSR	null	8	null	0.999 7	0.002 4	0.998 6	0.005 9

首先分析5种支持向量机方法的预测性能，其中前四种在确定特征波长时均应用特征选择类算法，第五种PCA–SVR应用了特征提取方法。将各方法对应的决定系数、均方根误差分别作图对比，如图6.54所示。

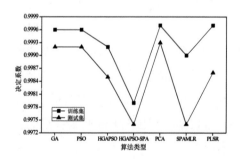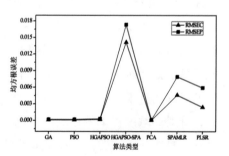

图6.54　模型决定系数及均方根误差对比图

对于前四种特征选择类方法，在初始种群相同的情况下，启发式搜索算法模型对应的各项性能指标稍有差别，其中GA-SVR，PSO-SVR对应的训练集、测试集均方根误差以及决定系数相差不大，即图6.54中前两个点之间的变化趋势基本为直线。两者预测精度高，但优选出的特征维数偏高，不利于模型简化，其中PSO-SVR方法的收敛速度更快。

混合粒子群HGAPSO-SVR和前两种算法相比，其对应的测试集、测试集预测效果均有一定程度的下降，表现在其均方根误差增大及决定系数降低。但因其综合了GA，PSO两种方法的优点，能够较快收敛的同时避免过早进入局部最优，其优选出的特征波长降低为55维；在此基础上，继续应用SPA进行二次特征选择，即HGAPSO-SPA-SVR算法模型，该方法能从55维特征光谱中二次筛选，最终优选出13维特征波长，其对应的预测精度低于前三种，但其决定系数仍然大于0.99。结合模型复杂度以及预测性能综合考虑，HGAPSO-SPA-SVR算法模型更简单，其特征维数少、收敛速度快，且预测精度也能满足要求，是通过特征选择方式实现苹果汁中克菌丹浓度预测的简单有效建模方法。

表6.4中的PCA-SVR方法提取2个主成分作为特征光谱，从测试结果看，其各项性能指标均优于上述四种特征选择类方法，决定系数和均方根误差分别对应图6.54左图中最高点以及右图中的最低点。但由于主成分均为原自变量的线性组合，所以该SVR模型的输入实质上仍为原始所有波长点信息，和HGAPSO-SPA-SVR方法中只需要选取13个特征波长点相比，两者各有特点，PCA-SVR预测精度更高是因为其主成分综合了所有光谱信息，HGAPSO-SPA-SVR预测精度稍低是因为其参与建模的特征变量只有13维特征光谱信息，而这也正是其优势所在，即模型训练简单，且能同时优化得到最佳SVR参数，是综合了遗传算法全局搜索、粒子群收敛速度快及SPA特征选择维数低等特点的特征光谱支持向量机模型。如果单从预测精度看，PCA-SVR对应的各项指标最高，是前述SVR方法中的最佳模型。从其预测效果图上可看出，针对高浓度样本的预测误差也很小，这说明非线性SVR模型能够实现苹果汁中克菌丹农药残留的高精度浓度预测。

最后再分析支持向量机方法与多元线性方法的各项指标对比情况，表6.4中最后两行分别列出了SPA-MLR及PLSR在8个主成分下的各项预测指标，其决定系数和均方根误差分别对应图6.54中的最后两个标识点。两者同样各有优势，SPA-MLR模型简单、预测精度稍低；PLSR相对复杂，但预测精度更高，这与支持向量机方法的情况相类似。

另外，在多元线性及支持向量机方法中均应用SPA投影算法选择特征波长，前者直接从原始光谱中优选出12维特征波长进行多元回归拟合，而后者是从HGAPSO输出的55维里面进行二次选择，优选出13维特征波长参与支持向量机模型训练。这是分别在线性、非线性模型下优选出的特征波长点，所以两个特征波长组合并不完全一致。

通过以上综合分析可知，多元线性方法、支持向量机非线性方法均可以实现苹果汁中克菌丹残留在高浓度下的预测，线性模型中的最佳方案是SPA-MLR，其通过12维特征波长构建多元线性模型，形式直观具体、计算简单。非线性模型中的最佳方案是PCA-SVR，其通过2个主成分进行SVR回归，预测精度最高，其模型形式隐含、计算稍复杂，但预测精度高于SPA-MLR。可见两者各有优势，其中PCA-SVR对应的决定系数、均方根误差各项指标精度更高，而SPA-MLR线性模型将原来401维荧光强度属性降为12维，降低了模型复杂度且同时也能取得较优的预测性能。

综上，多元线性与非线性模型均能在一定程度上反映出高浓度情况下荧光强度与样本浓度之间的关系，且性能远高于第3章低浓度情况下对应的一元模型。经上述分析对比可知，针对高浓度农药残留的荧光检测分析，仅依据特征峰处荧光强度建立的一元模型，其预测精度低，不再适用于高浓度样本的精确浓度估计。多元线性、支持向量机方法可以取得较好的预测效果，两者对比来看，支持向量机方法具有更高的预测精度和最小的均方根误差，其性能最佳；多元线性模型中建模变量个数较少，且能用显式公式的形式表达出来，使得模型更加形象、直观、具体。两者各有优势，根据建模要求可以选择不同方法实现高浓度下农药残留的精确估计。

6.4.8　未知浓度样本的荧光检测及分析

以上各节针对高浓度情况下的样本，分别应用基于单个特征峰的一元线性方法、基于特征光谱的多元线性，以及支持向量机方法对苹果汁中克菌丹残留进行了含量估计，经分析可知，在高浓度时一元方法性能较差，而应用多元线性或者支持向量机方法可取得较满意的预测精度。前面第5章分析验证了在低浓度情况下应用一元线性方法即可获得理想的预测性能，且模型简单、方法有效，这说明在低浓度对应的线性范围内，根据特征峰处的光谱信息即可快速完成果汁中农药残留的精确含量估计。

通过以上对低浓度、高浓度两种情况下农药残留含量预测的性能分析，可见针对未知浓度的测试样本，首先需要明确其适用于哪种分析方法，然后再将获得的样本光谱信息代入对应的含量预测模型，即可实现快速有效的低误差检测及分析。具体分析流程如图6.55所示。

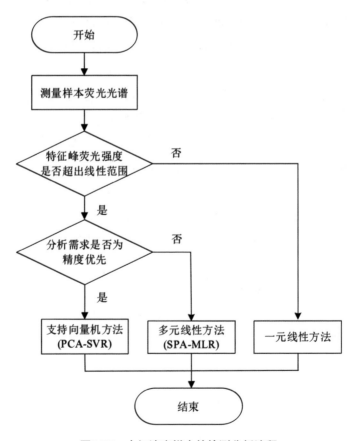

图6.55　未知浓度样本的检测分析流程

　　在对未知浓度样本进行检测分析前，需要分别建立一元线性、多元线性及支持向量机方法对应的检测模型，这需要配制对应的实验样本并采集荧光光谱信息。具体按照以下步骤：

　　（1）配制低浓度实验样本5～7个，检测荧光光谱并获得荧光特征峰，建立特征峰荧光强度与样本浓度之间的一元线性模型函数，并计算浓度线性范围。将浓度线性范围代入一元线性函数换算出特征峰对应的荧光强度范围。

　　（2）检测未知浓度样本对应的荧光光谱，若其特征峰强度位于步骤（1）中的线性范围内，则说明该未知浓度样本属于低浓度范围，适用于一元线性分析方法。将其特征峰处的荧光强度代入线性函数即可得到对应的浓度预测值。若未知样本的特征峰强度超出了线性范围，则不再适用于一元特征峰模型，继续完成下面第（3）步骤。

　　（3）配制多组涵盖低浓度、高浓度的实验样本，获取其荧光光谱。分别应用前述SPA-MLR，PCA-SVR方法建立对应的多元线性、支持向量机浓度预测模型，其中PCA-SVR精度最高、模型复杂、训练时间长，而SPA-MLR精度稍低、模型简单、可快速完成分析。

　　根据检测需求，如果精度优先，则将未知浓度样本的荧光光谱信息代入步骤（3）中的支持向量机PCA-SVR模型；如果要求速度优先，即将其代入多元线性模型SPA-MLR，即可获得理想的农药残留含量估计结果。

6.5　本章小结

　　本章研究高浓度情况下苹果汁中克菌丹残留的检测方法，分别应用基于特征峰的一元分析方法、基于特征光谱的多元线性方法，以及支持向量机非线性方法实现了克菌丹浓度估计。主要研究了基于特征峰处的一个波长点荧光强度建立线性、指数及多项式形式的一元模型；基于特征光谱分别建立逐步回归，SPA–MLR，PCR，PLSR等多元线性模型；基于特征光谱建立GA–SVR，PSO–SVR，HGAPSO–SPA–SVR，PCA–SVR等支持向量机非线性模型。通过分析可知，在高浓度农药残留的检测中，特征峰方法的预测误差较大；多元线性方法中的SPA–MLR预测性能较好，而支持向量机方法中的PCA–SVR预测精度最高。本章通过分析比较线性、非线性算法的预测性能，获得了高浓度情况下农药残留含量估计的最佳算法模型。提出的基于二次特征选择的HGAPSO–SPA–SVR算法可以综合遗传算法、粒子群算法及连续投影算法的优势，快速收敛，且能同时优选出特征波长及SVR最佳参数。尽管其模型预测性能稍低于PCA–SVR，但仍在理想范围内，其实现方案为类似特征选择问题的建模分析提供了参考价值。

第7章　多组分混合农药残留的荧光检测及建模方法

本章以多组分混合农药残留为研究对象，分别应用偏最小二乘法、支持向量机方法，以及神经网络方法建立定量分析模型，计算训练集均方根误差RMSEC、测试集均方根误差RMSEP、模型决定系数R^2等参数，对算法预测性能进行分析对比，获得多组分混合农药残留在光谱严重重叠情况下的最佳多回归模型。另外，分别检测四种农药的荧光光谱，应用支持向量机、最小二乘支持向量机以及主成分分析等方法对四种农药进行种类识别，通过计算训练集、测试集对应的分类正确率对各种方法分类性能进行对比，从而获得最佳分类模型。

7.1　检测方案

7.1.1　试剂和样品

农药：灭蝇胺、异丙甲草胺、克菌丹、噻虫嗪。
实验用水：纯净水。

7.1.2　检测仪器

应用LS55荧光光度计检测得到四种农药的混合溶液荧光光谱，设置仪器采样间隔为0.5nm，波长范围为300～500nm，激发波长为280nm，狭缝宽度为6.0nm。

7.1.3　检测方法

种类识别及多组分分析分别对应两个不同的检测方案。其中，种类识别问题对应的检测步骤如下：

（1）分别配制浓度均为0.1mg/ml的灭蝇胺、异丙甲草胺、克菌丹、噻虫嗪标准溶液各100ml，四种溶液放置备用。

（2）取灭蝇胺标准溶液，加水进行不同比例稀释，分别得到40组不同浓度的灭蝇胺测试样本；其余三种农药按照相同方法各自配制40组不同浓度的测试样本。

（3）应用LS55分别测量上述160组实验样本的荧光光谱，作为种类识别问题的数据集。

四组分混合农药的检测方案如下：

从灭蝇胺、异丙甲草胺、克菌丹、噻虫嗪各自的标准溶液中分别量取不同体积溶液，然后混合摇匀，并检测该混合农药样本的荧光光谱。

按照上述操作，分别量取不同体积的四种农药并混合，共配制156个四组分混合农药测试样本。

检测并记录156组混合农药的荧光光谱作为多组分回归分析的数据集。

7.1.4　多组分农药残留荧光光谱

分别检测得到灭蝇胺、异丙甲草胺、克菌丹、噻虫嗪各自的荧光光谱，结果如图7.1所示。

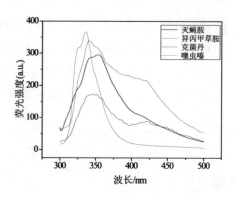

图7.1　四种农药对应的荧光光谱图

由图7.1可知，该四种农药对应的荧光峰位置非常接近，且波长大部分重叠，只根据其特征峰位置对农药进行种类识别必然存在较大误差。需要进一步结合化学计量学方法，应用相关算法建立分类模型以及多组分浓度预测模型，实现对上述四种农药的种类识别和多组分含量估计。

农药种类识别对应的数据集共160组，每种农药有40组测试样本，随机选取其中30组作为训练集，剩余10组作为测试集，则训练集、测试集的样本数分别为120，40。为了直观看出四种农药荧光光谱间的不同，分别选取各农药的4组样本绘制其对应的荧光光谱曲线，结果如图7.2（A）所示，该16组荧光光谱也是种类识别问题对应的光谱数据集中的一部分。

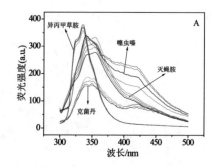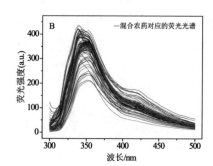

图7.2　种类识别、多组分回归对应的光谱数据集

多组分混合农药检测分析对应的数据集共156组，分别对应156组混合农药的荧光光谱数据。随机选取其中102组作为训练集，剩余54组作为测试集进行模型性能验证。156组混合农药溶液对应的荧光光谱如图7.2（B）所示。其中，发射波长范围为300～500nm，横轴表示波长，纵轴为156个混合农药实验样本所对应的荧光光谱。该荧光光谱曲线为四种农药荧光光谱叠加后的效果，随着混合溶液中四种农药的浓度大小及比例不同，其对应的特征峰位置不再固定。

7.1.5 数据集

在分类模型中，根据农药种类不同，将其划分为4类样本，灭蝇胺、异丙甲草胺、克菌丹及噻虫嗪分别用"1，2，3，4"作为其类别标签。将荧光光谱对应的属性矩阵记作 X（160，401），其中160代表样本个数，401代表300～500nm光谱范围内的采样点个数，由于采样间隔为0.5nm，则波长点总数为401。样本类别标签矩阵可记作 y（160，1），其值分别为各农药的类别标签。训练集、测试集的样本个数分别为120组、40组。

在回归模型中，灭蝇胺、异丙甲草胺、克菌丹及噻虫嗪以不同体积混合，共配制了156组混合农药实验样本，可将荧光光谱对应的属性矩阵记作 X（156，401），其中156代表样本个数，401代表300～500nm光谱范围内的采样点个数。样本浓度矩阵可记作 y（156，4），共4列，分别为4种农药的浓度。训练集、测试集的样本个数分别为102组、54组。

将数据集导入MATLAB平台，基于Libsvm工具箱、LS–SVM工具箱[232-233]分别编程建立4种农药的种类识别及多组分回归模型并测试验证。

7.2　基于支持向量机的农药残留种类识别研究

7.2.1　基于全光谱的支持向量机农药种类识别

本节基于全光谱应用支持向量机方法（support vector classifier，SVC）对农药成分进行种类识别。

7.2.1.1　SVC种类识别流程

应用支持向量机方法对农药种类进行识别的过程如图7.3所示。

图7.3　基于全光谱实现SVC分类示意图

首先将数据集划分为训练集和测试集，设定支持向量机参数及核函数类型，其中SVC参数可以通过优化方法取得最佳值，之后应用训练集进行支持向量机训练建模并测试验证，由分类正确率检验算法性能。4种农药（灭蝇胺、异丙甲草胺、克菌丹、噻虫嗪）所对应的类别分别记为类别1、类别2、类别3和类别4，训练集、测试集样本个数分别为120，40。

7.2.1.2　SVC参数对分类精度的影响

设定支持向量机参数为$c=1$，$g=1$，将全光谱作为支持向量机模型输入，训练完成后分别对训练集、测试集进行测试验证，得到两者对应的分类正确率分别为98.33%，97.5%，如图7.4所示。

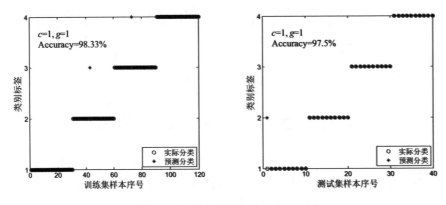

图7.4　SVC分类效果（c=1，g=1）

改变支持向量机参数取值，令c=0.1，g=0.1，重新训练后对训练集、测试集进行模型测试，分类结果如图7.5所示。分类正确率分别为70.83%（85/120），75%（30/40），可见，SVC分类精度严重依赖于参数c，g的取值，当两者均取值为1时，分类效果好，训练集中有2个错分样本，而测试集仅有1个错分样本；当两者取值均为0.1时，分类效果较差，训练集、测试集错分的样本个数分别为35，10。

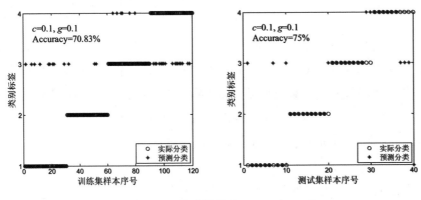

图7.5　SVC分类效果（c=0.1，g=0.1）

由以上可知，支持向量机方法在模型训练时，其参数取值至关重要，而仅仅通过经验或者试凑的方式很难快速取得最优值，需要应用相关优化算法首先获得最佳参数，在最佳参数下的支持向量机方法其分类精度更高。

7.2.1.3　SVC参数优化

1. 网格搜索法优化参数

（1）网格搜索法优化参数步骤。

首先设置参数c，g的搜索范围，并设定为k折交叉验证方式，当c，g每取一组参数时，将训练集作为交叉验证数据集平均分成k份，以其中一份作为测试集，其他$k-1$份为训练集，训练完成后对测试集进行检验，则得到该测试集对应的分类正确率，以此类推，继续得到其他$k-1$个分类正确率，将以上k个分类正确率取平均值，作为该组支持向量机参数对应的分类正确率，也称为交叉验证$k-CV$分类正确率。而当参数c，g遍历整个范围后，其中使得$k-CV$分类正确率最高的参数即为最优支持向量机参数。

（2）网格搜索法优化参数结果。

设置参数c，g的遍历范围均为$[2^{-10}，2^{10}]$，5折交叉验证，应用网格搜索法优化参数并训练支持向量机模型，得到相关结果如下。其中，图7.6绘制了支持向量机参数优化的等高线图及三维曲线图，训练后得到的优化参数分别为$c=8$，$g=1$。

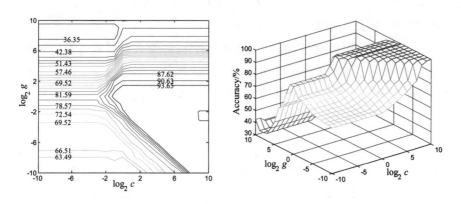

图7.6　网格搜索法优化支持向量机参数趋势图

基于该组参数重新训练支持向量机模型，并对训练集、测试集进行测试验证，结果如图7.7所示。

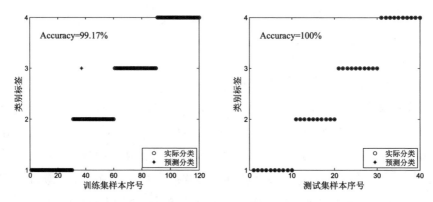

图7.7　网格搜索法参数优化后支持向量机分类结果

　　结果显示，两者对应的分类正确率分别为99.17%（119/120）和100%（40/40）。上述支持向量机模型在训练过程中参数c，g的搜索范围设定为[2^{-10}，2^{10}]，参数步进为1，建模所需时间为35s。经测试可知，当把参数搜索范围设定为[2^{-50}，2^{50}]时，建模训练时间需要350s，可见应用网格搜索法可以对支持向量机参数进行优化，但是当遍历范围较大的时候，参数优化所需时间较长。而采用启发式算法可以无须遍历所有参数点，即可找到最优解。本章分别应用遗传算法和粒子群算法对支持向量机参数进行寻优。

　　2.遗传算法优化参数

　　（1）遗传算法优化参数流程。应用英国Sheffield大学开发的遗传算法工具箱GATBX，实现遗传算法优化支持向量机参数，结合Libsvm平台训练建模并对农药种类进行分类识别。其分析过程如图7.8所示。

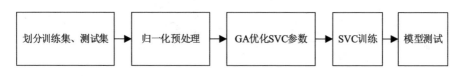

图7.8　遗传算法优化参数及支持向量机分类示意图

　　首先划分训练集和测试集，并对数据集进行归一化预处理，使光谱的荧光强度数据统一到[0，1]范围内。然后应用遗传算法优化得到最佳参数c，g，基于最佳参数训练支持向量机模型并验证测试。遗传算法优化支持向量机参数的流程如图7.9所示。

对支持向量机参数进行二进制编码，用长度为20的二进制串表示参数c和参数g，两个参数对应的十进制范围均设定为[0，100]。适应度函数定义为k-CV分类正确率，即以训练集作为交叉验证数据集，设定k折交叉验证，将获得的k个测试集分类正确率取平均则为k-CV分类正确率。以此作为个体的适应度值，当迭代达到最大代数后，种群内的最优个体解码后即为k-CV意义下最优参数c，g的优化结果。

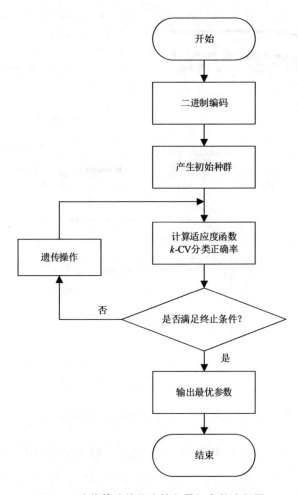

图7.9　遗传算法优化支持向量机参数流程图

（2）遗传算法优化结果。设置遗传算法相关参数如下：循环代数为100，种群个数为20，交叉概率为0.7，变异概率为0.01，交叉验证设为5折。优化过程中对应的适应度曲线及分类结果如图7.10所示，由图可知，经过35代循环迭代后最佳适应度值已经达到最大，即以当前最优个体所对应的支持向量机参数对训练集进行5折交叉验证训练建模，可得到最高的适应度值，此时的最高交叉验证分类正确率为96.67%。对应的参数c，g即为最优参数，程序中设置迭代次数为优化终止条件，则当遗传算法迭代100代后，种群内的最优个体解码后即为优化后的最佳支持向量机参数。

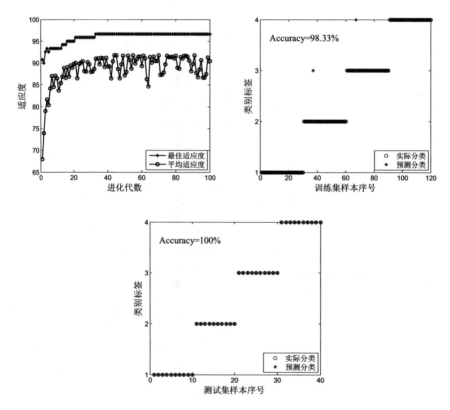

图7.10　遗传算法优化参数适应度曲线及模型测试结果

遗传算法属于随机算法，算法中的初始种群为随机生成，且交叉和变异操作均具有随机性，所以每次优化后的支持向量机最佳参数不完全一致，但得到的参数优化结果均使对应的支持向量机模型具有较好的分类性能。选取其中一次的优化结果：$c=4.02$，$g=1.22$。以优化后的c，g作为参数，基于训练集重新进行支持向量机训练建模，并分别针对训练集、测试集进行模型测试，结果显示分类正确率分别为98.33%（118/120），100%（40/40）。可知遗传算法能够优化得到最佳参数，且对应理想的支持向量机分类性能。

3. 粒子群算法优化参数

（1）粒子群算法优化参数流程。基于粒子群算法优化支持向量机参数并训练建模的流程如图7.11所示。

图7.11　粒子群算法优化参数及支持向量机分类示意图

其中训练集、测试集的划分和前述相同，首先应用粒子群算法优化参数c，g，适应度函数定义为交叉验证分类正确率，优化结束后末代种群内的全局极值即对应最佳参数值，然后基于训练集及最佳参数完成SVC训练建模，最后对模型进行测试验证。

（2）粒子群算法优化结果。首先初始化粒子群，根据参数c，g取值的经验范围，在[1，100]范围内随机生成粒子表示参数c，将参数g的优化范围设置为[0.01，10]，设定5折交叉验证。另外，设置粒子群算法的其他相关参数分别为：循环代数100，粒子数目20，学习因子c_1，c_2均设置为2，惯性权重w应用线性递减策略，即随着代数的递增，其值由0.9线性递减至0.4，最终得到的适应度曲线如图7.12所示。

图7.12绘制了粒子群算法优化过程中的适应度变化曲线及支持向量机模型测试结果，由图可知，粒子群内的平均适应度和最佳适应度随着迭代的进行均得到相应提高，最佳适应度值在第5代时达到最高值96.67%，可见粒子群算法的收敛速度比遗传算法更快。当迭代100代结束后，粒子群内的最优粒子对应最佳支持向量机参数，其值分别为$c=12.83$，$g=1.01$。以该组参数重新训练支持向量机模型，并针对训练集、测试集进行验证，得到分类正确率分别为99.17%（119/120）和100%（40/40），可见与遗传算法优化参数时对应的支持向量机分类效果相当。

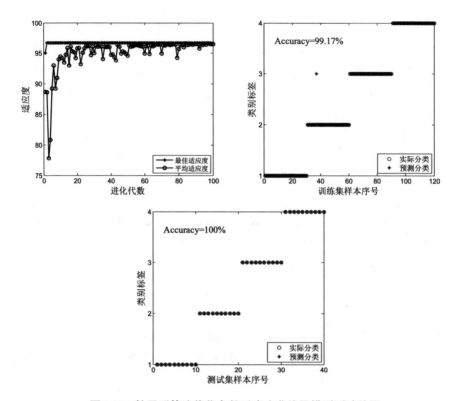

图7.12 粒子群算法优化参数适应度曲线及模型测试结果

由以上分析结果可知，遗传算法、粒子群算法均可以优化支持向量机参数，尽管对应的最佳参数取值不相同，但均可以使得支持向量机模型达到理想的分类效果，且粒子群算法对应的收敛速度更快。另外，两者均属于启发式搜索算法，无须像网格搜索法那样遍历范围内的所有点，其优化速度整体高于网格搜索法。

7.2.2 基于全光谱的最小二乘支持向量机农药种类识别

为与支持向量机方法的分类性能进行对比，本节基于全光谱进一步应用最小二乘支持向量机方法（least squares–support vector classifier，LS–SVC）对农药种类进行分类识别。

7.2.2.1　LS-SVC分类识别流程

应用LS-SVC实现农药种类的分类识别过程如图7.13所示。

图7.13　基于全光谱实现LS-SVC分类示意图

首先对数据集进行归一化预处理，应用LS-SVM工具箱、训练分类模型，对训练集、测试集进行分类测试，由样本的分类正确率检验分类性能。

7.2.2.2　LS-SVC分类识别结果

设置5折交叉验证，应用径向基核函数、网格搜索法优化LS-SVC参数，得到训练集、测试集的分类结果如图7.14所示，分类正确率分别为98.33%，100%，训练集中共有2个样本被错分，测试集样本分类完全正确。

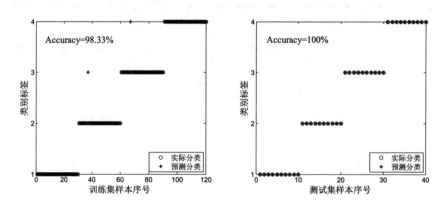

图7.14　LS-SVC模型分类结果

由以上可知，LS-SVC与SVC方法的分类性能相当，均可以达到较理想的分类效果。两者均应用全光谱参与训练建模，尽管分类性能良好，但因为其涵盖了所有的波长点信息，使模型复杂度较高，且训练速度较慢。从全波长中提取出主成分，基于主成分训练分类模型，若其分类性能良好，则可应用该主成分模型代替全波长模型对农药进行种类识别。

7.2.3　基于主成分的支持向量机农药种类识别

本节应用主成分分析方法首先提取出光谱主成分，然后结合支持向量机方法训练分类模型，记作PCA-SVC（principal component analysis-support vector classifier）方法。

7.2.3.1　PCA-SVC分类识别流程

四种农药的荧光光谱波长点对应300～500nm，采样间隔为0.5nm，共401个波长点变量，如果将其降维则可建立更简单的模型。PCA-SVC对应的分析过程如图7.15所示。

图7.15　PCA-SVC分类示意图

如图7.15所示，首先将数据集标准化，应用PCA方法提取光谱主成分实现自变量降维，然后基于主成分变量训练SVC分类模型并测试验证。

7.2.3.2　PCA-SVC分类识别结果

设置支持向量机参数寻优范围$[2^{-10}, 2^{10}]$，5折交叉验证，适应度函数定义为k-CV分类正确率。原荧光光谱训练集经过PCA特征提取后，首先分析前5个主成分，其对应的特征值分别为10.738 2，3.664 0，0.488 9，0.192 7和0.020 9，方差贡献率分别为71.01%，24.23%，3.23%，1.27%和0.14%，方差贡献率及特征值如图7.16所示。

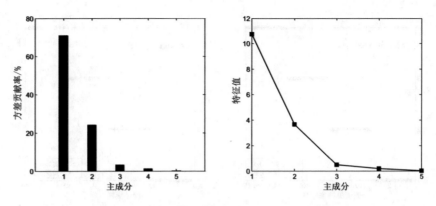

图7.16　PCA主成分方差贡献率及特征值示意图

其中前三个主成分的方差贡献率之和大于98%，几乎代表了所有的原始光谱信息。选取前3个主成分作为特征变量，构建新的特征训练集和特征测试集。应用网格搜索法优化支持向量机参数，参数优化过程如图7.17所示，优化后得到的最佳支持向量机参数为$c=8$，$g=1$。

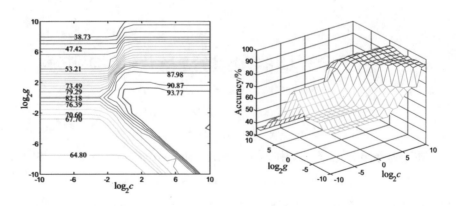

图7.17　PCA–SVC网格搜索法优化参数过程图

在该组最佳参数下训练SVC模型并测试分类性能，对应的训练集、测试集分类正确率分别为98.33%（118/120）和100%（40/40），分类效果如图7.18所示，可知特征提取后建立的主成分模型具有理想的分类效果，其提取出的前3个主成分能够用来代表原光谱数据的信息，相比原来401维的荧光强度属性矩阵，只有3个主成分的PCA-SVC模型比全光谱模型具有更多优势，其大大降低了训练复杂度且加快了训练速度。

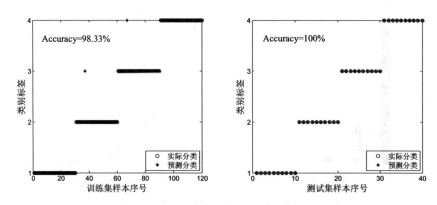

图7.18　PCA–SVC分类结果

　　测试结果表明，基于主成分的支持向量机模型可以有效实现灭蝇胺、异丙甲草胺、克菌丹和噻虫嗪四种农药种类的分类识别，与全光谱模型相比，PCA–SVC特征光谱模型对应的综合性能更优。

7.3　基于全光谱的多组分农药残留检测分析

　　本节基于全光谱分别应用支持向量机（support vector regression，SVR）、最小二乘支持向量机（least squares–support vector regression，LS–SVR）方法建立混合农药残留对应的多回归检测模型，并对两者性能进行分析对比，明确全光谱下性能更优的建模分析方法。

7.3.1　基于SVR的多组分农药残留检测分析

　　与第6章单回归中的支持向量机方法类似，此处对应的SVR模型输入为混合溶液的荧光强度，输出则为4种农药浓度的估计值。应用网格搜索法优化SVR参数，适应度函数与SVC分类中定义为交叉验证分类正确率不同，此处定义为交叉验证均方误差，即MSECV（mean square error cross validation）。SVR模型训练完成后，分别对训练集、测试集进行测试，计算各农药的回归浓度，以及模型决定系数、均方根误差等参数，验证其回归效果及性能。

　　基于SVR建立混合农药多回归模型，分别得到灭蝇胺、异丙甲草胺、克菌丹及噻虫嗪四种农药对应的训练集、测试集测试结果如图7.19～图7.22所示。每个结果图中分别绘制了训练集、测试集中回归浓度与样本实际浓度的跟踪效果以及拟合程度，如图7.19中的上面两幅子图所示，分别绘制了训练集、测试集混合农药样本中灭蝇胺的配制浓度值（实际浓度）以及预测浓度值（回归浓度）。下面两幅子图为其拟合效果，与直线 $y = x$ 比较，样本点越靠近对角线表示预测效果越好，而远离对角线的样本点表示其对应的预测误差较大。

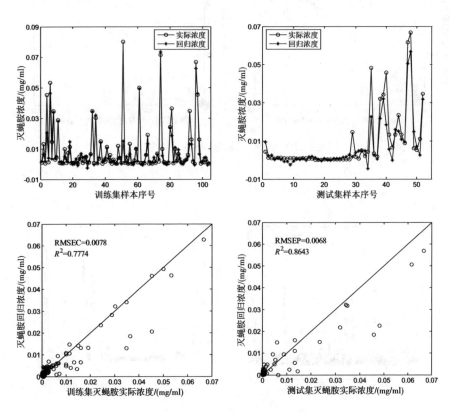

图7.19　灭蝇胺SVR回归结果

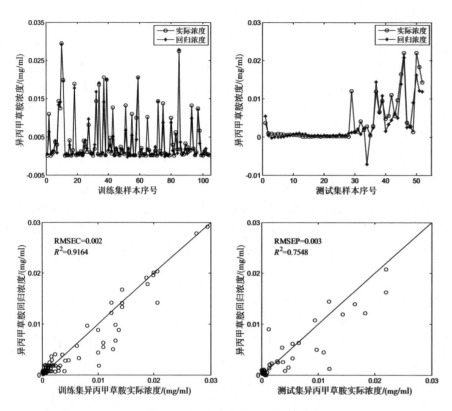

图7.20　异丙甲草胺SVR回归结果

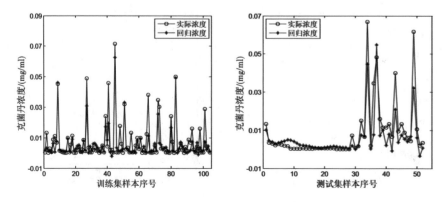

图7.21　克菌丹SVR回归结果

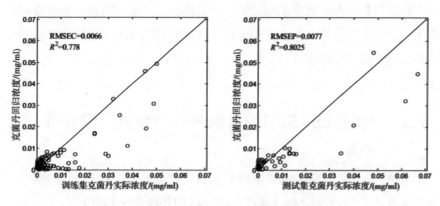

图7.21 克菌丹SVR回归结果(续)

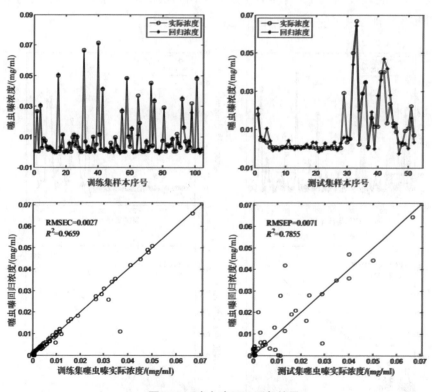

图7.22 噻虫嗪SVR回归结果

由以上各测试结果可知,模型决定系数均大于0.75,异丙甲草胺、噻虫嗪对应的训练集回归效果优于测试集，而灭蝇胺、克菌丹对应的测试集回归性能优于训练集。另外，四种农药的测试结果均表明，低浓度样本对应的预测结果要优于高浓度样本。

7.3.2   基于LS–SVR的多组分农药残留检测分析

本节进一步应用LS–SVR方法对四组分混合农药进行多回归检测分析，并和SVR方法的预测性能进行分析对比，以期获得预测精度更高的算法模型。首先将数据集归一化预处理，设置5折交叉验证，应用网格搜索法优化支持向量机参数，基于LS–SVR方法建立多回归模型，分别得到4种农药对应的训练集、测试集验证结果，如图7.23～图7.26所示。

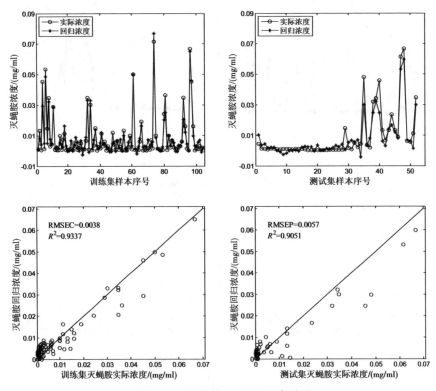

图7.23   灭蝇胺LS–SVR回归结果

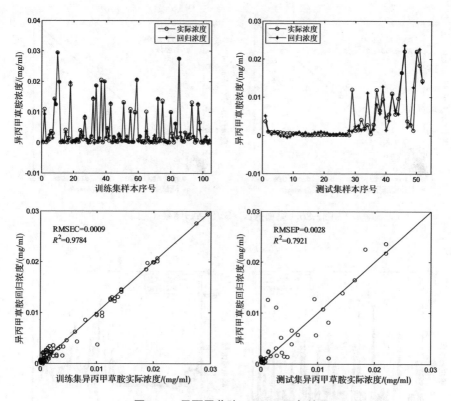

图7.24　异丙甲草胺LS−SVR回归结果

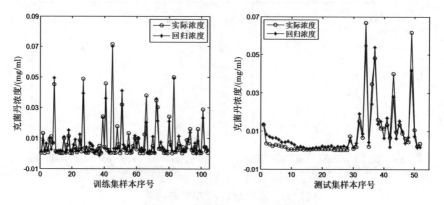

图7.25　克菌丹LS−SVR回归结果

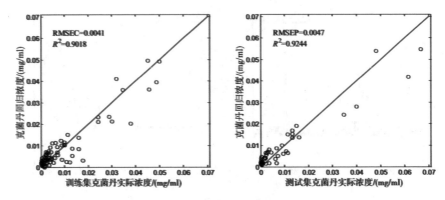

图7.25   克菌丹LS–SVR回归结果（续）

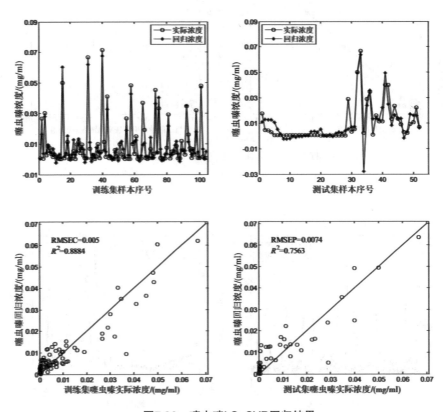

图7.26   噻虫嗪LS–SVR回归结果

由测试结果可知，灭蝇胺、克菌丹对应的训练集、测试集回归性能较优，其模型决定系数均大于0.9。异丙甲草胺、噻虫嗪对应的训练集回归结果优于测试集，其中，异丙甲草胺训练集对应的校正均方根误差仅为0.000 9，决定系数达到0.978 4；噻虫嗪训练集对应的校正均方根误差为0.005，其决定系数为0.888 4；两者对应的测试集预测均方根误差分别为0.002 8和0.007 4，决定系数均大于0.75。

以上分别建立了多组分混合农药残留对应的SVR，LS-SVR多回归检测模型，为了进一步分析比较两种方法的预测性能，将上述两种算法对应相关模型参数（校正集均方根误差RMSEC、测试集均方根误差RMSEP、决定系数）进行作图对比，如图7.27所示。

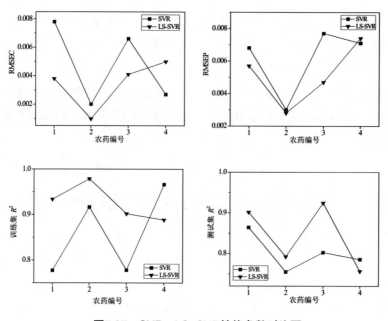

图7.27　SVR、LS-SVR性能参数对比图

由图7.27可知，除去第四种农药（噻虫嗪），其余三种农药（灭蝇胺、异丙甲草胺、克菌丹）对应的LS-SVR模型性能均优于SVR，具体体现在：LS-SVR方法对应的均方根误差RMSEC，RMSEP均低于SVR，如图7.27中的上面两幅子图所示；LS-SVR方法对应的训练集、测试集决定系数均高于

SVR，如图7.27中下面的两幅子图所示。

通过以上结果分析和性能对比可知，在基于全光谱对四组分混合农药残留进行多回归分析时，最小二乘支持向量机方法LS-SVR对应的预测性能优于支持向量机方法SVR。

7.4　基于特征光谱的多组分农药残留检测分析

基于维数较低且较显著的特征光谱进行多回归检测分析，可进一步降低模型复杂度并加快训练速度。经过7.3节分析可知，针对多组分混合农药残留，在全光谱下LS-SVR方法的预测性能优于SVR。本节在性能较优的LS-SVR算法模型基础上，首先应用连续投影算法优选出特征波长，建立特征光谱模型并与偏最小二乘回归方法进行性能对比，以获得多回归预测性能最佳的分析方法。

7.4.1　基于PLSR的多组分农药残留检测分析

首先将训练集、测试集进行标准化预处理，基于标准化训练集进行PLSR拟合回归，可得到标准化主成分模型，并进一步还原成原始变量模型，最后对模型进行测试验证。选择前10个主成分作为建模自变量，10个主成分对自变量、因变量的累积方差贡献率如图7.28所示。

由图7.28可知，10个主成分能够描述大部分光谱信息，其中对光谱自变量的方差累积贡献率大于99%，对浓度因变量的方差累积贡献率为88.69%，可见应用10个主成分可以代替全波长进行多元回归分析，获得主成分模型后，其对应的训练集、测试集验证结果如图7.29～图7.32所示。

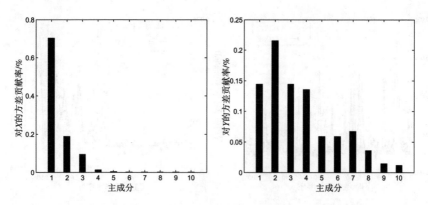

图7.28　PLSR主成分对自变量及因变量的方差贡献率

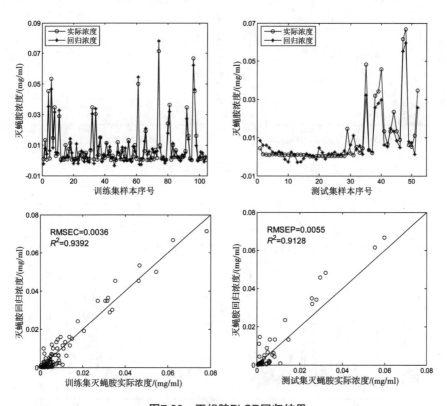

图7.29　灭蝇胺PLSR回归结果

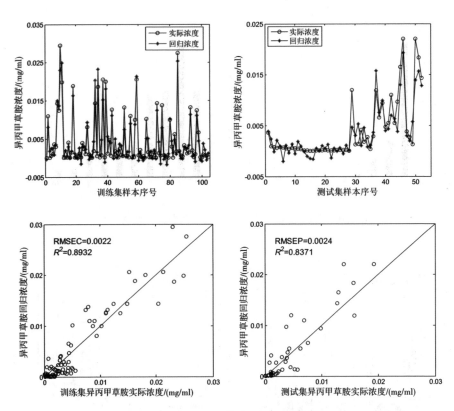

图7.30　异丙甲草胺PLSR回归结果

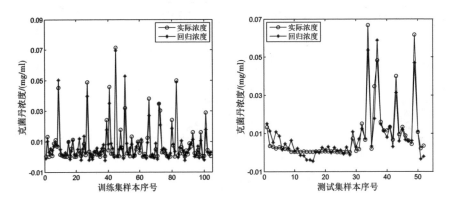

图7.31　克菌丹PLSR回归结果

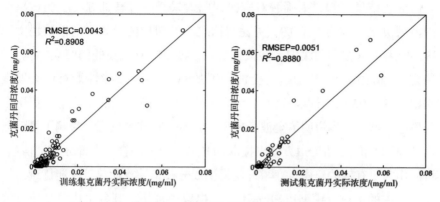

图7.31　克菌丹PLSR回归结果（续）

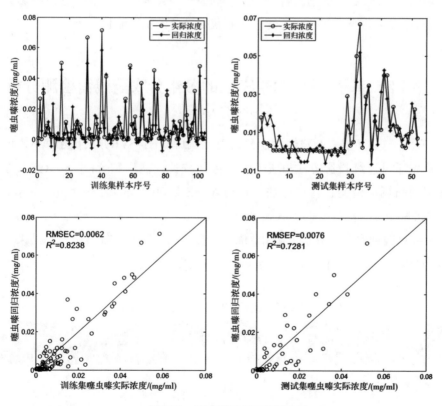

图7.32　噻虫嗪PLSR回归结果

由上述结果可知，灭蝇胺对应的回归效果最好，其训练集、测试集对应的模型决定系数均大于0.9，克菌丹次之，其对应的模型决定系数均大于0.88，异丙甲草胺回归决定系数大于0.83，噻虫嗪测试集的回归误差稍大，其决定系数为0.728 1。通过与全波长下的SVR，LS-SVR性能对比，发现PLSR方法对应的回归性能并没有下降太多，且个别农药的预测结果优于全波长模型，这进一步说明了全波长模型中含有大量冗余信息，影响了模型复杂度及预测性能，而PLSR方法中提取的光谱主成分综合了大部分光谱信息，其可以作为更有效的建模自变量，使得主成分模型计算简单且性能优越。

该节中的主成分模型PLSR属于特征提取类算法，其各主成分是所有波长荧光强度的线性组合。而自变量降维也可以通过特征选择的方式，即从原始401个全波长点中优选出若干较显著的波长变量参与建模，如连续投影算法SPA可以去除光谱间的相关性，从而获得显著的特征波长点。

7.4.2 基于SPA-LS-SVR的多组分农药残留检测分析

通过与全光谱下的建模性能分析对比，可知LS-SVR方法优于SVR，该节首先通过连续投影方法SPA优选出特征波长，然后结合LS-SVR方法建立多回归算法模型，将该方法记作SPA-LS-SVR（successive projections algorithm-least squares-support vector regression）。

针对四种农药，分别应用SPA优选特征波长，得到特征波长选择结果如表7.1所示，其各自对应的特征波长分布如图7.33所示。

表7.1 四种农药对应的SPA特征波长选择结果

灭蝇胺特征波长/nm	异丙甲草胺特征波长/nm	克菌丹特征波长/nm	噻虫嗪特征波长/nm	特征波长合集/nm
383.5	332	335	391.5	300，313
424.5	324.5	364	332	313.5，324
343.5	348.5	343.5	324.5	324.5，332
332	335	387.5	370	335，338
357	391.5	340.5	424	340.5，343.5

续表

灭蝇胺特征波长/nm	异丙甲草胺特征波长/nm	克菌丹特征波长/nm	噻虫嗪特征波长/nm	特征波长合集/nm
485	338	347	364	347，348.5
340.5	361	370	343.5	352，357
335	358.5	324	340.5	358.5，361
300	424		375	364，370
370	343.5		348.5	375，383.5
313.5	352		313	387.5，391.5
			300	424，424.5
			352	485
			485	

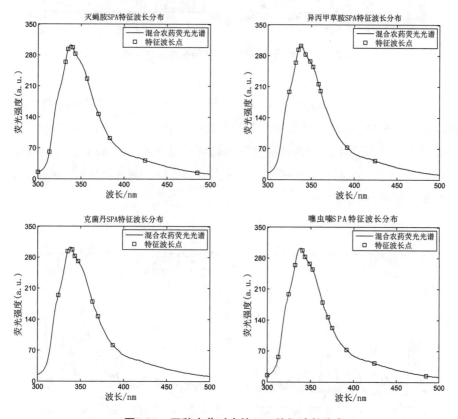

图7.33 四种农药对应的SPA特征波长分布

由图7.33及表7.1中的特征波长选择结果可以看出，四种农药对应的特征波长大部分重合或者非常接近，将四种结果求合集作为最终的SPA特征波长优选结果，如表7.1中最右列所示的25个特征波长，其分布如图7.34所示。

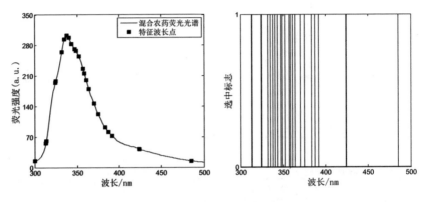

图7.34　多组分农药残留SPA特征波长分布图

由图7.34可知，合集中的25个特征波长点分布于300～500nm的整个区间，在特征峰340nm处比较集中。尤其在光谱趋势发生变化的位置，均对应特征波长点。以上述25个特征波长重新构建特征数据集，基于训练集应用LS-SVR方法建立多回归算法模型，并分别对训练集、测试集进行测试验证，得到相关结果如图7.35～图7.38所示。

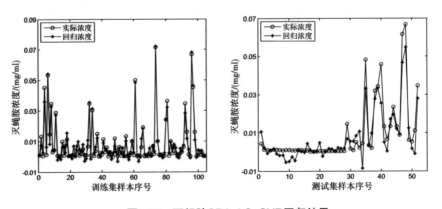

图7.35　灭蝇胺SPA-LS-SVR回归结果

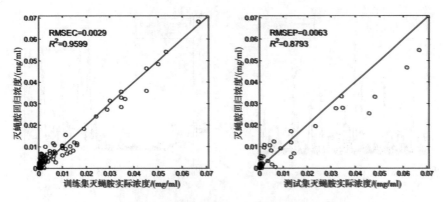

图7.35　灭蝇胺SPA–LS–SVR回归结果（续）

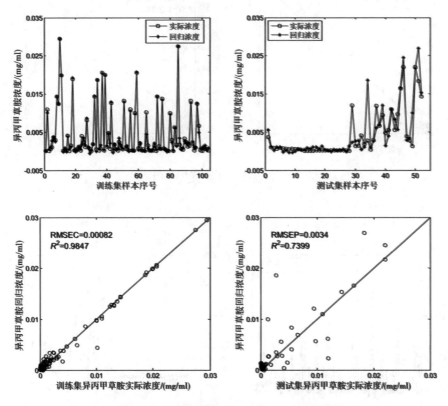

图7.36　异丙甲草胺SPA–LS–SVR回归结果

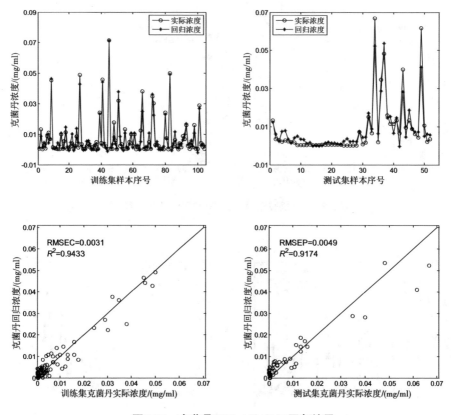

图7.37　克菌丹SPA–LS–SVR回归结果

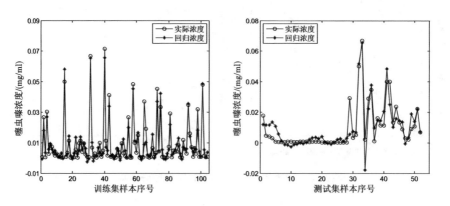

图7.38　噻虫嗪SPA–LS–SVR回归结果

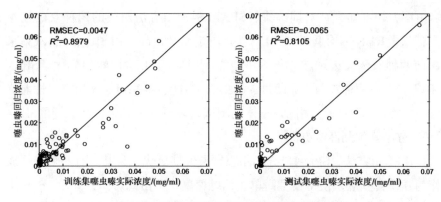

图7.38　噻虫嗪SPA-LS-SVR回归结果（续）

　　由上述结果可看出，25个特征波长对应的LS-SVR模型回归效果也较理想，除去异丙甲草胺测试集对应的回归误差稍大，其余农药的回归值与实际值吻合效果良好，对应的模型决定系数均大于0.8。为了对比分析PLSR方法与SPA-LS-SVR方法之间的预测性能，分别绘制两者对应的模型指标参数，如图7.39所示。

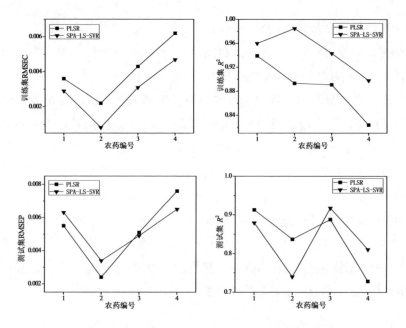

图7.39　PLSR，SPA-LS-SVR性能参数对比图

由图7.39可知，针对训练集，SPA–LS–SVR方法对应的四种农药校正均方根误差RMSEC均低于PLSR，且其决定系数R^2高于PLSR；对测试集来说，前两种农药（灭蝇胺、异丙甲草胺）对应的PLSR性能参数优于SPA–LS–SVR，而后两种农药（克菌丹、噻虫嗪）对应的SPA–LS–SVR方法性能优于PLSR。综合训练集、测试集整体的测试结果可知，基于特征选择的SPA–LS–SVR方法其预测性能更优。

相比PLSR方法，SPA–LS–SVR不仅预测性能更优，且其只有25个特征波长作为建模自变量，使得模型简单、训练速度快。由此可知，SPA–LS–SVR是针对多组分混合农药残留进行检测分析的有效方法。

7.5　基于神经网络的多组分农药残留检测分析

BP神经网络是最传统的神经网络算法之一，已应用于许多领域。本节基于BP神经网络方法建立多组分混合农药残留的定量分析模型，主要包括单隐层、多隐层神经网络模型的训练及验证。

该节以中生菌素、多效唑、啶酰菌胺和哒螨灵所组成的四组分混合农药为测试样本，首先配制四种农药的标准溶液，其浓度分别为0.144mg/mL，0.135mg/mL，0.07mg/mL，0.016mg/mL，然后，通过加入不同体积的蒸馏水来配制不同浓度四种农药，并进行混合、摇匀，共配制完成151组混合农药样本。其中，中生菌素、多效唑、啶酰菌胺和哒螨灵的浓度范围分别为0~0.030 507 5mg/mL，0~0.028 440 7mg/mL，0~0.014 747mg/mL和0~0.003 339 1mg/mL。应用LS55荧光分光光度计测量荧光光谱，仪器狭缝宽度设为5nm，扫描速度为500nm/min，激发波长设置为260nm，发射波长范围为200~600nm，每隔0.5nm采集荧光数据。

7.5.1　基于BP神经网络的多组分农药残留检测分析

分别测量中生菌素、多效唑、啶酰菌胺和哒螨灵四种农药的荧光光谱，其结果如图7.40所示。

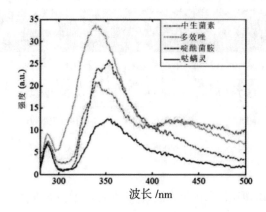

图7.40　四种农药（中生菌素、多效唑、啶酰菌胺、哒螨灵）的荧光光谱

从图中可以看出，四种农药的荧光光谱波段有重叠，一种农药的特征峰将会受到其他农药荧光的影响。在151组混合农药样本的荧光光谱中，选取其中4组进行绘制，如图7.41所示，混合样本中各农药的浓度如表7.2所示。

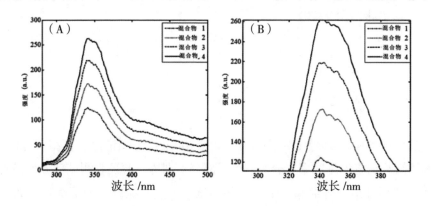

图7.41　四组分混合农药的荧光光谱

图7.41（B）为图7.41（A）的放大图，可清晰地观察到混合样本的不同荧光光谱特性，如在混合样本2中可观察到4个清晰的峰，而在混合样本4中只能观察到一个较明显的荧光峰，可见，混合样本中因为各农药间的荧光相互干扰，存在荧光光谱重叠现象。

表7.2　混合样本四种农药的对应浓度（中生菌素、多效唑、啶酰菌胺、哒螨灵）

样本	中生菌素/（mg/ml）	多效唑/（mg/ml）	啶酰菌胺/（mg/ml）	哒螨灵/（mg/ml）
混合样品1	0.026 593 0	0.025 524 5	0.013 234 9	0.002 974 9
混合样品2	0.015 737 7	0.015 676 2	0.008 128 4	0.001 792 3
混合样品3	0.010 158 7	0.010 238 1	0.005 308V6	0.001 156 9
混合样品4	0.006 465 3	0.006 612 2	0.003 286 7	0.000 685 7

应用单隐层BP神经网络训练混合农药的定量分析模型，其中，模型输入对应801个波长点处的荧光强度，模型输出对应该混合样本中各农药的浓度，隐含层设置为8个节点，则BP神经网络模型结构为801-8-4，模型训练相关参数如表7.3所示。

表7.3　BP神经网络模型参数

模型参数	值
隐含层节点数	8
学习率	0.001
均方误差	10^{-10}
迭代次数	5 000

选取样本中的51组作为训练集，剩余100组作为测试集。模型训练时，神经网络算法将训练数据集分为三个子部分：训练、验证和测试部分，将其称为内部训练集、内部验证集和内部测试集，其对应的模型训练过程如图7.42所示。

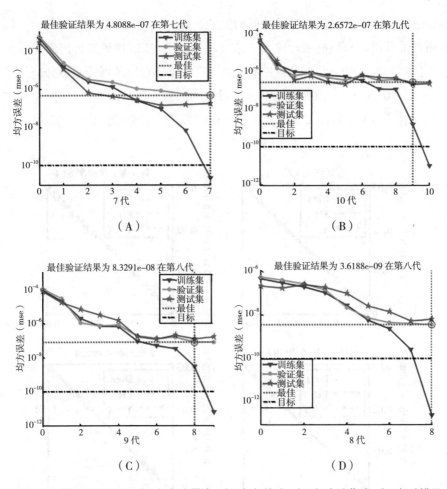

图7.42　模型训练过程：（A）中生霉素；（B）多效唑；（C）啶酰菌胺；（D）哒螨灵

图7.42（A）~（D）分别显示了该模型训练过程中对四种农药的定量分析性能指标，其中，中生菌素、多效唑、啶酰菌胺和哒螨灵对应的内部验证集的最佳均方误差分别为$4.808\,8 \times 10^{-7}$，$2.657\,2 \times 10^{-7}$，$8.329\,1 \times 10^{-8}$和$3.613\,3 \times 10^{-9}$。如在图7.42（A）中，尽管内部验证集的均方误差大于目标值10^{-10}，但其值$4.808\,8 \times 10^{-7}$mg/mL小于中生霉素的最低浓度$0.000\,356\,4$mg/mL（0表示纯净水除外），内部训练集和内部测试集的均方误差均小于$4.808\,8 \times 10^{-7}$mg/mL，表明该模型是适用的。

将模型用于训练集的回归测试，发现其中三个子集（内部训练集、内部验证集、内部测试集）对应的回归性能良好，具体结果如图7.43所示，图中圆圈符号代表模型的实际输出（浓度预测值），实线代表拟合出的实际浓度（目标）与模型输出之间的关系曲线，三个子集对应的回归系数分别为1，0.998 14和0.997 97，训练集所有样本对应的回归系数为0.999 24。图中的实线拟合结果与虚线目标值大部分重合，这结果说明模型的预测性能良好。

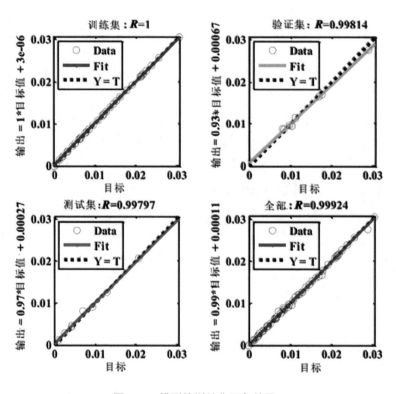

图7.43   模型的训练集回归结果

为了进一步测试模型性能，对剩余的100组混合样本进行浓度预测，结果如图7.44所示。图7.44（A）～（D）分别对应测试集中生菌素、多效唑、啶酰菌胺和哒螨灵的预测结果。四种农药对应的决定系数分别为0.987 9，0.989 8，0.993 8和0.988 3，均大于0.975 6。每种农药的拟合线斜率分别为0.975 9，1.019，1.008和0.990 8，接近理论值1。结果说明BP神经网络模型可有效用于混合农药的定量分析。

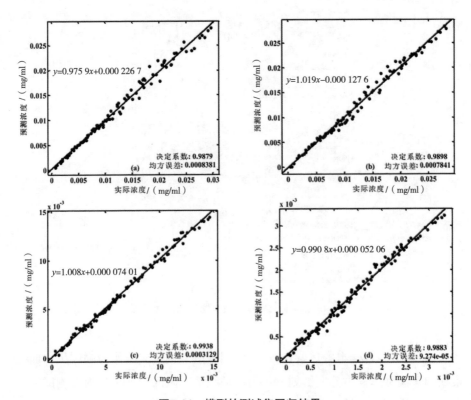

图7.44 模型的测试集回归结果

7.5.2 基于多隐层神经网络的多组分农药残留检测分析

该节应用多隐层神经网络对中生菌素、多效唑、啶酰菌胺和哒螨灵所组成的混合农药样本进行定量分析。考虑到混合样本中共包含4种农药，且各农药之间不会发生化学反应，神经网络模型中设置4个隐含层，各隐含层的节点数分别为8，6，4，2。设置学习率为0.001，最小误差为10^{-9}，迭代次数为3 000次，相关参数设置如图7.45所示。

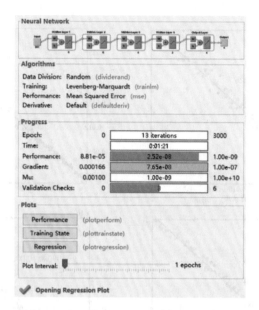

图7.45   多隐含层神经网络模型的参数设置

从150组混合样本中选取100组作为训练集,剩余50组作为测试集。训练集在构建模型过程中分别被划分为内部训练集、内部验证集和内部测试集三个子集,模型的训练过程如图7.46所示。可见,当迭代到第10代时,对应的验证子集性能最佳,均方误差为$8.265\ 6 \times 10^{-8}$。

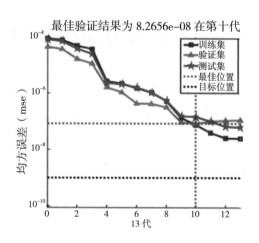

图7.46   模型训练过程

将模型用于训练集的含量预测，其内部训练集、内部验证集及内部测试集的回归结果如图7.47所示，三个子集对应的相关系数分别为0.999 39，0.998 54，0.998 65，整个训练集对应的相关系数为0.999 21，说明模型预测性能良好。

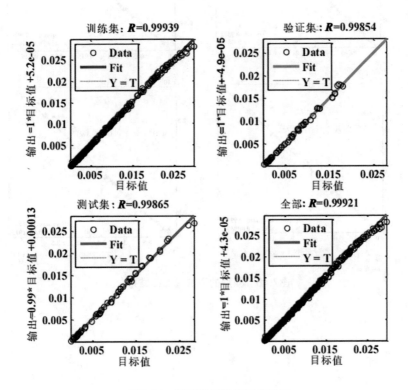

图7.47　模型的训练集回归结果

将模型用于剩余50组测试样本的含量预测，将样本对应的荧光强度作为输入代入模型，可获得模型输出，即为4种农药的含量预测结果。将浓度预测值与浓度实际值进行拟合，结果如图7.48所示。

4种农药拟合曲线的决定系数分别为0.987 2，0.989 1，099 11和0.985 8，表明实际浓度与预测浓度具有良好线性关系。各拟合曲线的斜率分别为1.026，0.981 9，0.982 6和0.949 6，与理论值1非常接近。测试结果表明，4个隐含层的BP神经网络模型可有效用于多组分混合农药的定量分析。

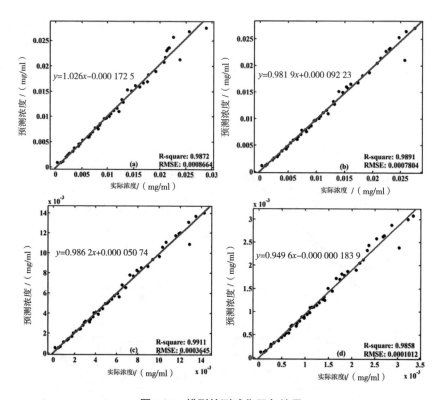

图7.48 模型的测试集回归结果

7.6 本章小结

  本章主要分析研究了多组分混合农药残留的多回归问题。针对多组分混合农药残留的检测分析，分别研究了全光谱SVR、全光谱LS-SVR，以及基于特征光谱的PLSR，SPA-LS-SVR等建模方法。研究发现，在全光谱分析中，LS-SVR对应的多回归性能更好；在特征光谱分析中，基于连续投影算法SPA建立的LS-SVR模型性能优于PLSR。SPA-LS-SVR模型可以在25个特征波长变量下同时实现较理想的四种农药浓度的精确估计。经过以上分析对比获得了多组分混合农药残留下的最佳多回归分析方法。另外，应用BP神经网络对多组分混合农药进行了定量分析，发现单隐层、多隐层BP神经网络模型均能取得良好的含量预测性能。基于支持向量机方法对农药种类进行了分类识别研究，分别构建了全光谱SVC模型、全光谱LS-SVC模型，以及主成分PCA-SVC分类模型。从方法复杂度以及分类测试结果综合来看，基于主成分分析的PCA-SVC建模方法其性能更优，可以在3个主成分下达到理想的农药种类分类效果。

第8章 基于紫外光照射的农药降解设计及分析

本章基于紫外光照射技术设计农药降解系统，分别应用荧光光谱及吸收光谱分析方法研究农药残留的降解表征及效果评估。对果汁中的典型农药残留开展降解实验研究，利用其特征峰处的荧光强度或吸光度的变化表征果汁中农药残留的降解过程，并建立降解率与降解作用时间之间的数学关系模型。

8.1 紫外光照射降解农药原理

紫外光照射降解农药原理与光化学降解农药残留相一致[234-235]，主要是通过中波紫外光（253.7nm）照射农药产生化学效应，使得农药主要组成部分双键断裂，破坏构成农药成分的有机碳及其他元素间的结合，将难降解的有机物分解为小分子物质。光化学降解是指光能转化到化合物（农药）分子键上使得键被断裂而产生内部反应的过程。因此，只有当农药吸收一定波长光能处于激发态后，才能进行光化学反应。具体反应过程可通过爱因斯坦定律来表示：

$$E = h\nu = hc / \lambda = 2.8591 \times 10^5 / \lambda \tag{8.1}$$

上式中E表示辐射能，h对应普朗克常数，ν是辐射频率，c表示光速，λ表示光的波长。根据式（8.1）可计算得到对应波长传递的能量，可以看出波长蓝移，则其传递的能量越高。

根据吸收光能方式的不同，农药光解可分为直接光解和间接光解两种类型。农药分子直接吸收特定波长光能处于激发态，同时光子所提供的能量正好在农药分子相应键的离解能范围之内而导致键的断裂发生降解的过程被称为直接降解，可用下面公式来描述其过程：

$$F + h\nu \rightarrow F^* \rightarrow 产物 \tag{8.2}$$

间接光解是指农药分子不参与直接吸收光能，只是借助其他物质载体，吸收光能后而处于激发态的载体可以诱发农药参与反应，使得农药发生裂解。间接光解又分为光敏化降解、光猝灭降解和光诱导降解三种类型。当光敏剂（既可以吸收光能又可以再释放光能的载体）把激发能量传递给农药分子后，农药再进行光化学反应的过程称为光敏化降解，其化学反应过程可通过如下公式表示：

$$M + h\nu \rightarrow M^* \tag{8.3}$$

$$M^* + N \rightarrow M + N^* \tag{8.4}$$

上式中N^*为产物，N为农药分子，M为光敏剂。光猝灭反应是由光猝灭剂而引起的，作用过程与光敏化正好相反。其中光猝灭剂是指在光化学反应过程中，能够加速电子激发态衰变到基态或低激发态，相应反应过程可表示如下：

$$N^* + Q \rightarrow (NQ)^* \rightarrow N + Q^* \tag{8.5}$$

上式中N为农药分子，Q为猝灭剂。光诱导降解则是指农药分子与光化学过程生成的中间体进行反应而使其降解的过程。由于绝大部分农药分子本身的最大吸收光谱处于200～300nm，其对自然光能的吸收能力极弱，所以自然环境中农药的直接光解效应是微弱的。

8.2　紫外光照射降解农药系统设计

紫外光降解农药设备主体部分为一个密闭系统，并设置密闭系统开关装置，内部包含紫外光源模块、模块支架和样品池，密闭系统外面设置定时控制开关，能够控制紫外光源照射时间。紫外光照射装置简图如图8.1所示。

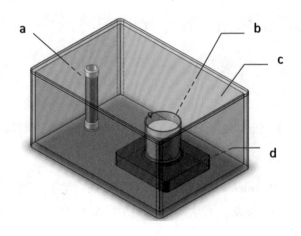

图8.1　紫外光照射装置示意图（图中a为光源，b为样品池，c为暗室，d为样品底座）

紫外光光源选用低压高强度紫外光灯：石英型，紫外透光率要大于90%，灯管由可变功输出电子镇流器操作控制，放射光波长为253.7nm，功率3W，管压为9.5～13V，管流300mA，另外，紫外灯通过电容（4.7F/400V）外接220V交流电，通过控制开关进行紫外光定时控制。同时密闭装置内包含一空腔和支架，来放置样品池。

　　具体降解过程：首先对农药溶液开展紫外光照射降解实验，用电子天平称取一定量农药样品，然后将其配成不同浓度比的农药标准药液。然后利用比色皿取药液3mL放入紫外光照射降解装置样品池中，对其进行紫外光照射一定时间后，利用紫外–可见分光光度计检测农药吸收光谱，最后得到光照时间与农药吸收光谱特征峰吸光度之间的对应关系。然后利用比色皿分别取不同果汁（苹果汁、橙汁和桃汁）稀释溶液，再通过移液器将一定量农药标准药液添加到各种果汁中，每次加入后进行充分搅拌，将混合均匀的药液和果汁放入紫外光照射降解样品池中，控制降解时间，得到降解前后吸收光谱。另外，为保证通过农药吸收光谱检测模型函数得到降解后准确的农药浓度值，各种纯果汁稀释比例与第4章中保持一致。

8.3　异丙甲草胺紫外光照射降解荧光光谱分析

8.3.1　桃汁中异丙甲草胺紫外光照射降解模型

　　配制浓度为0.1mg/ml的桃汁–异丙甲草胺混合溶液，利用紫外光对其进行不同时间的照射降解，每次降解后利用LS55检测其荧光光谱，其结果如图8.2（A）所示。

　　图8.2（A）中从1到11对应的紫外光照射时间分别为0min，3min，10min，15min，22min，32min，44min，60min，75min，85min和95min。可以看出，在初始阶段，桃汁中异丙甲草胺降解速度较快，当降解时间延长至为75min后，特征峰335nm处对应的荧光强度降至很低且下降速度减缓，此时已经接近完全降解。

　　对紫外光照射时间、335nm处荧光强度进行拟合如图8.2（B）所示，可见随着降解时间的延长，特征峰荧光强度呈指数关系下降。根据第5章中所建立的桃汁中异丙甲草胺线性模型关系式，由图8.2（A）中各曲线335nm处的荧光强度值即可求得混合溶液中异丙甲草胺的等效浓度，结合其初始浓度（0.1mg/ml），可计算得到紫外光照射不同时间后的降解率，结果如表8.1所示。其中降解率计算公式为

$$D = \frac{C_0 - C_t}{C_0} \times 100\% \qquad (8.6)$$

式中，D 为降解率，C_t 为紫外光照射时间t后所对应的异丙甲草胺药液浓度，C_0 为农药降解前的初始浓度。

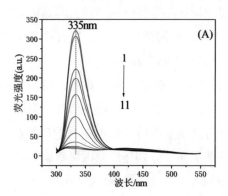 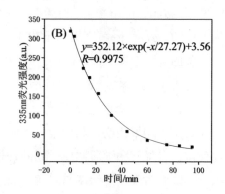

图8.2　桃汁中异丙甲草胺紫外光照射降解荧光光谱及降解趋势

表8.1　紫外光照射降解桃汁中异丙甲草胺浓度变化及降解率

降解时间/min	335nm荧光强度（a.u.）	异丙甲草胺等效浓度/（mg/ml）	降解率/%
3	305.49	0.093 2	6.81
10	222.62	0.066 7	33.29
15	198.16	0.058 9	41.11
22	156.93	0.045 7	54.29
32	100.44	0.027 7	72.34
44	58.43	0.014 2	85.77

续表

降解时间/min	335nm荧光强度（a.u.）	异丙甲草胺等效浓度/ （mg/ml）	降解率/%
60	35.24	0.006 8	93.18
75	24.02	0.003 2	96.76
85	21.26	0.002 4	97.64
95	18.47	0.001 5	98.53

经计算可知，当紫外光照射3min以后，桃汁中异丙甲草胺等效浓度为0.093 2mg/ml，降解率为6.81%，降解效果不明显；照射32min后，等效浓度为0.027 7mg/ml，降解率提高至72.34%；当降解时间为75min时，桃汁中异丙甲草胺的等效浓度为0.003 2mg/ml，对应降解率为96.76%。

另外，由图8.2（B）中显示的降解趋势可以看出，随着降解时间的增加，异丙甲草胺降解速度变慢，当降解时间为95min时，农药残留接近完全降解。实验结果表明，利用紫外光照射的方式能够降解桃汁中异丙甲草胺农药残留，且降解率随着照射时间的延长不断提高。分别作出异丙甲草胺等效浓度与降解时间、降解率与降解时间之间的关系曲线，如图8.3所示。

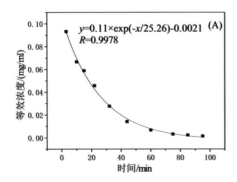 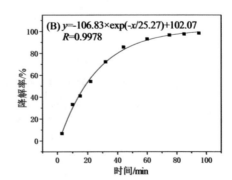

$$y=0.11\times\exp(-x/25.26)-0.0021 \quad (A)$$
$$R=0.9978$$

$$(B)\ y=-106.83\times\exp(-x/25.27)+102.07$$
$$R=0.9978$$

图8.3　桃汁中异丙甲草胺紫外光照射降解指数模型

图8.3分别建立了桃汁中异丙甲草胺紫外光照射降解后的等效浓度及降解率指数模型，其中模型相关系数均为0.997 8，通过以上两个模型即可由

紫外照射时间直接预测出降解后的异丙甲草胺等效浓度以及降解率。图8.3（B）中的降解率模型反映了桃汁中异丙甲草胺残留的降解率与作用时间之间的变化关系，描述了紫外光照射降解异丙甲草胺农药残留的规律。

8.3.2　葡萄汁中异丙甲草胺紫外光照射降解模型

为研究异丙甲草胺紫外光照射降解的规律及效果是否与背景溶液相关，将桃汁背景替换为葡萄汁背景溶液，配制葡萄汁–异丙甲草胺混合溶液（0.1mg/ml）作为初始溶液，应用同样的紫外照射方法对该混合溶液进行降解，其降解过程对应的荧光光谱如图8.4（A）所示。

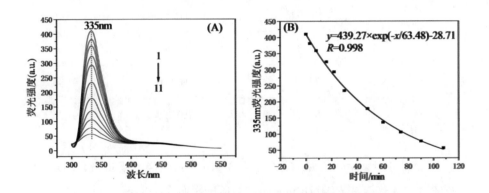

图8.4　葡萄汁中异丙甲草胺紫外光照射降解荧光光谱及降解趋势

图8.4中从1到11分别对应紫外光照射时间为0min，3min，8min，16min，22min，30min，48min，60min，75min，90min和108min。可以看出，随着降解作用时间的延长，335nm处的异丙甲草胺荧光强度随之下降。

对葡萄汁–异丙甲草胺混合溶液的紫外光照射时间和335nm处荧光强度值两者进行指数拟合，结果如图8.4（B）所示，根据特征峰荧光强度的变化可表征紫外光照射降解趋势。将图8.4（A）中335nm处荧光强度值依次代入第5章中获得的葡萄汁中异丙甲草胺线性模型关系式中，可计算出降解后异丙甲草胺的等效浓度及其降解率，计算结果如表8.2所示。

表8.2　紫外光照射降解葡萄汁中异丙甲草胺浓度变化及降解率

降解时间/min	335nm荧光强度（a.u.）	异丙甲草胺等效浓度/（mg/ml）	降解率/%
3	381.40	0.091 5	8.5
8	359.15	0.085 4	14.57
16	324.19	0.075 9	24.1
22	293.20	0.067 4	32.56
30	234.51	0.051 4	48.57
48	178.54	0.036 2	63.84
60	135.92	0.024 5	75.46
75	105.35	0.016 2	83.8
90	77.37	0.008 6	91.43
108	56.16	0.002 8	97.22

　　由表8.2可知，紫外光照射葡萄汁–异丙甲草胺混合溶液3min后，异丙甲草胺残留的等效浓度为0.091 5mg/ml，对应的降解率为8.5%；当经过紫外光作用30min后，其等效浓度为0.051 4mg/ml，降解率为48.57%；当紫外光照射时间延长至108min后，农药等效浓度降低为0.002 8mg/ml，降解率为97.22%，基本达到完全降解。

　　分别作出葡萄汁中异丙甲草胺等效浓度与降解时间、降解率与降解时间之间的关系曲线，如图8.5所示。由图可知，葡萄汁中异丙甲草胺紫外光照射降解也符合指数模型关系，各拟合点基本全部分布在关系曲线上，模型相关系数为0.997 4。由紫外照射时间即可根据模型关系式计算出葡萄汁中异丙甲草胺降解后的等效浓度以及降解率。由此可见，桃汁、葡萄汁两种背景溶液下的异丙甲草胺残留在紫外光照射下对应的降解模型均为指数类型，但降解速度稍有不同。

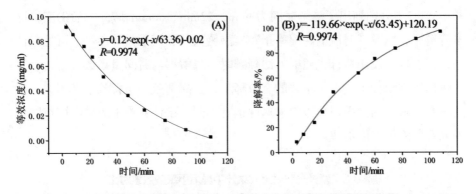

图8.5　葡萄汁中异丙甲草胺紫外光照射降解指数模型

8.3.3　不同果汁中异丙甲草胺紫外光照射降解性能对比

以上分别对桃汁–异丙甲草胺、葡萄汁–异丙甲草胺两种样本进行了紫外光照射降解，当背景溶液不同时，异丙甲草胺对应的紫外光照射降解过程对比如图8.6所示。可知应用紫外光照射降解时，桃汁背景中的异丙甲草胺降解速度整体高于葡萄汁，桃汁中异丙甲草胺残留在95min时接近完全降解，而葡萄汁需要108min使其降解率达到97.22%。

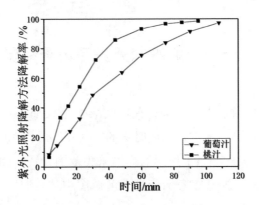

图8.6　果汁中异丙甲草胺残留的紫外光照射降解过程

表8.3中分别列出了降解时间为3min，22min，60min和75min后的实验样本降解率，以及其对应的降解率指数模型函数和相关系数等参数。可见果汁中灭蝇胺残留应用紫外光照射方法降解时，降解率与时间呈指数关系，该方法可以实现果汁中异丙甲草胺的有效降解，且降解效果与背景溶液相关，不同背景溶液下的异丙甲草胺降解速度稍有不同，桃汁背景中的异丙甲草胺紫外光照射降解速度更快。

表8.3 紫外光照射降解果汁中异丙甲草胺效果对比

样品	紫外照射方法降解率/%				降解率−时间关系式	相关系数
	3min	22min	60min	75min		
桃汁	6.81	54.29	93.18	96.76	$y=-106.83*\exp(-x/25.27)+102.07$	0.997 8
葡萄汁	8.5	32.56	75.46	83.8	$y=-119.66*\exp(-x/63.45)+120.19$	0.997 4

8.4 灭蝇胺紫外光照射降解荧光光谱分析

8.4.1 苹果汁中灭蝇胺紫外光照射降解荧光光谱

配制苹果汁−灭蝇胺混合溶液，灭蝇胺浓度为0.056mg/ml。利用紫外线对苹果汁−灭蝇胺混合溶液进行不同时间的照射降解后，利用LS55检测其荧光光谱，其结果如图8.7（A）所示。光谱采集范围设置为300～550nm，横坐标表示光的波长，纵坐标表示荧光强度。图中从1到14分别对应降解时间为0min，3min，6min，10min，15min，21min，28min，36min，45min，55min，66min，90min，120min和160min后的苹果汁−灭蝇胺混合溶液荧光光谱。

可以看出，当降解时间增加到15min后，灭蝇胺特征峰位置由原来的352nm处发生了轻微蓝移，这说明随着降解时间的延长，苹果汁和灭蝇胺发生了某种反应，使得荧光峰发生蓝移现象。

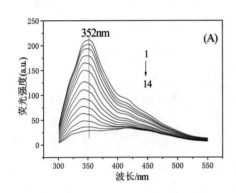 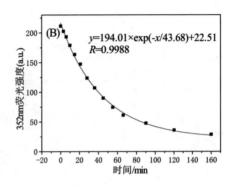

图8.7 苹果汁–灭蝇胺溶液紫外光照射降解荧光光谱及降解趋势

对紫外光照射时间和352nm处的荧光强度值进行指数函数拟合，具体结果如图8.7（B）所示，可见，随着降解时间的延长，特征峰对应的荧光强度逐步降低，且两者之间呈指数函数关系，相关系数R=0.998 8，说明拟合效果良好。

8.4.2 苹果汁中灭蝇胺紫外光照射降解模型

根据第5章中获得的苹果汁中灭蝇胺线性模型关系式y=3 748.21x+ 15.92，将352nm处荧光强度值代入该式中可计算出灭蝇胺的等效浓度值，结合降解前灭蝇胺的初始浓度（0.056mg/ml），可进一步计算降解率，计算结果如表8.4所示。实验结果表明，经过紫外光照射3min后，灭蝇胺从初始浓度0.056mg/ml降为0.049 8mg/ml，农药残留的降解率为11.04%，降解效果不明显；当经过紫外光照射36min后，降解率为56.52%，降解效果显著。由此可知，利用紫外光照射能够降解苹果汁中灭蝇胺农药残留，且照射时间越长，降解效果越好。

表8.4 紫外光照射降解苹果汁中灭蝇胺的浓度变化及降解率

降解时间/min	352nm荧光强度（a.u.）	灭蝇胺等效浓度/（mg/ml）	降解率/%
3	202.65	0.049 8	11.04
6	193.31	0.047 3	15.49
10	179.12	0.043 5	22.25
15	163.59	0.039 4	29.65
21	147.48	0.035 1	37.32
28	123.74	0.028 8	48.63
36	107.19	0.024 4	56.52
45	90.04	0.019 8	64.69
55	74.71	0.015 7	71.99
66	61.39	0.012 1	78.34
90	47.89	0.008 53	84.77
120	36.35	0.005 45	90.27
160	29.05	0.003 5	93.75

分别作出灭蝇胺等效浓度与降解时间、降解率与降解时间之间的关系曲线，如图8.8所示。

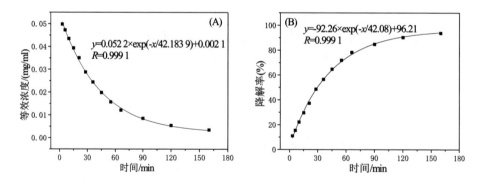

图8.8 苹果汁中灭蝇胺紫外光照射降解指数模型

图8.8分别绘制了苹果汁中灭蝇胺紫外光照射降解的等效浓度及降解率指数模型，模型相关系数为0.999 1。根据图8.8（B）中建立的降解模型即可

根据紫外光照时间直接预测出灭蝇胺残留的降解率。

8.5　哒螨灵紫外光照射降解荧光光谱分析

8.5.1　哒螨灵农药紫外光照射降解荧光光谱

利用紫外光对所配置的哒螨灵标准药液（0.012mg/ml）进行不同时间降解，每次降解后利用LS55荧光分光光度计检测荧光光谱，其结果如图8.9所示。光谱范围为300～500nm，横坐标表示光波长，纵坐标表示荧光强度。图中从1到11分别对应为0min，2min，4min，8min，12min，16min，23min，33min，44min，59min和78min后的哒满灵溶液荧光光谱。从图中可以看出，随着降解时间的增加，其特征峰值也在降低，直至消失，同时最高峰位置保持不变。

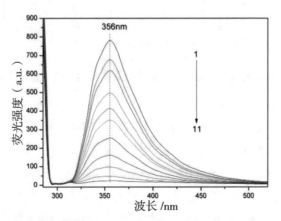

图8.9　经紫外光照射降解后哒螨灵（0.012mg/ml）溶液荧光光谱（图中从1到11对应紫外光照射降解时间分别为2min，4min，8min，12min，16min，23min，33min，44min，59min和78min）

8.5.2   哒螨灵紫外光照射降解模型

为进一步分析哒螨灵农药降解趋势，对紫外光作用时间和对应降解后哒螨灵药液在356nm处荧光强度进行指数回归分析，结果如图8.10所示。发现两者之间具有很好的指数函数关系，相关系数为0.999 1，模型函数方程式为

$$y=744.592\ 28\exp\left(-x/19.522\ 41\right)+16.442\ 8 \tag{8.7}$$

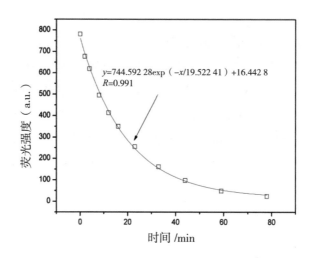

图8.10   哒螨灵农药356nm处荧光强度与紫外光照射时间关系

为验证紫外光作用时间和哒螨灵特征峰荧光强度之间的指数函数关系，在同等实验条件下进行紫外光照射降解哒螨灵实验，降解时间分别为1min，3min，6min，9min，14min，20min，26min，38min，51min，68min和89min。将时间参数代入函数方程（8.7）可计算相应特征峰荧光强度值，进而与实验值进行比较得到对应指数函数的回收率，结果如表8.5所示，平均回收率为100.49%，表明指数函数具有很好的准确性。

表8.5　紫外光照射降解哒螨灵荧光强度计算及其回收率

实际荧光强度（a.u.）	预测荧光强度（a.u.）	回收率/%
730.17	723.86	99.13
649.34	654.97	100.87
567.90	564.02	99.32
477.37	486.02	101.81
381.91	379.92	99.48
306.81	283.74	92.48
197.32	213.02	107.96
131.75	122.75	93.17
64.51	71.07	110.16

　　根据各个降解时间所对应的特征峰荧光强度，可计算经过不同紫外光照射时间后对应的哒螨灵药液浓度值，其中照射2min后浓度值为9.95μg/ml；16min后浓度值为4.79μg/ml；经过59min后浓度值为0.02μg/ml；当降解78min后已经实现了完全降解。结合降解率公式，得到具体降解率参数，结果如表8.6所示。

表8.6　紫外光照射降解哒螨灵浓度变化及其降解率

降解时间/min	2	4	8	12	16	23	33	44	59	78
药液浓度/（μg/ml）	9.95	9.03	7.08	5.78	4.79	3.28	1.81	0.80	0.02	0.00
降解率/%	17.10	24.72	41.02	51.84	60.06	72.65	84.92	93.34	99.81	100.00

8.6 吡虫啉紫外光照射降解吸收光谱分析

8.6.1 吡虫啉农药紫外光照射降解模型

    利用紫外线对所配置的吡虫啉标准药液（0.025 5mg/ml）进行不同时间降解，每次降解后利用UV3600检测其吸收光谱，其结果如图8.11所示。光谱范围为220～360nm，横坐标表示光的波长，纵坐标表示吸光度。图中从1到8分别对应0min，1min，2min，3min，5min，10min，15min和20min紫外光照射降解后的吡虫啉溶液吸收光谱。可以看出，对应不同降解时间的吸收光谱在269nm处均有一个较强的吸收峰，而且随着降解时间的增加，其峰值也在降低，从最高处的1.949减小为0.256，同时最高峰位置保持稳定，这进一步表明269nm即为吡虫啉吸收光谱的特征峰。

    为进一步分析吡虫啉农药降解趋势，对紫外光照射时间和269nm处吸光度两者进行回归建模，具体结果如图8.12所示，所得多项式模型函数相关系数为0.996 4，函数方程式为

$$Y = 1.9726 - 0.0944x - 0.0053x^2 + 0.0003x^3 \tag{8.8}$$

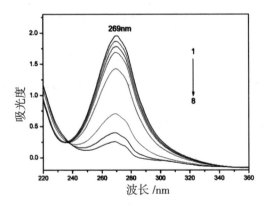

图8.11 吡虫啉（0.025 5mg/ml）溶液紫外光照射降解吸收光谱（图中从1到8对应紫外光照射降解时间分别为0min，1min，2min，3min，5min，10min，15min，20min）

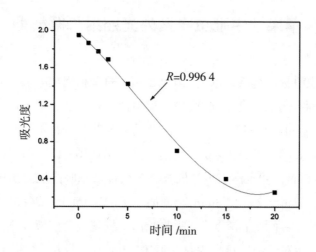

图8.12　吡虫啉农药369nm处吸光度与紫外光照射时间关系曲线

　　同时，根据第4章中所建立的吡虫啉吸光度与浓度之间模型函数方程，计算得出紫外光照射降解不同时间后所对应的吡虫啉药液等效浓度值，然后与降解前吡虫啉初始浓度比较，计算得出紫外光照射吡虫啉具体降解率，结果如表8.7所示。

表8.7　紫外光照射降解吡虫啉浓度变化及其降解率

降解时间/min	1	2	3	5	10	15	20
吡虫啉浓度/（mg/ml）	0.024 3	0.022 9	0.021 6	0.017 7	0.007 1	0.002 6	0.000 4
降解率/%	4.71	10.20	15.29	30.59	72.16	89.80	98.43

　　经过紫外光照射1min后，吡虫啉从初始浓度0.025 5mg/ml降为0.024 3mg/ml，农药的降解率为4.71%，降解有一定的效果，但效果不佳；当经过紫外光照10min后，降解率为72.16%，降解效果显著；当经过20min处理后，吡虫啉浓度减小为0.000 4mg/ml，降解率达到98.43%，接近完全降解。实验结果表明，利用紫外光能够降解吡虫啉药物残留，同时紫外光照射时间越长，降解效果越好。

8.6.2　苹果汁中吡虫啉紫外光照射降解模型

配置吡虫啉标准药液，浓度为0.392 6mg/ml。利用纯净水稀释后的苹果汁与吡虫啉标准药液混合得到吡虫啉-苹果汁混合溶液，苹果汁中吡虫啉浓度为0.015 1mg/ml。利用紫外光对所配置的混合溶液进行不同时间降解，每次降解后应用UV3600检测其吸收光谱，其结果如图8.13所示，显示光谱范围为220~350nm，横坐标表示光波长，纵坐标表示吸光度。图中从1到8分别对应0min，1min，2min，3min，5min，10min，15min，20min紫外光照射降解后的吡虫啉-苹果汁混合溶液吸收光谱。发现混合溶液吸收光谱峰值位于271nm处，相对于纯吡虫啉吸收光谱（269nm），产生了红移（3nm），而且随着降解时间的增加，其峰值也在降低，从最高处的2.64减小为1.912，同时最高峰位置保持不变。

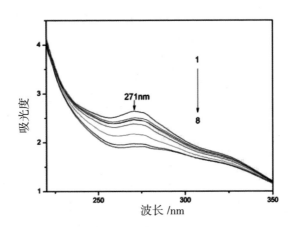

图8.13　吡虫啉-苹果汁混合溶液紫外光照射降解吸收光谱（图中从1到8对应紫外光照射降解时间分别为0min，1min，2min，3min，5min，10min，15min，20min）

为进一步观察分析吡虫啉在苹果汁中的降解趋势，对不同降解时间吸收光谱峰值（271nm）利用软件进行作图分析，结果如图8.14所示。结果表明，在苹果汁中吡虫啉紫外光照降解过程与吡虫啉药液一致，都是按照非线性过程进行变化，不同之处在于选取二次多项式建模，其相关系数（0.990 6）要高于三次多项式相关系数（0.988 2），说明利用二次多项式模型更能表征苹果汁–吡虫啉混合体系的降解趋势，其多项式方程式为

$$Y = 2.595\,3 - 0.054\,8x + 0.001\,0x^2 \tag{8.9}$$

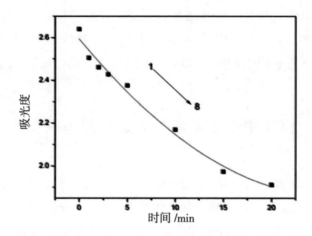

图8.14　吡虫啉–苹果汁溶液271nm处吸光度与紫外光照射时间关系（图中从1到8对应紫外光照射降解时间分别为0min，1min，2min，3min，5min，10min，15min和20min）

　　根据第4章所获得的苹果汁–吡虫啉混合体系吸光度与吡虫啉浓度之间模型函数，计算得出紫外光照射降解不同时间后所对应的吡虫啉药液浓度值，然后与降解前吡虫啉初始浓度比较，计算出紫外光照吡虫啉具体降解率，结果如表8.8所示。

表8.8　紫外光照射降解苹果汁中吡虫啉浓度变化及其降解率

降解时间 /min	1	2	3	5	10	15	20
吡虫啉浓度 / (mg/ml)	0.010 9	0.009 8	0.009 0	0.007 8	0.003 9	0.000 9	0.000 3
降解率/%	27.54	35.10	40.42	48.28	74.49	94.36	99.91

　　经过紫外光照射1min后，吡虫啉从初始浓度0.015 1mg/ml降为0.010 9mg/ml，农药的降解率为27.54%；当经过紫外光照射10min后，降解率为74.49%，降解效果显著；当经过20min处理后，吡虫啉浓度减小为0.000 3mg/ml，降解率达到99.91%。可以发现，苹果汁中吡虫啉的降解效果总体上要优于纯吡虫啉农药降解，与纯吡虫啉农药降解相比较，在初始时刻（1min）降解效果更加显著，当紫外光照射达到10min后两者降解效果基本接近，都能基本达到完全降解效果。实验结果表明，利用紫外光能够降解苹果汁中吡虫啉药物残留，同时紫外光照射时间越长，降解效果越好。

8.6.3　桃汁中吡虫啉紫外光照射降解模型

　　将纯净水稀释后的桃汁与吡虫啉标准药液（0.392 6mg/ml）混合得到吡虫啉-桃汁混合溶液，吡虫啉在桃汁中浓度为0.022 9mg/ml。利用紫外光对所配置的混合溶液进行不同时间降解，每次降解后利用UV3600检测其吸收光谱，其结果如图8.15所示，显示光谱范围为220～360nm，横坐标表示光波长，纵坐标表示吸光度。图中从1到8分别对应0min，1min，2min，3min，5min，10min，15min和20min紫外光照射降解后的吡虫啉-桃汁混合溶液吸收光谱。与苹果汁-吡虫啉混合体系吸收光谱不同，发现混合溶液吸收光谱峰值位于269nm处，与吡虫啉吸收光谱特征峰一致。而且随着降解时间的增加，其峰值位置不变，强度减小，从最高处的3.27减小为2.198。

　　为进一步观察分析吡虫啉在桃汁中的降解趋势，对不同降解时间吸收光谱峰值（269nm）利用软件进行作图分析，结果如图8.16所示。结果表明，在桃汁中吡虫啉紫外光照降解过程同样跟纯吡虫啉药液一致，也是按照非线性过程进行变化，而且模型函数选取三次多项式时其相关系数（0.997 3）要高于二次多项式相关系数（0.989 6），这一点与苹果汁-吡虫啉混合溶液降解模型函数有差异。因此利用三次多项式更能表征桃汁-吡虫啉混合体系的降解趋势，其多项式方程式为

$$Y = 3.258\,8 - 0.173\,5x + 0.010\,4x^2 - 0.000\,2x^3 \qquad (8.10)$$

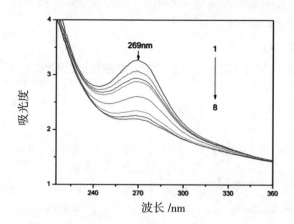

图8.15　吡虫啉–桃汁混合溶液紫外光照射降解吸收光谱（图中从1到8对应紫外光照射

降解时间分别为0min，1min，2min，3min，5min，10min，15min，20min）

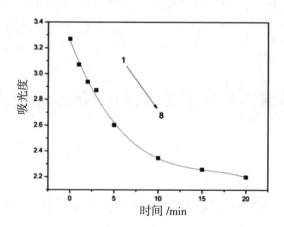

图8.16　吡虫啉–桃汁溶液269nm处吸光度与紫外光照射时间关系（图中从1到8对应紫

外光照射降解时间分别为0min，1min，2min，3min，5min，10min，15min和20min）

　　根据第4章中所建立的桃汁–吡虫啉混合体系吸光度与吡虫啉浓度之间

的模型函数方程式，计算得出紫外光照射降解不同时间后所对应的吡虫啉药液浓度值，然后与降解前吡虫啉初始浓度比较，计算出紫外光照吡虫啉具体降解率，结果如表8.9所示。

表8.9　紫外光照射降解桃汁中吡虫啉浓度变化及其降解率

降解时间/min	1	2	3	5	10	15	20
吡虫啉浓度/（mg/ml）	0.018 8	0.016 1	0.014 8	0.009 2	0.004 0	0.002 2	0.001 0
降解率/%	17.74	29.77	35.57	59.63	82.44	90.38	95.64

经过紫外光照射1min后，桃汁中吡虫啉从初始浓度0.022 9mg/ml降为0.018 8mg/ml，农药的降解率为17.74%；当经过紫外光照射10min后，降解率为82.44%，降解效果显著；当经过20min处理后，吡虫啉浓度减小为0.001 0mg/ml，降解率为95.64%。可以发现，桃汁中吡虫啉的降解效果总体上也比较显著，但是其降解率还是略低于苹果汁中吡虫啉的降解率。

8.7　阿维菌素紫外光照射降解吸收光谱分析

8.7.1　阿维菌素农药紫外光照射降解模型

对所配置的阿维菌素标准药液（5.5μg/ml）进行紫外光照射降解，并利用UV3600检测其吸收光谱，其结果如图8.17所示，光谱范围为200~280nm，横坐标表示光波长，纵坐标表示吸光度。图中从1到8分别对应0min，1min，2min，3min，5min，10min，15min，20min紫外光照射降解后阿维菌素药液的吸收光谱。可以看出，在219nm处阿维菌素有一个特征吸收峰，而且随着降解时间的增加，其峰值也在降低，从最高处的1.792减小为1.287，同时最高峰位置保持不变，219nm可以作为阿维菌素吸收光谱的特征峰。

　　对紫外光作用时间和对应降解后阿维菌素药液在219nm处吸光度进行分析，利用分析软件进行一次线性拟合，结果如图8.18所示。发现两者具有很好的相关性，相关系数为0.996 5，模型函数方程式为

$$Y = 1.780\ 2 - 0.025\ 4x \tag{8.11}$$

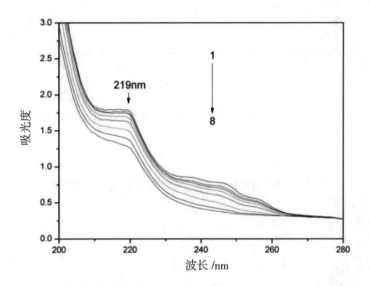

图8.17　经紫外光照射降解后阿维菌素（5.5μg/ml）溶液吸收光谱（图中从1到8对应紫外光照射降解时间分别为0min，1min，2min，3min，5min，10min，15min，20min）

　　根据第4章中所建立的阿维菌素吸光度与浓度之间模型函数可算出经过不同紫外光照射时间后对应的阿维菌素药液浓度值，其中作用1min后浓度值为5.446 6μg/ml；10min后浓度值为4.570 1μg/ml；经过20min后浓度值为3.787 5μg/ml，具体降解率参数结果如表8.10所示。考虑到所配置阿维菌素浓度只是吡虫啉浓度的1/5，结果表明，在同等功率紫外光照射作用情况下，阿维菌素降解效果不如吡虫啉效果显著，20min对应降解率为31.68%，但是其吸光度按照线性关系变化。

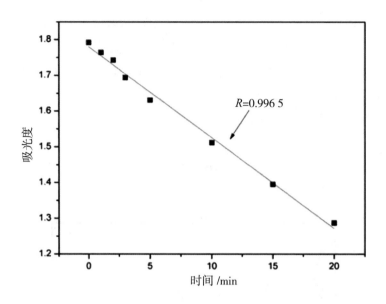

图8.18　阿维菌素农药319nm处吸光度与紫外光照射时间线性关系

表8.10　紫外光照射降解阿维菌素浓度变化及其降解率

降解时间/min	1	2	3	5	10	15	20
阿维菌素浓度/（μg/ml）	5.446 6	5.373 6	5.203 1	4.984 0	4.570 1	4.163 1	3.787 5
降解率/%	1.76	3.07	6.15	10.10	17.57	24.91	31.68

　　根据上面分析结果得知，阿维菌素药液紫外光照射降解过程按照线性情况变化，对此进一步进行分析，直接利用不同降解时间对应的219nm吸光度的变化计算降解率，结果如表8.11所示，对两种情况下所得降解率进行比较，结果如图8.19所示。结果表明，两种情况下降解率变化过程一致，数值比较接近，因此如果农药降解按照线性变化，则可以直接利用吸光度来得出降解率，从而可以简化实验分析过程。

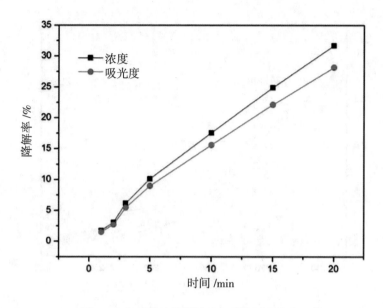

图8.19 阿维菌素农药浓度和吸光度降解率比较

表8.11 紫外光照射降解阿维菌素吸光度变化及其降解率

降解时间/min	1	2	3	5	10	15	20
吸光度变化（219nm）	1.764	1.743	1.694	1.631	1.512	1.395	1.287
降解率/%	1.56	2.73	5.47	8.98	15.63	22.15	28.18

8.7.2 苹果汁中阿维菌素紫外光照射降解模型

配置阿维菌素与苹果汁混合药液，阿维菌素在苹果汁中浓度为5.8μg/ml。利用紫外光对所配置的混合溶液进行不同时间降解，每次降解后利用UV3600检测其吸收光谱，其结果如图8.20所示，显示光谱范围为205～260nm，横坐标表示光波长，纵坐标表示吸光度。

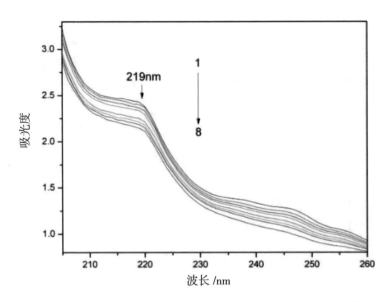

图8.20　阿维菌素–苹果汁混合溶液紫外光照射降解吸收光谱（图中从1到8对应紫外光

照射降解时间分别为0min，1min，2min，3min，4min，5min，6min，9min）

图中从1到8分别对应0min，1min，2min，3min，4min，5min，6min和9min后的阿维菌素–苹果汁混合溶液吸收光谱。同样发现混合溶液吸收光谱中的阿维菌素特征肩峰（219nm），而且随着降解时间的增加，其峰值也在降低，从最高处的2.428 5减小为2.145 5，并且肩峰位置保持不变。

为进一步分析阿维菌素在苹果汁中的降解趋势，对不同降解时间吸收光谱肩峰值（219nm）利用软件进行作图分析，结果如图8.21所示。结果表明，在苹果汁中阿维菌素的紫外光照射降解过程跟阿维菌素药液有区别，阿维菌素药液随照射时间按照线性关系降解，而混合溶液是按照非线性关系降解，对其进行三次多项式函数拟合，其相关系数为0.991 2，多项式方程为

$$Y = 2.427\,8 - 0.014\,7x - 0.009\,9x^2 + 0.000\,9x^3 \qquad (8.12)$$

根据第4章中所建立的苹果汁–阿维菌素混合体系吸光度与阿维菌素浓度之间模型函数方程式，计算得出紫外光照射降解不同时间后所对应阿维菌素药液浓度值，然后与降解前阿维菌素初始浓度比较，进一步计算紫外光

照射下苹果汁和阿维菌素混合溶液中阿维菌素的具体降解率，结果如表8.12所示。结果表明，经过紫外光照射1min后，阿维菌素从初始浓度5.8μg/ml降为5.7μg/ml，农药的降解率为2.32%；当经过紫外光照射5min后，降解率为17.89%；当经过9min处理后，阿维菌素浓度减小为4.467 9mg/ml，降解率为23.44%。可以发现，苹果汁中阿维菌素的降解效果总体上要优于纯阿维菌素农药降解，其中阿维菌素经过紫外光照射10min后，其降解率为17.57%。实验结果表明，利用紫外光照射能够降解苹果汁中阿维菌素药物残留，同时紫外光照射时间越长，降解效果越好。

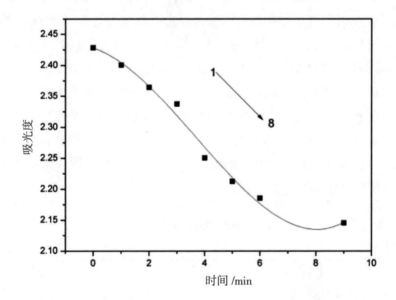

图8.21　阿维菌素–苹果汁溶液219nm处吸光度与紫外光照射时间关系（图中从1到8对应紫外光照射降解时间分别为0min，1min，2min，3min，4min，5min，6min，9min）

表8.12　紫外光照射降解苹果汁中阿维菌素浓度变化及其降解率

处理时间/min	1	2	3	4	5	6	9
阿维菌素浓度/（mg/ml）	5.700 3	5.526 3	5.395 8	4.975 4	4.791 7	4.661 2	4.467 9
降解率/%	2.32	5.30	7.54	14.74	17.89	20.13	23.44

8.8　恶霉灵紫外光照射降解吸收光谱分析

8.8.1　恶霉灵农药紫外光照射降解模型

基于吸光度变化表征恶霉灵降解效果，需要先建立恶霉农药吸收光谱检测模型函数。因此首先配置不同浓度的恶霉灵标准药液，然后利用UV3600检测其吸收光谱，其结果如图8.22所示。光谱范围为200～500nm，横坐标表示光波长，纵坐标表示吸光度。图中从1到5分别对应0.021 875mg/ml，0.043 75mg/ml，0.087 5mg/ml，0.175mg/ml和0.35mg/ml五种浓度下恶霉灵药液吸收光谱。可以看出，恶霉灵吸收光谱存在一肩峰，峰值中心在278nm处，而且随着浓度减小，其峰值也在降低，但是肩峰位置保持稳定。通过软件进一步对278nm处吸光度与相应恶霉灵浓度进行分析，得到它们之间的模型函数，结果如图8.23所示。发现两者具有很好的相关性，相关系数为0.999 5，模型函数方程式为

$$Y = 2.356\,6x - 0.022\,4 \tag{8.13}$$

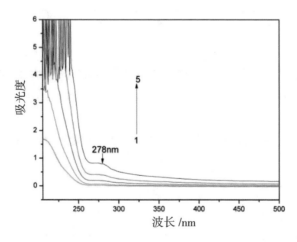

图8.22　不同浓度恶霉灵药液吸收光谱（图中从1到5对应恶霉灵浓度分别为0.021 875mg/ml，0.043 75mg/ml，0.087 5mg/ml，0.175mg/ml，0.35mg/ml）

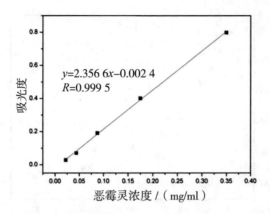

图8.23　恶霉灵浓度值与吸收光谱278nm处吸光度之间线性关系

　　然后对恶霉灵标准药液（0.35mg/ml）进行紫外光照射降解实验，得到不同紫外光照射时间后的吸收光谱，如图8.24所示。结果显示，随着降解时间的增加，其肩峰吸光度也在降低，经过紫外光照射20min后肩峰从最高处的0.797减小为0.561。对紫外光作用时间和对应降解后恶霉灵药液在278nm处吸光度进行分析，发现不是按照线性关系下降，所以利用软件对其进行多项式回归分析，结果如图8.25所示，相关系数为0.995 7，模型函数方程式为

$$Y = 0.799\,8 - 0.036\,3x + 0.002\,1x^2 - 0.000\,04x^3 \qquad （8.14）$$

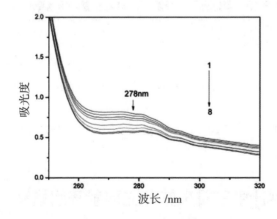

图8.24　恶霉灵（0.35mg/ml）溶液紫外光照射降解吸收光谱（图中从1到8对应紫外光照射降解时间分别为0min，1min，2min，3min，5min，10min，15min，20min）

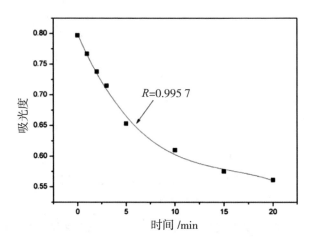

图8.25　农药恶霉灵在278nm处吸光度与紫外光照射时间关系曲线

根据恶霉灵在278nm处的吸光度大小，同时结合恶霉灵吸光度与浓度之间的模型函数可计算出经过不同紫外光照射时间后对应的恶霉灵药液浓度值，其中作用1min后浓度值为0.335 0mg/ml；10min后浓度值为0.268 4mg/ml；经过20min后浓度值为0.247 6mg/ml。具体降解率参数如表8.13所示。结果表明，在同等功率紫外光照情况下，恶霉灵降解效果与阿维菌素接近，20min对应降解率为28.80%。

表8.13　紫外光照射降解恶霉灵浓度变化及其降解率

降解时间/min	1	2	3	5	10	15	20
恶霉灵浓度/（mg/ml）	0.335 0	0.322 7	0.312 9	0.286 6	0.268 4	0.253 5	0.247 6
降解率/%	3.66	7.20	10.00	17.57	22.82	27.09	28.80

8.8.2　桃汁中恶霉灵紫外光照射降解模型

配置恶霉灵与桃汁混合药液，使得恶霉灵在桃汁中浓度为0.013 5mg/ml。

利用紫外光对所配置的混合溶液进行不同时间降解，每次降解后利用UV3600检测其吸收光谱，其结果如图8.26所示，显示光谱范围为225～330nm，横坐标表示光波长，纵坐标表示吸光度。图中从1到8分别对应0min，0.5min，1min，2min，3min，4min，5min和10min紫外光照射降解后的桃汁恶霉灵混合溶液吸收光谱。同样发现混合溶液吸收光谱中的恶霉灵吸收谱特征肩峰（278nm），而且随着降解时间的增加，其峰值也在降低，从最高处的2.587 0减小为2.151 0，并且肩峰位置保持不变。

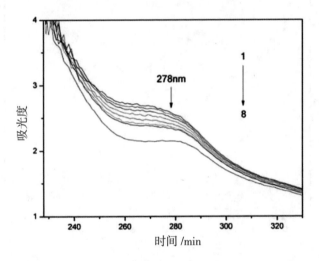

图8.26　桃汁-恶霉灵混合溶液紫外光照射降解吸收光谱（图中从1到8对应紫外光照射降解时间分别为0min，0.5min，1min，2min，3min，4min，5min，10min）

为进一步分析恶霉灵在桃汁中的降解过程，对不同降解时间吸收光谱肩峰值（278nm）利用软件进行作图分析，结果如图8.27所示。结果表明，在桃汁中恶霉灵紫外光照射降解过程接近线性过程，对其进行线性函数拟合，其相关系数为0.988 8，函数方程式为

$$Y = 2.560\ 6 - 0.042\ 9x \tag{8.15}$$

由于混合溶液紫外光照射降解按照线性关系变化，因此可以简化降解率分析过程，从吸光度角度分析降解率参数，结果如表8.14所示。结果表明，

经过紫外光照射1min后，278nm处吸光度从初始值2.587 1降为2.511，农药的降解率为2.94%；当经过紫外光照射5min后，降解率为9.47%；当经过10min处理后，吸光度减小为2.151，降解率为16.85%。实验结果表明，利用紫外光能够降解桃汁中恶霉灵农药残留，同时紫外光照射时间越长，降解效果越好。

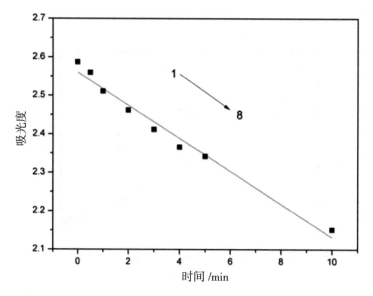

图8.27　恶霉灵-桃汁溶液278nm处吸光度与紫外光照射时间关系（图中从1到8对应紫外光照射降解时间分别为0min，0.5min，1min，2min，3min，4min，5min和10min）。

表8.14　紫外光照射降解桃汁中恶霉灵吸光度变化及其降解率

降解时间 /min	0.5	1	2	3	4	5	10
吸光度（278nm）	2.56	2.511	2.462	2.412	2.366	2.342	2.151
降解率/%	1.04	2.94	4.83	6.77	8.54	9.47	16.85

8.9　本章小结

　　本章基于紫外光照射技术设计了农药降解系统，并对几种典型农药（异丙甲草胺、灭蝇胺、哒螨灵、吡虫啉、阿维菌素、恶霉灵）及农药与果汁的混合体系进行了降解实验研究，分别应用吸收光谱和荧光光谱方法分析了降解过程和降解效果，建立了降解后农药的等效浓度、降解率与降解作用时间之间的数学关系模型。本章实现的降解过程表征方法以及建立的降解模型为深入研究农药残留降解规律提供了重要参考价值。

第9章 基于臭氧技术的农药降解设计及分析

本章基于臭氧技术设计农药降解系统，分别应用荧光光谱及吸收光谱分析方法研究农药残留的降解表征及效果评估。对果汁中的典型农药残留开展降解实验，利用其特征峰处的荧光强度或吸光度的变化表征果汁中农药残留的降解过程，并建立降解率与降解作用时间之间的数学关系模型；然后对紫外线照射、臭氧技术对应的降解效果进行评估，明确了不同农药适合的最佳降解方法；最后对利用药食同源中药材降解百菌清农药进行了实验探索性研究。

9.1 臭氧降解农药原理

臭氧能够略溶于水，在水中的溶解度受到气体分压、温度及 pH 值等环境参数影响，其氧化还原电位是2.07eV，是一种仅次于氟的强氧化剂[236-237]。另外，由于臭氧在常温条件下很快会变成氧气，从而不会造成任何残留和污染，所以臭氧又被称为"绿色杀菌剂"。臭氧与化合物可以通过两种方式进行反应，具体为：当pH为7或小于7为中酸性时，臭氧可以直接参与反应，因此称其为直接反应；当pH大于7时，臭氧与OH⁻反应生成·OH，而·OH具有强氧化能力，反应速率很快，这种反应方式为间接反应。间接反应方式可用下面公式描述：

$$\begin{cases} O_3 + OH^- \rightarrow HO_2 + O_2 \\ O_3 + O_2^- \rightarrow O_3^- + O_2 \end{cases} \tag{9.1}$$

依据公式（9.1）可知，如果增加反应溶液的pH值，则会促进臭氧的分解而生成·OH。

臭氧化学性质非常不稳定，在空气和水中都极易分解成氧气，由于臭氧具有强氧化特性，能够与水果、蔬菜中的残留农药发生化学反应，破坏农药分子结构，使得农药分子的双键断开，苯环开环，生成大多无毒、易溶于水的小分子化合物，例如有机磷类农药的结构式中含有磷氧双键、碳碳双键或苯环结构，因此臭氧降解有机磷类农药有两种途径：①P=S键被氧化成P=O键；②打断与磷相连的键，形成磷酸脂，并最终形成H_3PO_4。

9.2　臭氧降解农药系统设计

所设计的臭氧降解系统主要包括以下几个部分：电源系统、臭氧发生器、气泵、臭氧导气管、降解室、控制开关和排气口，具体结构示意图如图9.1所示。核心部分为臭氧发生器和电源系统，本设计系统采用电晕放电方法，通过气泵把空气压入臭氧发生器内，高压电源加在臭氧发生器两端，臭氧发生器内的氧气转换为臭氧，臭氧产生量为500mg/h。

臭氧发生器结构如图9.2所示，由充满气体的间隙和通过一层介电体分开的内外电极层，在内外电极上施加交流电压，形成电晕放电，流过气隙的原料气被电离，氧离子和氧分子之间会发生如下反应过程[238]：$O^+ + O_2 + M \rightarrow$

$O_3 + M + q$，式中M为间隙中其他气体组分，q为热量，与此同时，臭氧分子也同气体中的氧原子发生反应生成氧分子，其过程为$O + O_3 \rightarrow 2O_2$，可见生成臭氧的反应是可逆反应，当臭氧生成与分解处于相对平衡时，电晕内臭氧保持一定的浓度。

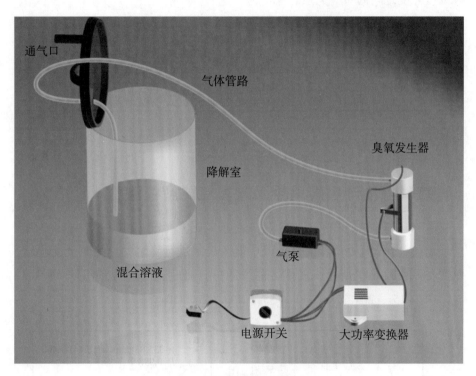

图9.1 臭氧降解实验装置示意图

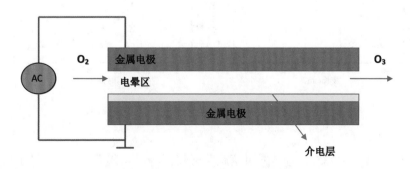

图9.2 臭氧发生器原理结构图

　　臭氧降解具体实验过程：用电子天平称取一定量农药样品（吡虫啉、阿维菌素和百菌清），将其配成一定浓度的农药标准药液。然后通过移液器转移到降解室中，接通电源开关，对其进行臭氧降解一定时间后，利用紫外–可见分光光度计检测农药吸收光谱，最后得到降解时间与农药吸收光谱特征峰处吸光度之间的对应关系。

9.3　异丙甲草胺臭氧降解荧光光谱分析

9.3.1　桃汁中异丙甲草胺臭氧降解模型

　　将桃汁–异丙甲草胺混合药液中通入臭氧进行降解并检测其荧光光谱，结果如图9.3（A）所示，图中各曲线从1到11分别对应臭氧作用时间为0s，5s，10s，15s，20s，25s，30s，35s，40s，45s和50s。

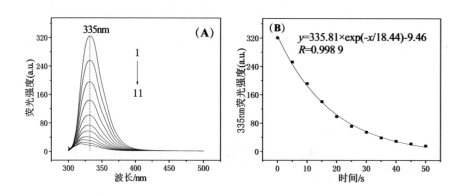

图9.3　桃汁中异丙甲草胺臭氧降解荧光光谱及降解趋势

　　图9.3（A）中335nm为异丙甲草胺荧光特征峰，且随着通入臭氧时间的延长，特征峰处的荧光强度随之下降。另外，随着臭氧降解时间的延长，当

通入臭氧时间大于30s时，桃汁中异丙甲草胺特征峰开始发生轻微蓝移，这是由于随着臭氧降解使得溶液极性发生改变而引起蓝移现象[239-241]。对通入臭氧时间和335nm处荧光强度值进行指数拟合，结果如图9.3（B）所示。发现特征峰荧光强度值随臭氧通入时间呈指数函数关系下降，相关系数为0.998 9。

将335nm处各荧光强度值代入桃汁中异丙甲草胺定量分析关系式中，计算出降解后异丙甲草胺的等效浓度值，结合其初始浓度（0.1mg/ml），求得降解率列于表9.1。根据桃汁–异丙甲草胺臭氧降解的相关计算结果，分别作出异丙甲草胺等效浓度与降解时间、降解率与降解时间之间的关系曲线，相关结果如图9.4所示。

表9.1　臭氧降解果汁中异丙甲草胺浓度变化及降解率

降解时间/s	桃汁			葡萄汁		
	335nm荧光强度（a.u.）	异丙甲草胺等效浓度/（mg/ml）	降解率/%	335nm荧光强度（a.u.）	异丙甲草胺等效浓度/（mg/ml）	降解率/%
5	252.78	0.076 4	23.65	378.04	0.090 6	9.42
10	191.97	0.056 9	43.09	316.46	0.073 8	26.21
15	140.81	0.040 6	59.44	264.29	0.059 6	40.45
20	98.79	0.027 1	72.87	212.78	0.045 5	54.49
25	71.43	0.018 4	81.61	178.43	0.036 1	63.87
30	55.05	0.013 2	86.84	null	null	null
35	38.97	0.008 0	91.98	136.22	0.024 6	75.38
40	29.46	0.004 9	95.02	null	null	null
45	22.07	0.002 6	97.38	106.24	0.016 4	83.56
50	16.28	0.000 7	99.23	85.93	0.010 9	89.11
60	null	null	null	66.55	0.005 6	94.39
75	null	null	null	50.04	0.001 1	98.89

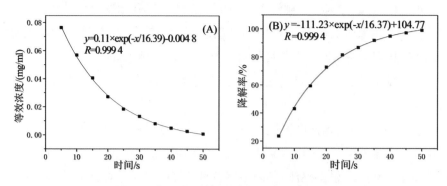

图9.4　桃汁中异丙甲草胺臭氧降解指数模型

由表9.1中的桃汁相关实验数据以及图9.4可以看出，在初始阶段桃汁中的异丙甲草胺降解速度较快，当降解时间延长至25s时，335nm处对应的荧光强度降至较低且此后下降速度减缓，对应的等效浓度为0.018 4mg/ml，降解率达到81.61%。当通入臭氧时间为50s时，桃汁中异丙甲草胺等效浓度降为0.000 7mg/ml，此时降解率为99.23%，接近完全降解，可见臭氧技术可以实现桃汁中异丙甲草胺残留的快速降解。

9.3.2　葡萄汁中异丙甲草胺臭氧降解模型

将配制的葡萄汁–异丙甲草胺混合溶液（0.1mg/ml）作为初始溶液，应用同样的臭氧方法对该混合溶液进行降解，其降解过程对应的荧光光谱如图9.5（A）所示，选取有效光谱范围为300～550nm。各曲线从1到11分别对应臭氧降解时间为0s，5s，10s，15s，20s，25s，35s，45s，50s，60s和75s。335nm为异丙甲草胺荧光特征峰，且随着通入臭氧时间的延长，特征峰处的荧光强度随之下降，且该混合溶液在臭氧降解时未发生蓝移现象。

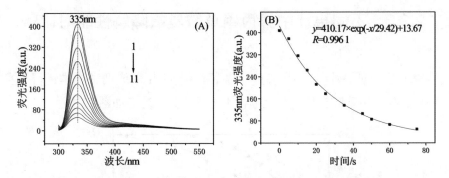

图9.5　葡萄汁中异丙甲草胺臭氧降解荧光光谱及降解趋势

对臭氧通入时间和335nm处荧光强度值进行指数拟合，具体结果如图9.5（B）所示，拟合相关系数为0.996 1。利用同样方法计算降解率，具体结果见表9.1。由表9.1中的葡萄汁相关实验数据可知，当臭氧降解葡萄汁–异丙甲草胺混合溶液5s后，异丙甲草胺从初始浓度0.1mg/ml降为0.090 6mg/ml，农药的降解率为9.42%，降解效果不明显；当通入臭氧20s后，降解率为54.49%，降解效果较显著；当臭氧作用时间延长至75s后，浓度仅为0.001 1mg/ml，接近完全降解。绘制异丙甲草胺等效浓度与降解时间、降解率与降解时间之间的关系曲线，如图9.6所示。

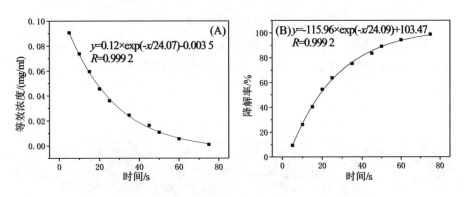

图9.6　葡萄汁中异丙甲草胺臭氧降解指数模型

由图9.6可知，葡萄汁中异丙甲草胺应用臭氧方法降解时，与降解时间呈指数关系，前期降解速度快，45s后降解速度变得平缓，75s后其降解率为98.89%，接近完全降解。

9.3.3　不同果汁中异丙甲草胺臭氧降解性能对比

以上分别对桃汁–异丙甲草胺、葡萄汁–异丙甲草胺两种样本进行了臭氧降解，异丙甲草胺在桃汁和葡萄汁中的臭氧降解趋势如图9.7所示。

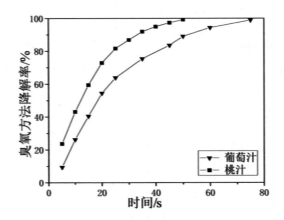

图9.7　果汁中异丙甲草胺残留的臭氧降解过程

由图9.7可知，当应用臭氧方法降解时，仍然是桃汁背景中的降解速度更快，其经过50s的降解即可达到99.23%的降解率，而葡萄汁背景中的异丙甲草胺完全降解则需要75s左右的臭氧作用时间。

表9.2分别列出了臭氧通入时间分别为5s，10s，15s，20s，25s，35s，45s和50s时的降解效果，同时列出了其对应的降解模型函数和相关系数等参数。

表9.2　臭氧降解果汁中异丙甲草胺效果对比

样品	臭氧方法降解率/%								降解率–时间关系式	相关系数
	5s	10s	15s	20s	25s	35s	45s	50s		
桃汁	23.65	43.09	59.44	72.87	81.61	91.98	97.38	99.23	$y=-111.23 \times \exp(-x/16.37) +104.77$	0.999 4
葡萄汁	9.42	26.21	40.45	54.49	63.87	75.38	83.56	89.11	$y=-115.96 \times \exp(-x/24.09) +103.47$	0.999 2

　　经过以上分析，可知臭氧能够降解果汁中的异丙甲草胺残留，且降解速度较快。与紫外光方法类似，其降解效果与背景溶液相关，不同背景溶液下的农药降解速度稍有不同。桃汁背景中的异丙甲草胺臭氧降解速度更快。由此可知，无论是紫外光方法还是臭氧方法，桃汁中的异丙甲草胺相比葡萄汁中的异丙甲草胺，其降解速度更快、效果更好。

9.4　灭蝇胺臭氧降解荧光光谱分析

9.4.1　苹果汁中灭蝇胺臭氧降解荧光光谱

　　配制苹果汁–灭蝇胺混合溶液，浓度为0.056mg/ml。应用通入臭氧方法实现灭蝇胺残留降解，并利用LS55测量降解不同时间后的混合溶液荧光光谱，基于特征峰荧光强度和降解时间对降解过程进行分析建模。将所配制的苹果汁–灭蝇胺混合溶液通入不同时间的臭氧，并利用LS55检测其荧光光谱，其结果如图9.8（A）所示，图中从1到14对应的臭氧作用时间分别为1min，3min，7min，11min，17min，25min，35min，50min，70min，100min，120min，150min，180min和215min。图中352nm为灭蝇胺荧光特征峰，且随着通入臭氧时间的延长，特征峰处的荧光强度随之下降。灭蝇胺在臭氧降解时发生了明显的蓝移现象，特征峰由352nm逐渐移动到322nm处，这是因为在降解过程中，苹果汁–灭蝇胺混合溶液中产生了某种新物质，使得322nm处出现微弱特征峰。

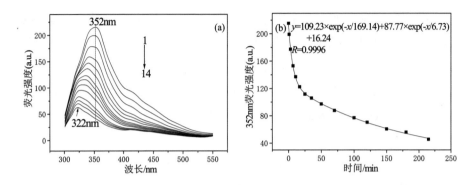

图9.8　苹果汁中灭蝇胺溶液臭氧降解荧光光谱及降解趋势

对通入臭氧时间和352nm处荧光强度值两者进行拟合，发现两者符合双指数函数关系，拟合效果如图9.8（B）所示，相关系数达到0.999 6，说明随着通入臭氧时间的延长，352nm处荧光强度值按照双指数模型趋势进行衰减。

9.4.2　苹果汁中灭蝇胺臭氧降解模型

根据第5章中所建立的基于荧光特性的苹果汁中灭蝇光定量分析关系式，将352nm处荧光强度值代入计算得出降解后混合溶液内灭蝇胺的等效浓度值，将其与降解前灭蝇胺初始浓度（0.056mg/ml）比较，求出降解率，计算结果如表9.3所示。

表9.3　臭氧降解苹果汁中灭蝇胺浓度变化及降解率

降解时间 / min	352nm荧光强度 （a.u.）	灭蝇胺等效浓度 /（mg/ml）	降解率/%
1	199.11	0.053 20	12.73
3	177.36	0.048 87	23.09
7	153.09	0.043 07	34.65
11	137.23	0.036 60	42.21

续表

降解时间 / min	352nm荧光强度 （ a.u. ）	灭蝇胺等效浓度 /（ mg/ml ）	降解率/%
17	122.58	0.032 36	49.19
25	111.51	0.028 46	54.46
35	105.81	0.025 50	57.17
50	97.11	0.023 98	61.32
70	87.56	0.021 66	65.87
100	77.03	0.019 11	70.89
120	70.407	0.016 30	74.04
150	60.68	0.014 54	78.68
180	55.92	0.011 94	80.94
215	45.55	0.010 67	85.88

分别作出灭蝇胺等效浓度与降解时间、降解率与降解作用时间之间的关系曲线，如图9.9所示。

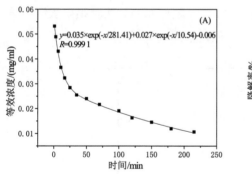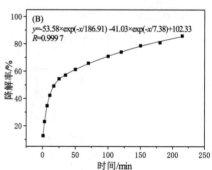

图9.9 苹果汁中灭蝇胺臭氧降解双指数模型

由降解率曲线可知，在通入臭氧的前期阶段，降解速度较快，如降解时间为17min时，降解率接近50%，之后降解速度放慢，100min时降解率为70%，直到实验样本的最长降解时间为215min时，灭蝇胺等效浓度仍为

0.010 67mg/ml，降解率为85.88%，可见苹果汁中灭蝇胺农药残留的臭氧降解效果不够理想。降解率与臭氧通入时间呈双指数关系，如图9.9（B）所示，相关系数为0.999 7。

9.5　吡虫啉臭氧降解吸收光谱分析

对所配置的吡虫啉标准药液（54μg/ml）进行不同时间的臭氧降解实验，然后利用UV3600分别检测其吸收光谱，其结果如图9.10所示。

图中从1到8分别对应0min，1.5min，6min，3min，7.5min，4.5min，10.5min，9min臭氧降解后的吡虫啉药液吸收光谱。可以看出，在269nm处均出现了特征吸收峰，而且在臭氧降解初始时刻特征峰吸光度下降明显，从0min的3.870 7到1.5min后的3.651 0。但是随着臭氧作用时间的增加，吸光度并没有依次递减，出现一种交替层进式递减现象，例如臭氧作用6min后吸光度反而超过3min，7.5min超过4.5min，10.5min超过9min。实验结果表明，臭氧能够对降解吡虫啉起到一定的效果，但是不能实现对降解率的准确建模。

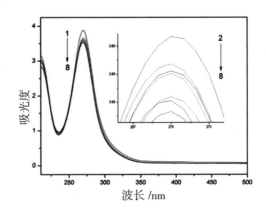

图9.10　吡虫啉（54μg/ml）农药臭氧降解吸收光谱（图中从1到8对应臭氧降解时间分别为0min，1.5min，6min，3min，7.5min，4.5min，10.5min，9min）

为进一步观察降解过程，针对0min，1.5min，3min，4.5min，9min五种情况下的吸光度进行分析，如图9.11所示，图中结果更能直观地表明，随着臭氧作用时间的增加，其吸光度衰减程度减弱。

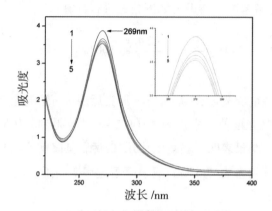

图9.11　吡虫啉（54μg/ml）溶液臭氧降解吸收光谱（图中从1到5对应臭氧降解时间分别为0min，1.5min，3min，4.5min，9min）

9.6　阿维菌素臭氧降解吸收光谱分析

对所配置的阿维菌素标准药液（4.8μg/ml）进行不同时间的臭氧降解实验，然后利用UV3600分别检测其吸收光谱，其结果如图9.12所示。图中从1到8分别对应0s，10s，20s，30s，40s，90s，180s和360s臭氧降解后阿维菌素标准药液的吸收光谱。可以看出，在219nm处均有阿维菌素一个特征吸收峰，而且随着降解时间的增加，其肩峰吸光度也在降低，从最高处的1.238减小为0.552，经过360s臭氧降解后，肩峰基本消失。

对臭氧作用时间和对应降解后阿维菌素药液在219nm处吸光度进行分析，结果如图9.13所示，发现臭氧降解过程与利用紫外光照射降解过程不同，不再呈现线性关系，而是按照非线性关系变化。另外，通过实验结果发现，当臭氧作用6min后，阿维菌素219nm处肩峰基本消失，可以认为实现了完全降解，其降解率为100%。为更好地表征其他作用时间的降解率，对于此种类型农药降解情况，特设置如下公式进行计算：

$$D = \frac{(A_0 - A_t - 2A_L)}{A_0 - A_L} \times 100\% \qquad (9.2)$$

式中，A_0 为降解前吸光度，A_L 为肩峰消失后219nm处吸光度，A_t 为降解时间t后所对应的吸光度值。根据公式（9.2），计算得到具体降解率参数，结果如表9.4所示。结果表明，当臭氧作用10s后，其降解率为17.87%；当臭氧作用90s后，其降解率为67.65%，臭氧降解速率要高于紫外光照射降解速率。

表9.4　臭氧降解阿维菌素农药降解率

降解时间/s	10	20	30	40	90	180	360
吸光度（219nm）	1.115 1	1.023 3	0.985 8	0.966 5	0.774 0	0.672 5	0.552 3
降解率/%	17.87	31.27	36.74	39.56	67.65	82.47	100

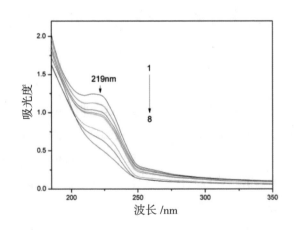

图9.12　阿维菌素农药（4.8μg/ml）经臭氧降解后吸收光谱（图中从1到8对应臭氧降解时间分别为0s，10s，20s，30s，40s，90s，180s和360s）

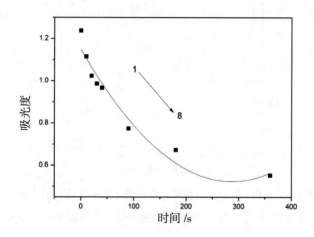

图9.13 阿维菌素农药219nm处吸光度与臭氧相互作用时间对应关系（图中从1到8对应臭氧降解时间分别为0s，10s，20s，30s，40s，90s，180s和360s）

9.7 百菌清臭氧降解吸收光谱分析

对所配置的百菌清标准药液（55μg/ml）进行不同时间的臭氧降解实验，然后利用UV3600分别检测其吸收光谱，其结果如图9.14所示。图中从1到8分别对应10s，15s，20s，0s，5s，30s，35s和25s臭氧降解后百菌清标准药液的吸收光谱。可以看出，在280nm处均出现了特征吸收峰，而且其吸光度随着臭氧作用时间发生变化，与吡虫啉和阿维菌素相比，降解之前的峰值不是最大值，其中经过10s作用后峰值最高，然后15s和20s后其峰值都超过初始值，剩余其他几个作用时间对应吸收光谱峰值都低于初始值，而且作用时间和吸光度不再呈现递减变化。

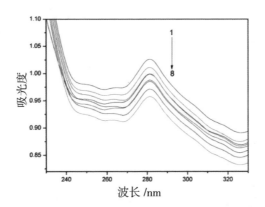

图9.14　百菌清（55μg/ml）溶液臭氧降解吸收光谱（图中从1到8对应臭氧降解时间分别为10s，15s，20s，0s，5s，30s，35s和25s）

为了进一步分析臭氧对百菌清的降解作用过程，针对上述臭氧同样时间作用情况下的百菌清药液，检测其荧光光谱，选用320nm作为激发波长，结果如图9.15所示。

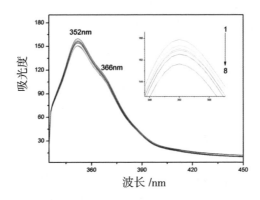

图9.15　百菌清（55μg/ml）溶液臭氧降解荧光光谱（图中从1到8对应臭氧降解时间分别为10s，15s，20s，30s，35s，5s，25s和0s）

可以看出，百菌清溶液在352nm有明显的荧光特征峰，在366nm存在肩峰，与吸收光谱进行比较分析，同样发现臭氧作用10s、15s和20s后其峰值变化情况与吸收光谱吸光度完全一致，其他几种作用时间荧光峰值同样不再跟时间呈线性变化。通过对百菌清臭氧降解吸收光谱和荧光光谱分析，结果表明臭氧与百菌清发生了化学反应，通过光谱峰值并不能够很好地分析臭氧降解效果，不能对百菌清降解率进行准确建模。

9.8 紫外光照射降解与臭氧降解性能对比分析

9.8.1 异丙甲草胺紫外光照射降解、臭氧降解性能对比

9.8.1.1 桃汁中异丙甲草胺紫外光照射降解、臭氧降解性能对比

前面章节分别针对桃汁中的异丙甲草胺农药残留进行了紫外、臭氧两种方法降解，其对应的初始样本浓度均为0.1mg/ml。其中紫外、臭氧两种方法对应的降解率曲线如图9.16所示。

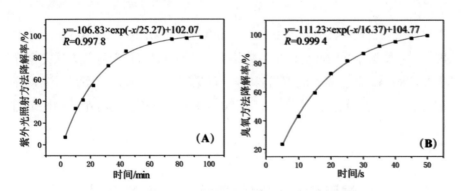

图9.16 桃汁中异丙甲草胺紫外光照射、臭氧降解率曲线对比

由图9.16可知，桃汁中异丙甲草胺应用紫外光照射、臭氧两种方法降解时，降解率与时间均呈指数关系，不同的是，所需要的时间相差较大，其中紫外光照射降解方法完全降解需要95min，而臭氧方法只需要50s。可见对桃汁中异丙甲草胺来说，其臭氧降解的效率远高于紫外光照射降解方法。

9.8.1.2 葡萄汁中异丙甲草胺紫外光照射降解、臭氧降解性能对比

与上节内容类似，异丙甲草胺在葡萄汁中的农药残留也同时应用了紫外光照射、臭氧两种方法进行降解，其初始样本浓度均为0.1mg/ml。其中紫外光照射、臭氧两种方法对应的降解率曲线如图9.17所示。

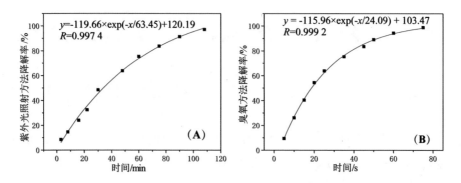

图9.17 葡萄汁中异丙甲草胺紫外、臭氧降解率曲线对比

由图可知，葡萄汁中异丙甲草胺应用紫外光照射降解、臭氧降解两种方法降解时，降解率与时间仍然呈指数关系，其中紫外光照射降解方法完全降解需要108min，而臭氧方法仅需要75s。可见其臭氧降解的效率远高于紫外降解方法，与上节桃汁背景中的异丙甲草胺相比，葡萄汁背景中药物残留的降解时间更长。

9.8.2 灭蝇胺紫外光照射降解、臭氧降解性能对比

以上分别针对苹果汁中的灭蝇胺农药残留进行了紫外光照射降解、臭氧降解两种方法降解，并对其进行了过程表征及建模分析，两种方法基于相同的初始样本，苹果汁中灭蝇胺初始浓度均为0.056mg/ml。其中紫外光照射降解、臭氧降解两种方法对应的降解过程对比如图9.18所示。

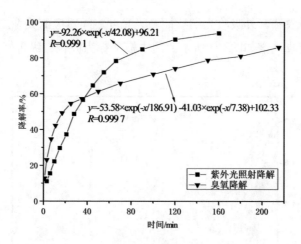

图9.18　苹果汁中灭蝇胺紫外、臭氧降解过程对比

由图9.18可知，在降解的前期阶段，臭氧降解方法降解速度较快，但在40min后，臭氧降解方法的降解速度开始低于紫外光照射降解方法，经过160min后，紫外光照射降解方法降解率为93.75%，而臭氧降解对应的灭蝇胺降解率在70%左右，直到215min后，其降解率为85.88%。可见对苹果汁中灭蝇胺来说，紫外光降解的效果优于臭氧降解方法。结合两者对应的拟合曲线可知，紫外光降解时，其降解率与时间呈指数关系增长；臭氧降解时，降解率与时间呈双指数关系。另外，苹果汁中灭蝇胺在紫外光照射降解及臭氧降解时均发生了一定程度的蓝移，其中臭氧降解时的蓝移现象更明显，可能生成了某种新物质，且臭氧降解效率较低。综合来看，紫外光照射降解方法更适合苹果汁中灭蝇胺农药的降解。

9.8.3　吡蚜酮紫外光照射降解、臭氧降解性能对比

用电子天平称取一定量吡蚜酮农药，将其配置成不同浓度的标准药液，量取各种浓度比药液放入比色皿，通过UV6300检测，得到其紫外吸收光谱。然后取一定量吡蚜酮药液分别放入紫外光照射降解和臭氧降解装置样品池中，对其进行降解实验，分别检测每次降解后农药的紫外吸收光谱，最后得

到降解时间与农药紫外吸收光谱特征峰吸光度之间对应的关系。

吡蚜酮吸收光谱如图9.19所示，图中横坐标为波长，纵坐标为吸光度。

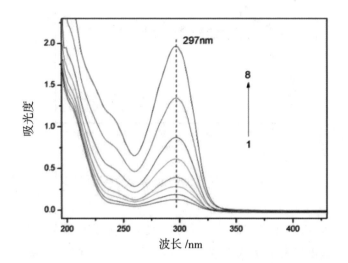

图9.19　吡蚜酮的紫外吸收光谱（图中从1到8对应吡蚜酮溶液浓度值分别为

0.002 1mg/ml，0.003 0mg/ml，0.004 3mg/ml，0.006 1mg/ml，0.008 7mg/ml，

0.012 3mg/ml，0.017 4mg/ml和0.024 6mg/ml）

图9.19中从1到8分别对应8种不同浓度吡蚜酮标准药液。由图中看出，在297nm处有一个明显的吸收峰，而且随着药物浓度值的增加，其峰值也在增加。因此，297nm可以作为吡蚜酮紫外吸收光谱的特征峰。

为分析吡蚜酮药物浓度和吸光度之间的相互关系，对不同浓度吡蚜酮药液进行浓度值与特征峰吸光度之间进行线性回归分析。分析结果表明，吡蚜酮紫外吸收光谱在297nm处吸光度和浓度值具有很好的线性关系，其相关系数为0.998 7，根据公式LOD=3×SD/S，LOQ=10×SD/S得出检测限为0.031 3mg/L，定量限为0.104 4mg/L，浓度预测模型函数关系式为$y=81.867\ 1x-0.082\ 65$。

利用紫外光照射降解和臭氧降解技术，分别对浓度为0.015 6mg/ml和0.027 9mg/ml的吡蚜酮药液进行不同时间的降解，每次降解后检测其紫外吸收光谱，其结果如图9.20所示。

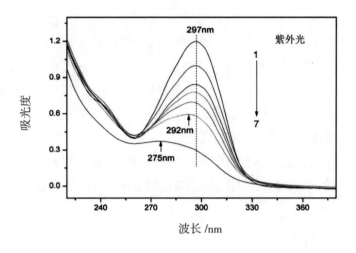

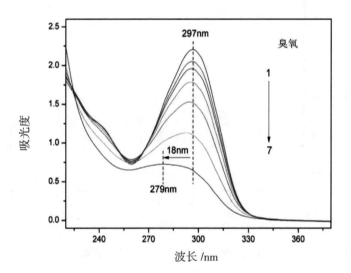

图9.20 吡蚜酮溶液经紫外光降解和臭氧降解后的紫外吸收光谱（图中从1到7对应降解时间分别为0min，1min，2min，4min，8min，16min，32min）

图9.20中从1到7分别对应0min，1min，2min，4min，8min，16min和32min紫外光照射降解和臭氧降解后所测吡蚜酮溶液紫外吸收光谱。可以看出，经过降解后吡蚜酮紫外吸收光谱都发生了改变，而且随着降解时间的增加，297nm处吸光度也在降低，其中紫外光照射降解使得吸光度从最高处的1.196 92减小为0.295 63，臭氧降解使得吸光度从最高处的2.205 19减小为

0.641 03。

　　同时可以发现，当降解到一定程度，吡蚜酮的紫外吸收光谱最高峰位置发生蓝移，例如，当紫外光照射降解16min后，最高峰位置为292nm处，降解32min后，峰值位于275nm处；当臭氧降解32min后，峰值蓝移18nm，位于279nm处。这说明吡蚜酮经过降解后结构成分发生了变化，引入含有未共享电子对的基团使吸收峰向短波长移动。

　　为进一步分析吡蚜酮农药降解趋势，对降解作用时间和297nm处吸光度两者进行比较，发现两者总体呈现指数函数变化，具体结果如图9.21所示。

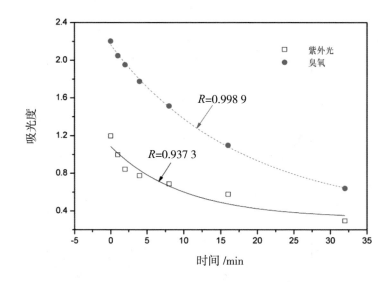

图9.21　农药吡蚜酮吸收光谱297nm处吸光度与降解时间关系曲线

　　通过回归分析所得紫外光照射降解模型函数为$y=0.763\,32\exp(-x/9.888\,38)+0.324\,11$，相关系数为0.937 3；臭氧降解模型函数为$y=1.814\,16\exp(-x/17.591\,75)+0.353\,56$，相关系数为0.998 9。臭氧降解模型函数相关系数要优于紫外光照射降解模型。

　　同时，根据所得吡蚜酮浓度预测模型函数关系式，计算得出紫外光和臭氧降解不同时间后所对应的吡蚜酮药液等效浓度值，然后与降解前吡蚜酮初始浓度比较，计算得出吡蚜酮具体降解率，结果如表9.5所示。

表9.5 紫外光降解和臭氧降解吡蚜酮的浓度变化及其降解率

降解时间/min	紫外光照射降解后吡蚜酮的浓度/（mg/ml）	降解率/%	臭氧降解后吡蚜酮的浓度/（mg/ml）	降解率/%
1	0.013 2	15.39	0.026 1	6.62
2	0.011 3	27.48	0.024 9	10.81
4	0.010 5	32.81	0.022 7	18.54
8	0.009 4	39.65	0.019 5	30.03
16	0.008 1	48.21	0.014 4	48.26
32	0.004 6	70.38	0.008 8	68.32

结果表明，经过降解1min后，紫外光照射降解和臭氧降解率分别为15.39%和6.62%，降解有一定的效果；当经过降解16min后，紫外光照射降解率为48.21%，臭氧降解率为48.26%，降解效果明显；当经过32min处理后，紫外光照射降解和臭氧降解率达到70.38%和68.32%，降解效果显著。另外发现，在初始阶段，紫外光照射降解效果要优于臭氧降解，等超过15min后两种降解效果基本一致。分析结果表明，利用紫外光照射和臭氧都能够降解吡蚜酮药物残留，同时降解时间越长，两种降解方式的效果就越接近。研究结果对于吡蚜酮农药残留的检测方法、降解技术和降解效果表征方法的选取具有一定的应用参考价值。

9.9 中药降解农药探究

将纯净水与百菌清农药配成百菌清标准药液，然后利用320nm作为激发波长，得到对应荧光发射光谱。并且由第5章可知，352nm可作为百菌清荧光特征峰。称取同等量的枸杞（Medlaf）和黄芪（Astragalus），用温开水浸泡30min。然后分别向2.5ml百菌清药液中逐量添加两种中药材溶液，从0.1ml递增到0.9ml，同样选择320nm作为激发波长，得到对应荧光发射光谱，归一化结果如图9.22所示，图中（A）和（B）分别表示向百菌清中添加枸杞和黄芪药液后的荧光发射光谱。

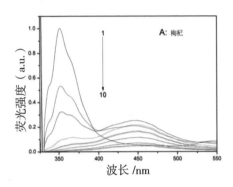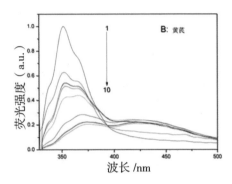

图9.22　枸杞和黄芪与百菌清溶液相互作用荧光光谱（图中从1到10表示向百菌清中添加枸杞和黄芪药液分别为0ml, 0.1ml, 0.2ml, 0.3ml, 0.4ml, 0.5ml, 0.6ml, 0.7ml, 0.8ml, 0.9ml）

　　结果表明，百菌清中添加枸杞和黄芪药液后荧光发射光谱都发生了显著变化，而且随着含量增加，352nm处荧光强度都逐渐减小，表明它们都和百菌清发生了相互作用。另外，当加入少量枸杞和黄芪药液后，352nm荧光强度减小的同时，可以发现在450nm左右出现新的荧光峰，经过与两种中药材药液荧光光谱比较，分析认为是由于百菌清和枸杞与黄芪发生相互作用生成新的复合物所致，随着中药材药液添加，枸杞–百菌清混合溶液在450nm处荧光峰强度逐渐降低，而黄芪–百菌清混合溶液在450nm处荧光峰强度变化很小。通过分析比较，可以看出枸杞对百菌清作用力更强，对其荧光强度衰减效果更加显著。

　　为进一步研究两种中药材药液与百菌清的相互作用，在同等实验条件下测得了百菌清中添加同量水溶液后的荧光光谱，然后对添加三种样品后的百菌清溶液发射光谱352nm处荧光强度和添加溶液量进行拟合分析，结果如图9.23所示。其中对水–百菌清溶液进行线性拟合，对黄芪–百菌清溶液进行五次多项式回归分析，当添加枸杞溶液后，发现荧光强度随着药液含量增加呈现出一定规律的下降。对其进行Boltzmann建模分析，Boltzmann函数公式为

$$y = \frac{A_1 - A_2}{1 + e^{(x-x_0)dx}} + A_2 \qquad (9.3)$$

式中，y表示添加枸杞溶液后百菌清药液荧光强度值，x表示所添加枸杞溶液量，当x不断增加时（趋向于无穷大），y最终接近于A_2。

实验结果显示，百菌清溶液中添加水、枸杞和黄芪三种成分都会导致 352nm处荧光强度衰减，对其建模，结果如表9.6所示。模型相关系数都超过 0.99，但是可以看出，加入枸杞和黄芪后，其荧光强度远远大于水溶液的衰减率，其中在同等含量条件下黄芪和枸杞导致荧光强度衰减分别达到88.5% 和99.7%，这进一步说明添加枸杞和黄芪后它们都与百菌清发生了相互作用，表明两种中药材对百菌清农药性能会产生显著影响。

表9.6　百菌清352nm荧光强度衰减建模函数相关参数

添加成分	建模方式	模型函数	相关系数（R）	强度衰减/%
水	线性	$y = 0.992\,2 - 0.218\,5x$	0.991	20.5
黄芪	多项式	$y = 1.005 - 7.028x$ $+39.432x^2 - 97.356x^3$ $+102.456x^4 - 38.531x^5$	0.994	88.5
枸杞	Boltzmann	$y = \dfrac{2.668}{1 + e^{(0.0629+x)dx}} + 0.0005$	0.997	99.7

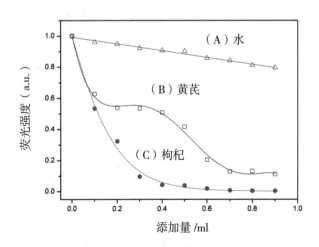

图9.23　水、枸杞和黄芪添加量与百菌清溶液352nm处荧光强度相互关系

9.10　本章小结

本章基于臭氧技术设计了农药降解系统，并对几种典型农药（异丙甲草胺、灭蝇胺、吡虫啉、阿维菌素、百菌清）以及农药与果汁的混合体系进行了降解实验研究，分别应用吸收光谱和荧光光谱方法分析了降解过程和降解效果，建立了降解后农药的等效浓度、降解率与降解作用时间之间的数学关系模型。另外，通过荧光光谱对药食同源类中药和农药相互作用进行了探索性实验。

本章研究结果表明，采用紫外光照射降解和臭氧降解两种方法均能对所选取的农药实现一定程度的降解，两种方法既有共性又存在差异。降解时间相同条件下，面向不同降解对象，两种方式降解效果不同。例如，针对吡虫啉农药，紫外光照射降解效果要优于臭氧降解技术，而对于阿维菌素农药，臭氧降解效果要好于紫外光照射降解；降解药物相同的条件下，紫外光照射降解相对于臭氧降解更有利于对降解率建模，例如对于吡虫啉和阿维菌素两种药物，都能建立紫外光照射降解率模型函数，而臭氧降解只能实现对阿维菌素降解率建模。基于荧光光谱进行了药食同源类中药（枸杞和黄芪）与农药（百菌清）相互作用实验，结果表明，中药材导致百菌清荧光强度明显衰减，研究结果对中药降解农药残留提供了研究依据，具有重要的实用意义。

第10章　基于药物与蛋白结合作用的
农药降解光谱特征研究

本章将基于药物与蛋白结合作用，重点研究农药降解前后光谱特性参数变化。主要采用荧光光谱和紫外吸收光谱两种光谱技术研究了在动物体生理酸度（pH7.4）条件下农药（多菌灵和恶霉灵）与BSA的相互作用，对三种情况下（降解前农药、紫外光和臭氧降解后农药）农药和BSA作用机制进行分析，然后根据计算得到的不同温度下反应的结合位点数、结合常数和热力学等参数，明确药物与BSA主要的相互作用力类型。另外，还对多菌灵和恶霉灵两种农药对BSA结构和构象的影响进行讨论，从而为从分子水平上了解和阐明农药的降解效果和毒性变化规律提供参考。

10.1　研究概况

血清白蛋白在研究药物代谢动力学和药效学等方面被广泛应用，牛血清白蛋白（Bovine serum albumin，BSA）分子量约为67 000，包含583个氨基酸残基，另外含有两个色氨酸残基（Trp）分别位于212和134位上[242]。BSA性质稳定，而且它在功能和结构上与人血清白蛋白比较接近和类似，所以在研究分子和细胞生物学等生化实验中被广泛应用[243]。

　　对于蛋白质与内源性化合物及许多药物分子之间相互作用的研究一直受到人们关注[244-247]，而关于农药分子与蛋白质作用的光谱研究的报道相对较少[248]。多菌灵（Carbendazim）属于苯并咪唑类杀菌剂，是高效、低毒的内吸性杀菌剂，主要用于粮食作物、水果、蔬菜、中草药等的病害防治。研究表明，长期低剂量的多菌灵会导致微粒体氧化应激效应增强，引起微粒体膜的损伤及其氧化酶类活力的变化，对生殖细胞造成损伤。[151]恶霉灵（Hymexazol）是一种内吸性农药高效杀菌剂、土壤消毒剂，而且也是一种植物生长调节剂。恶霉灵毒性低，药效突出，可以被用来防止水稻、瓜果等立枯、枯萎等病害，已被广泛使用。农药的长期大量使用，势必会对农作物环境产生影响，在农产品中残留进而影响人体的健康。对农药和血清白蛋白之间的结合作用进行研究，通过农药小分子调控生物大分子[249]，探讨农药小分子与血清白蛋白之间的相互作用机制，明确农药对人、畜的中毒机制，对指导科学有效使用农药有重要意义。而通过对降解后的农药与血清白蛋白之间结合作用的比较分析，对探究降解农药特性及保障人体健康具有重要的实际意义。

10.2　实验方法

10.2.1　试剂和样品

　　牛血清白蛋白（Amresco，纯度大于等于97%，以分子量67 000来计算其浓度）、多菌灵原药、恶霉灵原药、0.5mol/L的NaCl溶液（用于调节离子强度）、0.10mol/L的磷酸盐缓冲液（调节pH值为7.4）。BSA储备液（5×10^{-6}mol/L）、多菌灵储备液（5×10^{-4}mol/L）和恶霉灵储备液（5×10^{-4}mol/L）利用蒸馏水配置，实验用水为二次蒸馏水，其他试剂均为分析纯。

10.2.2　实验过程

分别对BSA和多菌灵农药储备液进行稀释，稀释后BSA浓度为5×10^{-6}mol/L，多菌灵药液浓度为2.5×10^{-4}mol/L，恶霉灵药液浓度保持5×10^{-4}mol/L不变。然后对多菌灵（恶霉灵）进行紫外光照射降解10min和臭氧降解5min，从而得到三种类型农药样品溶液（未降解、紫外光照射降解和臭氧降解）。在3ml含有1.0×10^{-7}mol/LBSA的溶液中，用移液器逐次加入不同体积（总体积小于100μL）的农药（原液、紫外光照射降解和臭氧降解溶液）溶液，直至多菌灵的最终浓度为7.28×10^{-6}mol/L，恶霉灵的最终浓度为14.56×10^{-6}mol/L。每次滴加多菌灵（恶霉灵）后使其反应一定时间，在相应激发波长下利用荧光光度计（RF-5301PC，日本岛津公司）获取Carbendazim-BSA（Hymexazol-BSA）体系的荧光光谱。在BSA最大发射波长处记录各个温度下Carbendazim-BSA（301K和314K）和Hymexazol-BSA（307K和314K）体系的荧光强度和荧光峰值。最后在固定波长差（$\Delta\lambda$=15nm和$\Delta\lambda$=60nm）调节下利用荧光光度计获取Carbendazim-BSA（Hymexazol-BSA）体系的同步荧光光谱。

考虑到荧光猝灭过程中的"内滤光效应"，荧光强度都通过下面公式进行了校正[250]：

$$F_{cor} = F_{obs} \times e^{(A_{ex} + A_{em})/2} \tag{10.1}$$

其中，F_{cor}和F_{obs}分别对应校正后和观察到的荧光强度，A_{ex}和A_{em}表示溶液在激发和发射波长处的吸收值。

采用UV3600紫外-可见-红外分光光度计（日本岛津公司）用于记录Carbendazim-BSA（Hymexazol-BSA）体系的吸收光谱，所得吸收光谱图中横坐标为波长，纵坐标为吸光度。

10.3 药物对牛血清白蛋白的荧光猝灭研究

10.3.1 多菌灵

BSA内源荧光主要来自酪氨酸、色氨酸等氨基酸残基，而来自色氨酸残基的荧光又占主要部分。图10.1～图10.3分别为Carbendazim–BSA体系（多菌灵降解前、紫外光照射降解和臭氧降解）的荧光发射光谱随药物浓度的变化情况。结果表明，随着多菌灵药物浓度不断增加，BSA荧光强度出现了有规律的猝灭，但是其荧光光谱形状未发生变化，这表明BSA和多菌灵药物之间发生了相互作用。根据图10.1可以看出，当选用280nm的波长光对降解前Carbendazim–BSA体系激发时，随着多菌灵含量增加，BSA在339nm处的荧光特征峰位置保持不变；对紫外光照射降解Carbendazim–BSA体系（图10.2），同样选用280nm激发波长，发现BSA在339nm的荧光特征峰位置发生了变化，具体为随着多菌灵药物浓度增加，荧光峰位置发生了蓝移（339nm到335nm）；对于臭氧降解Carbendazim–BSA体系（图10.3），同一激发波长（280nm）情况下，随着多菌灵浓度增加，BSA最大发射波长位置也发生了从339nm到335nm的蓝移。

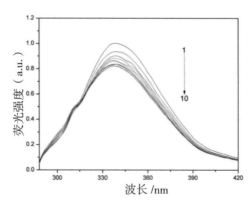

图10.1 多菌灵（未降解）对牛血清白蛋白的荧光猝灭光谱（图中曲线1到10对应多菌灵的浓度依次为0×10^{-6}mol/L, 0.83×10^{-6}mol/L, 1.66×10^{-6}mol/L, 2.48×10^{-6}mol/L, 3.29×10^{-6}mol/L, 4.10×10^{-6}mol/L, 4.90×10^{-6}mol/L, 5.70×10^{-6}mol/L, 6.49×10^{-6}mol/L, 7.28×10^{-6}mol/L；$C_{BSA}=5 \times 10^{-7}$mol/L, T=301K, λ_{ex}=280nm）

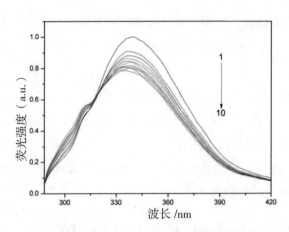

图10.2 多菌灵（紫外光照射降解）对牛血清白蛋白的荧光猝灭光谱（图中曲线1到10对应多菌灵的浓度依次为0×10^{-6}mol/L，8.31×10^{-6}mol/L，1.66×10^{-6}mol/L，2.48×10^{-6}mol/L，3.29×10^{-6}mol/L，4.10×10^{-6}mol/L，4.90×10^{-6}mol/L，5.70×10^{-6}mol/L，6.49×10^{-6}mol/L，7.28×10^{-6}mol/L；$C_{BSA}=5 \times 10^{-7}$mol/L，$T=301$K，$\lambda_{ex}=280$nm）

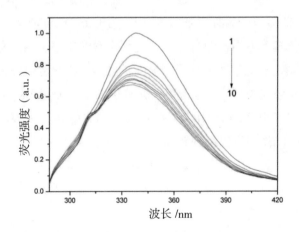

图10.3 多菌灵（臭氧降解）对牛血清白蛋白的荧光猝灭光谱（图中曲线1到10对应多菌灵的浓度依次为0×10^{-6}mol/L，8.31×10^{-6}mol/L，1.66×10^{-6}mol/L，2.48×10^{-6}mol/L，3.29×10^{-6}mol/L，4.10×10^{-6}mol/L，4.90×10^{-6}mol/L，5.70×10^{-6}mol/L，6.49×10^{-6}mol/L，7.28×10^{-6}mol/L；$C_{BSA}=5 \times 10^{-7}$mol/L，$T=301$K，$\lambda_{ex}=280$nm）

对于降解后的Carbendazim-BSA体系，分析其发生蓝移的原因应该为多菌灵降解成分与BSA之间发生了相互作用进而使得能量由色氨酸残基转移到了药物降解成分上，导致BSA的色氨酸残基发色团微环境发生改变，让其变得更加疏水[251]。

溶剂分子和荧光物质发生相互作用时导致荧光物质其荧光强度减小的这种现象称之为荧光猝灭，又分为静态猝灭和动态猝灭两种类型[252]。基态荧光分子与猝灭剂之间通过弱的结合生成复合物，且该复合物使荧光完全猝灭的现象称为静态猝灭；而动态猝灭主要特征为荧光物质激发态分子与猝灭剂分子间发生碰撞。荧光猝灭可以通过Stern–Volmer方程来表征[253]：

$$F_0 / F = 1 + k_q \tau_0 [Q] = 1 + K_{SV}[Q]$$

即

$$F_0 / F - 1 = K_q \tau_0 [Q] = K_{SV}[Q] \tag{10.2}$$

式中，F_0与F分别为BSA与多菌灵药物作用前后的荧光强度，K_q为双分子猝灭过程的速率常数，$[Q]$为猝灭剂浓度，K_{SV}为Stern–Volmer猝灭常数，可表示成双分子猝灭速率常数与单分子衰变速率常数的比率。相关文献表明[254]，各类猝灭剂对蛋白质等生物大分子的最大扩散碰撞猝灭常数约为2.0×10^{10}L/（mol·s）。τ_0表示没有添加药物情况下荧光分子的平均荧光寿命，大多数的生物分子的平均荧光寿命τ_0约为10^{-8}s。根据式（10.2），以猝灭数据F_0/F对药物（猝灭剂）浓度$[Q]$作图可以得到药物与BSA之间相互作用的猝灭常数。我们可以根据荧光寿命及其温度等参数来明确静态猝灭还是动态猝灭。若温度上升，导致猝灭常数减小，则偏向于静态猝灭特征；若温度上升，导致猝灭常数增加，则偏向于动态猝灭特征。

根据所得各个温度下多菌灵药物（降解前、紫外光照射降解和臭氧降解）对BSA荧光猝灭光谱，分析计算对应的猝灭相关参数，具体的计算结果列于表10.1～表10.3中。可以看出，表10.1～表10.3中的猝灭常数K_{SV}变化趋势与温度变化为相反关系，温度升高导致猝灭常数减小，另外，还可以发现k_q值均超过2.0×10^{10} L/（mol·s）。因此，可初步判断多菌灵对BSA的荧光猝灭主要是由于药物小分子与BSA分子相互作用形成了复合物而导致的静态猝灭。

表10.1　301K和314 K温度下多菌灵（未降解）与BSA结合的Stern-Volmer参数

温度T/K	猝灭常数K_{SV}/（L/mol）	k_q/[L/（mol·s）]	相关系数R
301	3.62×10^4	3.62×10^{12}	0.977 3
314	1.22×10^4	1.22×10^{12}	0.994 3

表10.2　301K和314K温度下多菌灵（紫外光照射降解）与BSA结合的Stern-Volmer参数

温度T/K	猝灭常数K_{SV}/（L/mol）	k_q/[L/（mol·s）]	相关系数R
301	4.44×10^4	4.44×10^{12}	0.976 5
314	3.81×10^4	3.81×10^{12}	0.966 2

表10.3　301K和314 K温度下多菌灵（臭氧降解）与BSA结合的Stern-Volmer参数

温度T/K	猝灭常数K_{SV}/（L/mol）	k_q/[L/（mol·s）]	相关系数R
301	8.05×10^4	8.05×10^{12}	0.976 5
314	4.92×10^4	4.92×10^{12}	0.968 6

　　为了进一步确认其猝灭类型，研究了药物-BSA体系的吸收光谱，结果如图10.4～图10.7所示，图中横坐标表示波长，纵坐标表示吸光度。图10.4为多菌灵降解前的实验结果，图中a曲线表示Carbendazim吸收光谱，b曲线表示BSA吸收光谱，c曲线表示Carbendazim-BSA混合体系吸收光谱，d曲线为a和b的叠加结果，实验过程中采用相同浓度的BSA和多菌灵药液（5×10^{-6}mol/L）。可以看出，BSA最大吸收峰在278nm左右，此峰主要由BSA中芳香族氨基酸的$\pi \to \pi$*跃迁引起，结果显示混合体系吸收光谱吸光度并不是两种物质吸光度的简单叠加，说明BSA和多菌灵药物发生了相互作用，生成了新的复合物，可以判断多菌灵对BSA为静态荧光猝灭。

　　图10.5～图10.7为BSA中添加多菌灵药液后（未降解、紫外光照射降解和臭氧降解）混合体系对应吸收光谱，结果表明，在三种情况下，随着多菌灵农药浓度的增加，混合体系吸收光谱峰形相比较于BSA吸收光谱都发生了改变，在283nm处出现了一肩峰，进一步表明其为静态猝灭类型。

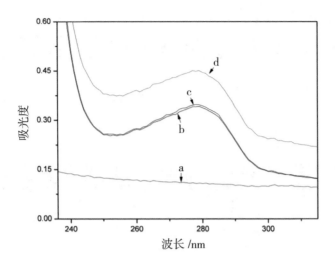

图10.4 多菌灵、BSA及多菌灵–BSA体系的紫外吸收光谱（a:Carbendazim，b:BSA，c:Carbendazim–BSA system，d:a+b；$C_{\text{Carbendazim}} = C_{\text{BSA}} = 5.0 \times 10^{-6}$mol/L）

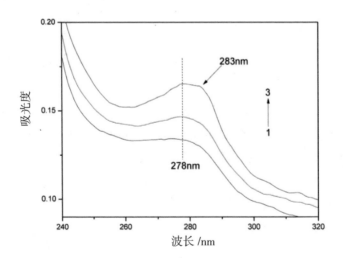

图10.5 降解前多菌灵与BSA混合体系的紫外吸收光谱（图中曲线1到3对应多菌灵的浓度依次为0×10^{-6}mol/L，2.48×10^{-6}mol/L，7.28×10^{-6}mol/L；$C_{\text{BSA}}=5.0 \times 10^{-7}$mol/L）

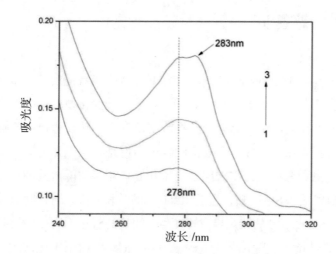

图10.6　紫外光照射降解多菌灵与BSA混合体系的紫外吸收光谱（图中曲线1到3对应多菌灵的浓度依次为$0×10^{-6}$mol/L，$2.48×10^{-6}$mol/L，$7.28×10^{-6}$mol/L；$C_{BSA}=5.0×10^{-7}$mol/L）

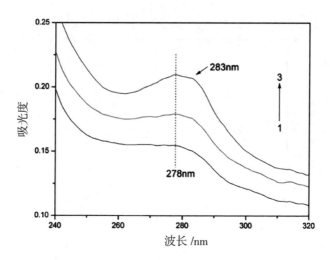

图10.7　臭氧降解多菌灵与BSA混合体系的紫外吸收光谱（图中曲线1到3对应多菌灵的浓度依次为$0×10^{-6}$mol/L，$2.48×10^{-6}$mol/L，$7.28×10^{-6}$mol/L；$C_{BSA}=5.0×10^{-7}$mol/L）

10.3.2　恶霉灵

图10.8～图10.10分别为Hymexazol–BSA体系（恶霉灵降解前、紫外光照射降解和臭氧降解后）的荧光发射光谱随药物浓度的变化情况。结果显示，当BSA浓度不变，在逐渐增大恶霉灵药物浓度情况下，随着恶霉灵药物浓度不断增加，BSA荧光强度出现了有规律的猝灭，但是其荧光光谱形状未发生变化，这表明BSA和恶霉灵药物之间发生了相互作用。对降解前的Hymexazol–BSA体系，根据图10.8可以知，当选用280nm的波长光激发时，随着恶霉灵含量增加，BSA在339nm处的荧光峰位置发生了明显的蓝移（从339nm到334nm）；经过紫外光照射降解和臭氧降解Hymexazol–BSA体系（图10.9和图10.10），在激发波长为280 nm时，BSA同样在339 nm处的发射荧光最强，同时还可以得出，荧光峰值位置蓝移程度相对于降解前明显减弱（从339nm到337nm），这种现象正好与降解后多菌灵对BSA的荧光猝灭光谱相反。

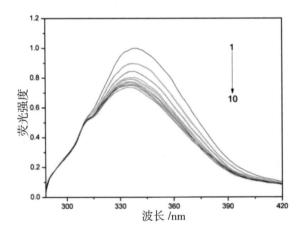

图10.8　恶霉灵（降解前）对牛血清白蛋白的荧光猝灭光谱（图中曲线1到10对应恶霉灵的浓度依次为0×10^{-6}mol/L，1.66×10^{-6}mol/L，3.31×10^{-6}mol/L，4.95×10^{-6}mol/L，6.58×10^{-6}mol/L，8.20×10^{-6}mol/L，9.80×10^{-6}mol/L，11.40×10^{-6}mol/L，12.99×10^{-6}mol/L，14.56×10^{-6}mol/L；$C_{BSA} = 5 \times 10^{-7}$mol/L，$T = 307$K，$\lambda_{ex} = 280$nm）

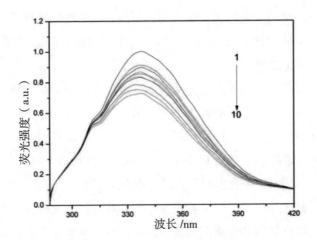

图10.9　恶霉灵（紫外光照射降解）对牛血清白蛋白的荧光猝灭光谱（图中曲线1到10对应恶霉灵的浓度依次为0×10⁻⁶mol/L，1.66×10⁻⁶mol/L，3.31×10⁻⁶mol/L，4.95×10⁻⁶mol/L，6.58×10⁻⁶mol/L，8.20×10⁻⁶mol/L，9.80×10⁻⁶mol/L，11.40×10⁻⁶mol/L，12.99×10⁻⁶mol/L，14.56×10⁻⁶mol/L；C_{BSA}=5×10⁻⁷mol/L，T=307K，λ_{ex}=280nm）

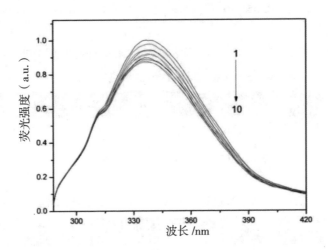

图10.10　恶霉灵（臭氧降解）对牛血清白蛋白的荧光猝灭光谱（图中曲线1到10对应恶霉灵的浓度依次为0×10⁻⁶mol/L，1.66×10⁻⁶mol/L，3.31×10⁻⁶mol/L，4.95×10⁻⁶mol/L，6.58×10⁻⁶mol/L，8.20×10⁻⁶mol/L，9.80×10⁻⁶mol/L，11.40×10⁻⁶mol/L，12.99×10⁻⁶mol/L，14.56×10⁻⁶mol/L；C_{BSA}=5×10⁻⁷mol/L，T=307K，λ_{ex}=280nm）

结果表明，相对于多菌灵，恶霉灵能够使BSA的色氨酸残基发色团周围的微环境发生变化，使其更加疏水，而经过紫外光照射降解和臭氧降解后，其降解成分抑制了这种变化。

针对不同温度下恶霉灵药物（降解前、紫外光照射降解和臭氧降解）对BSA的荧光猝灭光谱，相应的猝灭常数计算结果列于表10.4～表10.6中。由表10.4～表10.5可知，温度升高导致猝灭常数K_{SV}减小，其原因主要是当温度升高后，药物（恶霉灵）分子和BSA形成的复合物稳定性降低，从而引起猝灭常数减小。而表10.6中数据显示，经过臭氧降解后，恶霉灵对BSA的荧光猝灭常数随着温度升高而增加。若根据猝灭常数与温度之间的关系，在降解前和紫外光照射降解后的恶霉灵对BSA的荧光猝灭为静态猝灭，而经过臭氧降解后的恶霉灵对应动态猝灭。

表10.4　307K和314K温度下恶霉灵（降解前）与BSA结合的Stern-Volmer参数

温度T（K）	猝灭常数K_{SV}/（L/mol）	k_q/[L/（mol·s）]	相关系数R
307	3.07×10^4	3.07×10^{12}	0.970 2
314	2.45×10^4	2.45×10^{12}	0.984 5

表10.5　307K和314K温度下恶霉灵（紫外光照射降解）与
BSA结合的Stern-Volmer参数

温度T（K）	猝灭常数K_{SV}/（L/mol）	k_q/[L/（mol·s）]	相关系数R
307	2.57×10^4	2.57×10^{12}	0.991 9
314	2.45×10^4	2.45×10^{12}	0.986 9

表10.6　307K和314K温度下恶霉灵（臭氧降解）与BSA结合的Stern-Volmer参数

温度T（K）	猝灭常数K_{SV}/（L/mol）	k_q/[L/（mol·s）]	相关系数R
307	1.15×10^4	1.15×10^{12}	0.993 1
314	2.02×10^4	2.02×10^{12}	0.990 3

　　为了进一步研究降解机理，分别对恶霉灵三种情况下（降解前、紫外光照射降解和臭氧降解）与BSA混合体系的吸收光谱进行实验，结果如图10.11～图10.14所示。图10.11为保持恶霉灵和BSA及其混合体系中浓度相一致的条件下对应的实验结果，可以看出，在BSA中添加同等浓度恶霉灵药液后其吸收光谱发生了显著变化，首先吸光度减小，另外吸收光谱峰值发生了蓝移（2nm），从BSA最大吸收峰278nm处移到275nm处，这表明降解前的恶霉灵对BSA的荧光猝灭为静态猝灭。图10.12～图10.14分别为向相同浓度BSA溶液中逐次添加同种浓度恶霉灵药液（未降解、紫外光照射降解和臭氧降解）后混合体系的吸收光谱，结果表明，在278nm附件都出现BSA特征肩峰，但是对于未降解和紫外光照射降解恶霉灵两种情况下对于吸光度并没有随着恶霉灵浓度增加而提高，不满足吸光度叠加原理。对于图10.14，发现了不同的现象，随着恶霉灵浓度的增加，BSA-恶霉灵混合体系吸收光谱吸光度依次增加，而且吸收光谱峰形基本保持不变，表明恶霉灵经过臭氧降解后对BSA的荧光猝灭为动态猝灭。而表10.6发现k_q的数值在10^{12}数量级，远大于最大动态荧光猝灭速率常数$[2.0 \times 10^{10} L/(mol \cdot s)]$，这或许是受离子强度的影响，使得$k_q$值变大[100]。

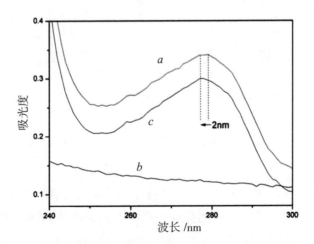

图10.11　恶霉灵、BSA及恶霉灵-BSA体系的紫外吸收光谱（a:BSA，b:Hymexazol，c:BSA-Hymexazolsystem；$C_{Hymexazol}=5.0 \times 10^{-6} mol/L$，$C_{BSA}=5.0 \times 10^{-6} mol/L$）

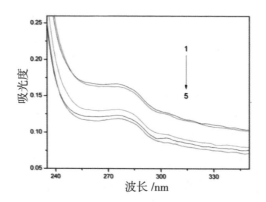

图10.12 降解前恶霉灵与BSA混合体系的紫外吸收光谱（图中曲线从1到5恶霉灵的浓度依次为6.58×10⁻⁶mol/L，11.40×10⁻⁶mol/L，8.20×10⁻⁶mol/L，0×10⁻⁶ mol/L，3.31×10⁻⁶mol/L；C_{BSA}=5×10⁻⁷mol/L）

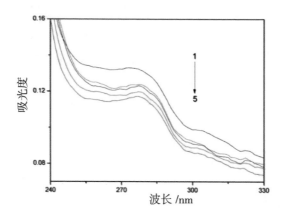

图10.13 紫外光照射降解恶霉灵与BSA混合体系的紫外吸收光谱（图中曲线从1到5恶霉灵的浓度依次为0×10⁻⁶mol/L，14.56×10⁻⁶mol/L，12.99×10⁻⁶mol/L，6.58×10⁻⁶mol/L，1.66×10⁻⁶mol/L；C_{BSA}=5×10⁻⁷mol/L）

通过多菌灵和恶霉灵两种药物对BSA作用的荧光光谱的分析，发现这两种药物对BSA都能形成有规律的猝灭。根据不同温度（301K和314K）下多菌灵对BSA的荧光猝灭光谱的分析，发现猝灭常数随温度升高而减小，同时根据多菌灵和BSA混合体系吸收光谱的变化可以判断多菌灵对BSA为静态猝灭。另外，根据所求得的猝灭常数，发现未降解、紫外光照射降解和臭氧降解三种情况下多菌灵对应的猝灭常数逐渐增大，尤其是多菌灵臭氧降解后结果最显著，在301K温度下，相对于降解前，其猝灭常数从3.62×10^4L/mol增加到8.05×10^4L/mol。针对这种现象，分析认为由于臭氧具有很强的氧化分解能力，最终会产生分子氧，而分子氧也是一种猝灭剂[100]，它几乎能够导致所有荧光物质产生荧光猝灭。通过对不同温度（307K和314K）下恶霉灵对BSA的荧光猝灭光谱和恶霉灵–BSA混合体系的吸收光谱分析后发现，这种现象不具有重复性，未降解和紫外光照射降解后恶霉灵对BSA形成静态猝灭，而经过臭氧降解后结果表明偏向为动态猝灭类型。

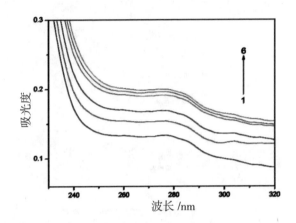

图10.14　臭氧降解恶霉灵与BSA混合体系的紫外吸收光谱（图中曲线从1到6恶霉灵的浓度依次为0×10^{-6}mol/L，1.66×10^{-6}mol/L，4.95×10^{-6}mol/L，8.20×10^{-6}mol/L，11.40×10^{-6}mol/L和14.56×10^{-6}mol/L；$C_{BSA}=5 \times 10^{-7}$mol/L）

10.4　药物与蛋白作用的结合常数和结合位点数

在前面的研究中已经得出，药物（多菌灵和恶霉灵）对BSA的荧光猝灭属于静态猝灭，而经过臭氧降解后恶霉灵对BSA偏向于动态猝灭。对于荧光强度、猝灭剂的浓度、结合常数及结合位数满足下列关系式[255]：

$$\log(\frac{F_0 - F}{F}) = n \log K_A + n \log([D_t] - n[P_t]\frac{F_0 - F}{F_0}) \qquad (10.3)$$

其中，F_0和F分别为BSA中添加猝灭剂前后的荧光强度，$[D_t]$和$[P_t]$分别为药物和BSA的总浓度，K_A为结合常数，n为结合位数。编写相应软件程序利用公式（10.3）计算药物（多菌灵和恶霉灵）与BSA在不同情况下的结合常数和结合位点数，程序流程图如图10.15所示。

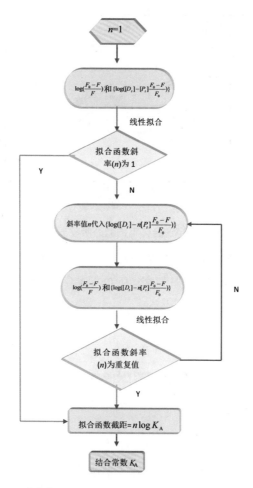

图10.15　药物与BSA结合常数和结合位点数计算软件流程图

　　图10.16～图10.18分别为多菌灵降解前、紫外光照射降解和臭氧降解后与BSA相互作用所得双对数方程曲线，然后将图中截距和斜率两种参数值代入公式（10.3），可以计算对应温度下的结合常数K_A和结合位点数n，计算结果列于表10.7～表10.9中。由图10.16～图6.18可知，所得拟合曲线都有着良好的线性关系，但是温度升高后其相关性下降，这些良好的线性关系表明药物多菌灵与BSA之间只有一个键合位，实验分析结果与计算所得到的结合位点数一致。此外，表10.7～表10.9中数据显示，在农药未降解、紫外光照射降解和臭氧降解三种情况下温度升高都导致结合常数降低，说明药物多菌灵与BSA之间的结合能力随着温度升高而减弱；同时发现，相比降解前农药，经过紫外光照射降解后其结合常数减弱，而经过臭氧降解后的多菌灵结合常数增强；另外发现多菌灵降解后，其结合位点数都小于降解前对应值。

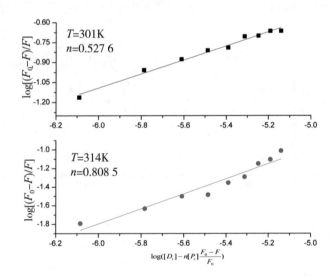

图10.16　301K和314K温度下多菌灵（未降解）与BSA作用的双对数方程曲线

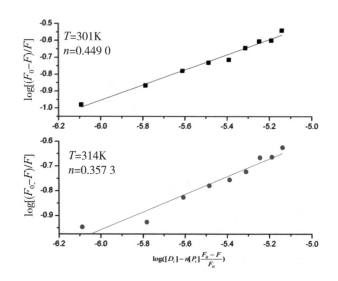

图10.17　301K和314K温度下多菌灵（紫外光照射降解）与BSA作用的双对数方程曲线

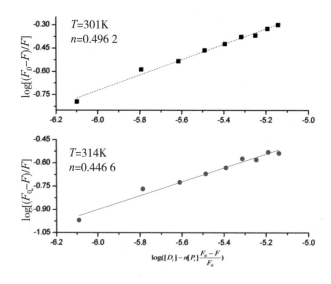

图10.18　301K和314K温度下多菌灵（臭氧降解）与BSA作用的双对数方程曲线

表10.7　301K和314K温度下的多菌灵（未降解）与BSA作用的结合常数和结合位点数

T/K	$K_A/$（L/mol）	n	R^a
301	0.85×10^4	0.527 6	0.992 4
314	0.60×10^4	0.808 5	0.965 4

注：R^a是K_A的相关系数。

表10.8　301K和314K温度下的多菌灵（紫外光照射降解）
与BSA作用的结合常数和结合位点数

T/K	$K_A/$（L/mol）	n	R^a
301	0.75×10^4	0.449 0	0.991 3
314	0.21×10^4	0.357 3	0.968 9

注：R^a是K_A的相关系数。

表10.9　301K和314K温度下的多菌灵（臭氧降解）与BSA作用的结合常数和结合位点数

T/K	$K_A/$（L/mol）	n	R^a
301	3.50×10^4	0.496 2	0.994 2
314	0.96×10^4	0.446 6	0.987 2

注：R^a是K_A的相关系数。

　　图10.19～图10.21分别为农药恶霉灵降解前、紫外光照射降解和臭氧降解后与BSA相互作用所得双对数方程曲线，然后将图中截距和斜率两种参数值代入公式（10.3），可以计算对应温度下的结合常数K_A和结合位点数n，计算结果列于表10.10～表10.12中。由图10.19～图10.21可以看出，当恶霉灵经过紫外光照射降解和臭氧降解后其相关性下降，同样计算得出恶霉灵与BSA之间只有一个键合位。另外，由表10.10～表10.12还可以看出，与多菌灵药物不同，恶霉灵各个温度下的结合常数随着温度的升高而增加，说明药物恶霉灵与BSA之间的结合能力增强了，总体来看降解后恶霉灵的结合常数改变不是太大。另外，发现恶霉灵降解后，其结合位点数值都大于降解前的对应值。

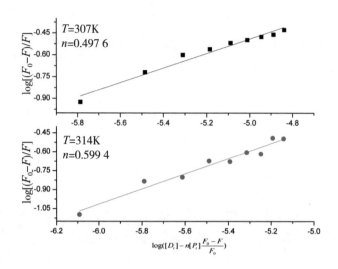

图10.19　307K和314K温度下恶霉灵（未降解）与BSA作用的双对数方程曲线

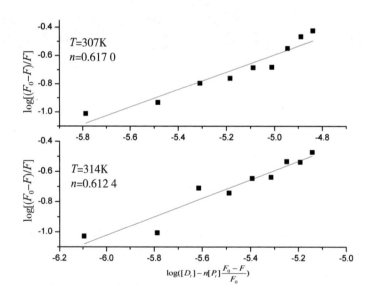

图10.20　307K和314K温度下恶霉灵（紫外光照射降解）与BSA作用的双对数方程曲线

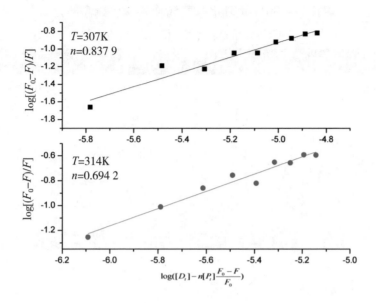

图10.21　307K和314K温度下恶霉灵（臭氧降解）与BSA作用的双对数方程曲线

表10.10　307K和314K温度下的恶霉灵（未降解）与BSA作用的结合常数和结合位点数

T/K	K_A/（L/mol）	n	R^a
307	1.03×10^4	0.497 6	0.982 8
314	2.03×10^4	0.599 4	0.978 9

注：R^a是K_A的相关系数。

表10.11　307K和314K温度下的恶霉灵（紫外光照射降解）

与BSA作用的结合常数和结合位点数

T/K	K_A/（L/mol）	n	R^a
307	1.09×10^4	0.617 0	0.952 8
314	2.14×10^4	0.612 4	0.952 8

注：R^a是K_A的相关系数。

表10.12　307K和314K温度下的恶霉灵（臭氧降解）
与BSA作用的结合常数和结合位点数

T/K	$K_A/$（L/mol）	n	R^a
307	0.78×10^4	0.836 9	0.967 1
314	2.10×10^4	0.694 2	0.979 6

注：R^a是K_A的相关系数。

10.5　药物与蛋白作用的热力学参数

　　猝灭剂和生物分子之间作用力类型主要包括疏水作用力、静电相互作用力、范德华力和氢键等[256]，可以根据药物与蛋白质作用热力学参数（焓变ΔH和熵变ΔS等）来判断属于哪种作用力类型[257]。当$\Delta H<0$和$\Delta S<0$时，主要表现为氢键和范德华力，当$\Delta H<0$和$\Delta S>0$时表现为静电作用力，当$\Delta H>0$和$\Delta S>0$时表现为疏水作用力。当温度变化幅度不大时，热力学参数焓变ΔH可以认为是一个常数，根据范特霍夫方程可以计算相关热力学参数：

$$\ln\frac{(K_A)_2}{(K_A)_1} = (\frac{1}{T_1} - \frac{1}{T_2})\frac{\Delta H}{R} \qquad （10.4）$$

$$\Delta G = -RT\ln K_A \qquad （10.5）$$

$$\Delta G = \Delta H - T\Delta S \qquad （10.6）$$

上面所列公式中，K_A为不同温度下的结合常数，R为一般气体常数，ΔH为焓变，ΔS为熵变，ΔG为生成自由能。

表10.13　301K和314K温度下的多菌灵与BSA作用的热力学参数

多菌灵	T/K	$\Delta H/(kJ/mol)$	$\Delta G/(kJ/mol)$	$\Delta S/[(J/(mol \cdot K)]$
未降解	301	−21.05	−22.60	5.28
	314	−21.05	−22.71	5.28
紫外光照射降解	301	−76.94	−22.33	−181.45
	314	−76.94	−19.97	−181.45
臭氧降解	301	−78.19	−26.18	−172.78
	314	−78.19	−23.94	−172.78

表10.14　307K和314K温度下的恶霉灵与BSA作用的热力学参数

恶霉灵	T/K	$\Delta H/(kJ/mol)$	$\Delta G/(kJ/mol)$	$\Delta S/[(J/(mol \cdot K)]$
未降解	307	77.68	−23.58	329.85
	314	77.68	−25.89	329.85
紫外光照射降解	307	77.24	−23.73	328.89
	314	77.24	−26.03	328.89
臭氧降解	307	113.39	−22.87	443.87
	314	113.39	−25.98	443.87

　　由表10.13可知，BSA与未降解多菌灵结合反应的自由能变化ΔG和焓变ΔH为负值，熵变ΔS为正值，表明多菌灵药物与BSA之间结合的作用力主要是静电作用力；而经过紫外光照射降解和臭氧降解后 ΔH 和 ΔS 都为负值，所以降解后多菌灵药物与BSA之间结合的作用力主要是氢键和范德华作用力。由表10.14可知，三种类型下恶霉灵（未降解、紫外光照射降解和臭氧降解）结合反应的自由能变化ΔG都为负值，熵变ΔS和焓变ΔH都为正值，表明恶霉灵药物与BSA之间结合的作用力主要是疏水作用力。实验结果表明，对农药进行降解后能够对药物与蛋白热力学参数形成影响，具体包括数值大小和作用力类型的改变。

10.6 药物与蛋白之间能量转移和结合距离

蛋白质和药物之间发生的能量转移包括辐射和非辐射两种类型，辐射能量转移的特征是荧光光谱发生畸变[258]，根据图10.1和图10.8可知，BSA荧光光谱没有发生畸变，因此可以判断BSA与药物（多菌灵和恶霉灵）之间能量转移为非辐射能量转移。Förster非辐射能量转移原理[259]表明：如果受体的吸收光谱与供体的荧光光谱发生重叠，并且受体与供体间距离小于7nm，则会发生非辐射能量转移，导致荧光猝灭产生，而猝灭的程度决定于牛血清白蛋白和药物（多菌灵和恶霉灵）之间的距离。图10.22和图10.23是BSA的荧光光谱和农药（多菌灵和恶霉灵）吸收光谱重叠图，能量转移效率E与结合距离r之间的关系式为

$$E = 1 - \frac{F}{F_0} = \frac{R_0^6}{R_0^6 + r^6} \tag{10.7}$$

其中，E为能量转移效率，F_0和F表示药物和BSA作用前后的荧光发射强度，R_0为转移效率为50%时的临界距离[260]，r为BSA和药物的结合距离。R_0的表达式为

$$R_0^6 = 8.79 \times 10^{-25} k^2 N^{-4} \varphi J \tag{10.8}$$

式中，k^2为偶极空间取向因子（通常取值2/3），N为介质的折射指数（通常取水和有机物的平均值1.36），φ为供体（BSA）的荧光量子产率，通常取蛋白质中色氨酸的量子产率0.118，J为供体（BSA）荧光光谱与受体（药物）吸收光谱的重叠积分，则

$$J = \frac{\sum F(\lambda) \varepsilon(\lambda) \lambda^4 \Delta\lambda}{\sum F(\lambda) \Delta\lambda} \tag{10.9}$$

式中，$F(\lambda)$为牛血清白蛋白在波长λ处的荧光强度，$\varepsilon(\lambda)$为非洛地平在波长λ处的摩尔吸光系数。

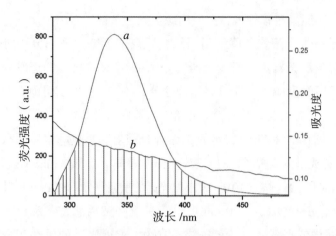

图10.22　BSA的荧光光谱和多菌灵的吸收光谱的重叠图（a：BSA的荧光光谱；b：多菌灵的吸收光谱；$C_{BSA}/C_{Carbendazim}$=1∶1）

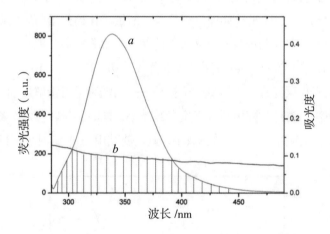

图10.23　BSA的荧光光谱和恶霉灵的吸收光谱的重叠图（a：BSA的荧光光谱；b：恶霉灵的吸收光谱；$C_{BSA}/C_{Hymexazol}$=1∶1）

对于多菌灵和BSA之间的结合作用，根据图10.22，依据式（10.9）求得光谱的重叠积分J=4.10×10^{-14}cm³·L/mol，由式（10.7）和式（10.8）求得R_0=3.06nm，E=0.07，r=4.72nm；对于恶霉灵和BSA之间的结合作用，根据图10.23，依据式（10.7）～式（10.9）求得光谱的重叠积分J=2.94×10^{-14}cm³·L/mol，R_0=2.90nm，E=0.11，r=4.11nm。由上述计算结果可知，药物（多菌灵和恶霉灵）和BSA之间的结合距离r均小于7nm，符合了Förster非辐射能量转移理论，具备了能量转移猝灭蛋白质内源荧光的条件。

为了进一步了解农药降解后对结合距离的影响，下面分别对紫外光照射和臭氧降解后恶霉灵进行实验研究。由第8章结论可以知道恶霉灵紫外光照射降解后吸光度减小，同时根据理论公式（10.9）可以明确重叠积分参数J将会下降，同时由公式（10.8）可知转移效率为50%时的临界距离参数R_0同样会减小。图10.24和图10.25分别为紫外光照射和臭氧降解后恶霉灵吸收光谱与BSA荧光光谱的重叠图，对于紫外光照射降解后恶霉灵和BSA之间的结合作用，依据式（10.7）～式（10.9）式求得光谱的重叠积分$J = 2.19 \times 10^{-14} \mathrm{cm}^3 \cdot \mathrm{L/mol}$，$R_0$=2.76nm，$E$=0.09，$r$=4.06nm。对于臭氧降解后恶霉灵和BSA之间的结合作用，同样依据式（10.7）～式（10.9）求得光谱的重叠积分J=2.51 × $10^{-14} \mathrm{cm}^3 \cdot \mathrm{L/mol}$，$R_0$=2.82nm，$E$=0.02，$r$=5.40nm。实验结果与理论相一致。另外恶霉灵（紫外光照射降解和臭氧降解）和BSA之间的结合距离r均小于7nm，符合了Förster非辐射能量转移理论，具备了能量转移猝灭蛋白质内源荧光的条件。结果表明，对农药进行紫外光照射降解和臭氧降解后，能够影响到药物与蛋白之间的结合距离等参数，而且根据公式（10.7）～式（10.9）和具体药物对蛋白的荧光猝灭光谱可以得到一个推导——对药物进行降解影响结合距离的快速判断方法：若药物降解后吸光度参数减小，同时能量转移效率参数E增加，则结合距离值会减小，如果参数E减小，则需要利用公式进行推导计算。

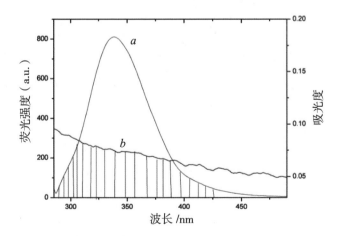

图10.24　BSA的荧光光谱和恶霉灵（紫外光照射降解）的吸收光谱的重叠图（a：BSA的荧光光谱；b：恶霉灵的吸收光谱；$C_{\mathrm{BSA}}/C_{\mathrm{Hymexazol}}$=1：1）

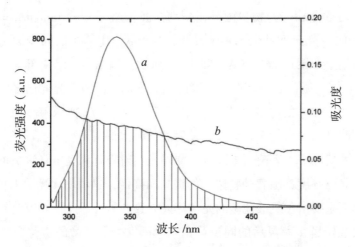

图10.25　BSA的荧光光谱和恶霉灵（臭氧降解）的吸收光谱的重叠图（a：BSA的荧光光谱；b：恶霉灵的吸收光谱；$C_{BSA}/C_{Hymexazol}$=1：1）

10.7　药物对血清白蛋白构象的影响研究

当药物与蛋白质发生相互作用时有可能会改变蛋白质的构象，而蛋白质只有在合适的构象状态下才能表现其生物活性。同步荧光光谱技术是研究蛋白质构象的一种有效方法，根据所测得的荧光强度与对应激发波长（或发射波长）可以构成同步荧光光谱，由于其具有便捷、简化图谱、减小带宽和避免各种干扰影响等优点[261, 262]，已被广泛应用于生物分子分析与测定等研究领域。当激发和发射波长差值设置为15nm时，其同步荧光光谱揭示的是酪氨酸残基光谱特性，而激发和发射波长差值被设置为60nm时，揭示的是色氨酸残基的光谱特性[263]。

图10.26为多菌灵（未降解、紫外光照射降解和臭氧降解）与BSA相互作用的同步荧光光谱图。在同步荧光光谱实验中，固定牛血清白蛋白的浓

度，然后逐渐滴加药物多菌灵，分别在波长差为$\Delta\lambda=15nm$和$\Delta\lambda=60nm$下采用RF5301荧光光度计记录多菌灵药物与BSA作用体系的同步荧光光谱，所得实验结果如图10.26中（A）和（B）所示。根据实验结果可知，当波长差$\Delta\lambda=15nm$时，随着药物多菌灵浓度的不断增加，同步荧光光谱强度均出现了有规律的增加，根据多菌灵荧光光谱分析认为，应该为多菌灵在300nm存在的荧光峰导致。另外，最大荧光发射波长基本保持不变。当波长差$\Delta\lambda=60nm$时，三种情况下（多菌灵未降解、紫外光照射降解和臭氧降解）可发现其同步荧光光谱强度都随着药物浓度的提高而降低，这说明多菌灵对BSA形成的荧光猝灭主要由色氨酸残基的光谱猝灭导致。另外，发现对应紫外光照射降解和臭氧降解多菌灵后的同步荧光光谱都发生了轻微的蓝移现象，这与图10.2和图10.3中的现象一致，表明药物降解后与牛血清白蛋白作用后使色氨酸残基附近的微环境发生了改变，BSA腔内疏水环境的极性增大[264]。

图10.27为恶霉灵（未降解、紫外光照射降解和臭氧降解）与BSA相互作用的同步荧光光谱图。在同步荧光光谱实验中，固定牛血清白蛋白的浓度，然后逐渐滴加药物恶霉灵，分别在波长差为$\Delta\lambda=15nm$和$\Delta\lambda=60nm$下采用RF5301荧光光度计记录了恶霉灵药物与BSA作用体系的同步荧光光谱，具体结果如图10.27中（A）和（B）所示。通过图10.27中1（A）和2（A）可知，当波长差$\Delta\lambda=15nm$时，随着药物恶霉灵浓度的不断增加，同步荧光光谱强度有增加，增加幅度很小，而3（A）结果显示在恶霉灵浓度$0\sim14.56\times10^{-6}mol/L$范围内同步荧光强度改变很小，最大荧光发射波长基本保持不变。当波长差$\Delta\lambda=60nm$时，图10.27中1（B）～3（B）三种情况（恶霉灵未降解、紫外光照射降解和臭氧降解）表明其同步荧光光谱强度都随着药物浓度的提高而降低，这同样说明恶霉灵对BSA形成的荧光猝灭主要由色氨酸残基的光谱猝灭导致。另外，发现其同步荧光光谱都发生了轻微的蓝移现象，这与图10.4～图10.6中的现象一致，表明恶霉灵药物与牛血清白蛋白作用后使色氨酸残基附近的微环境发生了改变，BSA腔内疏水环境的极性增大[210]，同时发现恶霉灵经过臭氧降解后对BSA同步荧光猝灭程度减弱。

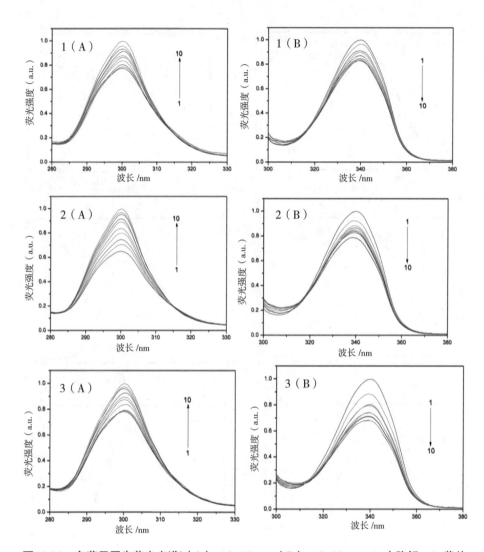

图10.26 多菌灵同步荧光光谱[（A）：$\Delta\lambda=15\text{nm}$；（B）：$\Delta\lambda=60\text{nm}$；1-未降解；2-紫外光照射降解；3-臭氧降解，图中曲线1到10对应多菌灵的浓度依次为0×10^{-6}mol/L，8.31×10^{-6}mol/L，1.66×10^{-6}mol/L，2.48×10^{-6}mol/L，3.29×10^{-6}mol/L，4.10×10^{-6}mol/L，4.90×10^{-6}mol/L，5.70×10^{-6}mol/L，6.49×10^{-6}mol/L，7.28×10^{-6}mol/L；$C_{\text{BSA}}=5\times10^{-7}$mol/L]

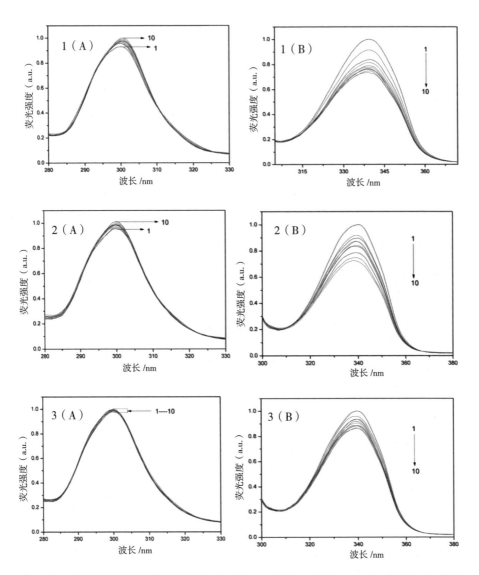

图10.27 恶霉灵同步荧光光谱[（A）：Δλ=15nm；（B）：Δλ=60nm；1-未降解；2-紫外
光照射降解；3-臭氧降解，图中曲线1到10对应多菌灵的浓度依次为0×10⁻⁶mol/L，
1.66×10⁻⁶mol/L，3.31×10⁻⁶mol/L，4.95×10⁻⁶mol/L，6.58×10⁻⁶mol/L，
8.20×10⁻⁶mol/L，9.80×10⁻⁶mol/L，11.40×10⁻⁶mol/L，12.99×10⁻⁶mol/L，
14.56×10⁻⁶mol/L；C_{BSA}=5×10⁻⁷mol/L]

10.8　本章小结

本章基于荧光光谱和紫外−可见吸收光谱技术，研究了多菌灵和恶霉灵农药（未降解、紫外光照射降解和臭氧降解）与牛血清白蛋白之间的结合机制，具体包括它们之间的猝灭类型、结合常数、结合位点数、作用力类型，以及结合距离等参数，得出如下结论。

（1）药物（多菌灵和恶霉灵）与BSA之间存在较强的结合作用，药物（多菌灵和恶霉灵）对BSA的荧光猝灭是静态猝灭；紫外吸收光谱研究表明药物与BSA之间发生了相互作用，且生成了复合物，进一步证实了药物对BSA的猝灭属于静态猝灭。多菌灵药物经紫外光和臭氧降解后对BSA的猝灭为静态猝灭，恶霉灵药物经过紫外光照射降解后对BSA同样为静态猝灭，而经过臭氧降解后表现为动态猝灭特征。

（2）研究获得了两种药物（多菌灵和恶霉灵）在未降解、紫外光照射降解和臭氧降解三种情况下与BSA之间相互作用的结合常数和结合位点数。研究结果表明，农药经过紫外光照射降解和臭氧降解后能够改变药物与BSA之间的结合常数，另外农药降解前后结合常数随温度变化一致，如多菌灵药物降解前后结合常数都随温度升高而减小，恶霉灵药物降解前后结合常数都随温度升高而增加。

（3）通过研究热力学参数，获得了药物（多菌灵和恶霉灵）与BSA之间结合的作用力。降解前多菌灵药物与BSA之间结合的作用力主要是静电作用力，经过紫外光照射降解和臭氧降解后主要是氢键和范德华作用力；恶霉灵药物（降解前、紫外光照射降解和臭氧降解）与BSA之间结合的作用力主要是疏水作用力。

（4）研究获得了药物（多菌灵和恶霉灵）和BSA之间的结合距离。其中多菌灵与BSA之间的结合距离为4.72nm，恶霉灵和BSA之间的结合距离为4.11nm。恶霉灵经紫外光照射降解后，其结合距离为4.06nm，经臭氧降解后其结合距离为5.40nm。获得药物降解影响结合距离的快速判断方法：若药物降解后吸光度参数减小，同时能量转移效率参数E增加，则结合距离值会减小。

（5）采用同步荧光光谱技术研究药物（多菌灵和恶霉灵）对BSA构象的影响。多菌灵（降解前、紫外光照射降解和臭氧降解）：当波长差$\Delta\lambda$=15nm时，随着药物多菌灵浓度的不断增加，揭示酪氨酸残基同步荧光光谱强度均出现了有规律的增加；当波长差$\Delta\lambda$=60nm时，揭示色氨酸残基的同步荧光光谱强度都随着药物浓度的提高而降低，紫外光照射降解和臭氧降解多菌灵后的同步荧光光谱都发生了轻微的蓝移现象。恶霉灵（降解前、紫外光照射降解和臭氧降解）：当波长差$\Delta\lambda$=15 nm时，随着药物恶霉灵浓度的不断增加，酪氨酸残基同步荧光光谱强度均有微弱增加；当波长差$\Delta\lambda$=60nm时，色氨酸残基的同步荧光光谱强度都随着药物浓度的提高而降低，同时有轻微的蓝移现象。

参考文献

[1]   JOHNSON RR，REGO B J，JOHNSON AT，et al. Computational study of a nanobiosensor：a singlewalled carbon nanotube functionalized with the coxsackie-adenovirus receptor[J]. Journal of physical chemistry B，2009，113（34）：89-93.

[2]   ISHIKAWA FN，CURRELI M，CHANG HK，et al. A calibration method for nanowire biosensors to suppress device-to-device variation[J]. ACS Nano，2009，3（12）：3969-3976.

[3]   孙承志，麦锦欢. 水中五种有机磷农药测定探讨[J].仪器仪表学报，2001，22（4）：385-386.

[4]   杨亚平，林森.气相色谱法测定蔬菜中有机磷农药的残留量[J].化学分析计量，2003，12（5）：23-25.

[5]   刘忠，谢克锦.气相色谱法测定茶叶中多种有机磷农药残留[J]. 福建分析测试.2003，12（1）：1698-1699.

[6]   曲红云，张军民.当年国际上先进的农药残留分析技术[J].黑龙江农业科学，2000（5）：37-39.

[7]   刘曙照，钱传范.九十年代农药残留分析新技术[J].农药，1998,37（6）：11-13.

[8]   ZAHRA D，HASSAN G，ELAHE K. Support vector regression based QSPR for the prediction of retention time of pesticide residues in gas chromatography–mass spectroscopy[J]. Microchemical Journal，2013，106：51-60.

[9]　LLORENT-MARTÍNEZ EJ，ORTEGA-BARRALES P，FERNÁNDEZ-DE CÓRDOVA ML，et al. Trends in flow-based analytical methods applied to pesticide detection：A review[J]. Analytica Chimica Acta，2011，684（1-2）：21-30.

[10]　GARCÍA-RODRÍGUEZ D，CELA-TORRIJOS R，LORENZO-FERREIRA RA，et al. Analysis of pesticide residues in seaweeds using matrix solid-phase dispersion and gas chromatography–mass spectrometry detection[J]. Food Chemistry，2012，135（1）：259-267.

[11]　季仁东，赵志敏，张林，等. 苹果汁中吡虫啉农药残留荧光检测研究[J].光谱学与光谱分析，2013，33（3）：668-671.

[12]　CRENTSIL KB，ARCHIBOLD B，ELLIS E，et al. Residues of organochlorine pesticides in vegetables marketed in Greater Accra Region of Ghana[J]. Food Control，2012，25（2）：537–542.

[13]　PRASAD R，UPADHYAY N，KUMAR V，et al. Simultaneous determination of seven carbamate pesticide residues in gram，wheat，lentil，soybean，fenugreek leaves and apple matrices[J]. Microchemical Journal，2013，111：91-96.

[14]　蒋开年，宋学伟，崔志斌，等. 气相色谱法测定黄芪甘草中有机氯农药残留量[J]. 西南民族大学学报（自然科学版），2008，34（1）：120-122.

[15]　张文娟，连庚寅，郭晓喜，等. 超高效液相色谱-串联质谱法测定10种食品中的阿维菌素类药物残留[J]. 食品科学，2012，33（18）：226-231.

[16]　SŁOWIK-BOROWIEC M，SZPYRKA E，WALORCZYK S. Gas chromatographic determination of pesticide residues in white mustard[J]. Food Chemistry，2015，173：997-1005.

[17]　LI J，ZHANG HF，SHI YP. Monitoring multi-class pesticide residues in fresh grape by hollow fibre sorptive extraction combined with gas chromatography-mass spectrometry[J]. Food Chemistry，2011，127（2）：784-790.

[18] PÁLENÍKOVÁ A，MARTÍNEZ-DOMÍNGUEZ G，ARREBOLAF J，et al.Multifamily determination of pesticide residues in soya-based nutraceutical products by GC/MS-MS[J]. Food Chemistry，2015，173：796-807.

[19] SIVAPERUMAL P，ANAND P，RIDDHIL. Rapid determination of pesticide residues in fruits and vegetables，using ultra-high-performance liquid chromatography/time-of-flight mass spectrometry[J].Food Chemistry，2015，168：356-365.

[20] BHAND S，SURUGIU I，DZGOEV A，et al. lmmuno-arrays for multianalyte analysis of chlorotriazines[J]. Talanta，2005，65（2）：331-336.

[21] KUMAR MA，CHOUHAN RS，THAKUR MS，et al. Automated flow enzyme-linked immunosorbent assay（ELISA）system for analysis of methyl parathion[J].Analytica Chimica Acta，2006，560（1-2）：30-34.

[22] JIANG XS，LI DY，XU X，et al. Immunosensors for detection of pesticide residues[J]. Biosensors and Bioelectronics，2008，23（11）：1577-1587.

[23] NAVARRO P，PÉREZ AJ，GABALDÓN JA，et al. Detection of chemical residues in tangerine juices by a duplex immunoassay[J]. Talanta，2013，116：33-38.

[24] MENG XW，WEI JF，REN XL，et al. A simple and sensitive fluorescence biosensor for detection of organophosphorus pesticides using H_2O_2-sensitive quantum dots/bi-enzyme[J]. Biosensors and Bioelectronics，2013，47：402-407.

[25] GUO XS，ZHANG XY，CAI Q，et al. Developing a novel sensitive visual screening card for rapid detection of pesticide residues in food[J]. Food Control，2013，30（1）：15-23.

[26] 张超.农药残留的荧光光谱检测技术研究[D].吉林：吉林大学，2006.

[27] 耿敬章，仇农学.生物传感器及其在食品残留检测中的应用[J]. 农药质量控制，2005，13（1）：42-43.

[28]   ZHENG YH，HUA TC，SUN DW，et al.Detectio n of dichlorvos residue by flow injection calorimetric biosensor based on immobilized chicken liver esterase[J].Journal of Food Engineering，2006，74（1）: 24-29.

[29]   POGACNIK L，FRANKO M. Detection of organophosphate and carbonate pesticides in vegetable samples by a photothermal biosensor[J]. Biosensors and Bioelectronics，2003，18（1）: 1-9.

[30]   WU S，HUANG FF，LAN XQ，et al.Electrochemically reduced graphene oxide and nafion nanocomposite for ultralow potential detection of organophosphate pesticide[J]. Sensors and Actuators B: Chemical，2013，177: 724-729.

[31]   SHANG ZJ，XU YL，GU YXZ，et al. A rapid detection of pesticide residue based on piezoelectric biosensor[J]. Procedia Engineering，2011，15: 4480-4485.

[32]   DIJKSTRA RJ，AEIESE F，GOOIJER C，et al. Raman spectoscopy as a detection method for liquid-sparation techniques[J]. TrAC Trends in Analytical Chemistry，2005，24（4）: 304-323.

[33]   ANDRÉ B，WOLFGANG M，VOLKER G，et al. Model-based measurement of diffusion using raman spectroscopy[J]. AICHE Jounal，2003，49（2）: 39-41.

[34]   CHUNG H，KU MS. Feasibility of monitoring acetic acid process using near-infrared spectroscopy[J]. Vibrational Spectroscopy，2003，31（1）: 125-131.

[35]   WOO YA，KIM HJ，CHO J. Discrimination of herbal medicines according to geographical origin with near infrared reflectance spectroscopy and patten recognition techniques[J]. Journal of Pharmaceutical and Biomedical Analysis，2001，24（2）: 407-413.

[36]   陈蕊，张骏，李晓龙. 蔬菜表面农药残留可见近红外光谱探测与分类识别研究[J].光谱学与光谱分析，2012，32（5）: 1230-1233.

[37]   DHAKAL S，LI Y，PENG Y，et al. Prototype instrument development for non-destructive detection of pesticide residue in apple surface using

Raman technology[J]. Journal of Food Engineering，2014，123：94-103.

[38] WANG X，DU YP，ZHANG H，et al. Fast enrichment and ultrasensitive in-situ detection of pesticide residues on oranges with surface-enhanced Raman spectroscopy based on Au nanoparticles decorated glycidyl methacrylate-ethylene dimethacrylate material[J]. Food Control，2014，46：108-114.

[39] 刘海生，刘伟，章竹君. 微阀进样和固定化试剂化学发光微流动注射芯片的研究[J]. 分析化学，2005，33（6）：811-813.

[40] 李清文，王义明，张新荣，等. 溶胶凝胶法制备固定化酶柱并应用于化学发光型的葡萄糖传感器[J]. 分析化学，1999，27（11）：1274-1277.

[41] 章竹君，秦伟. 光纤化学发光和生物发光传感器[J]. 分析科学学报，1997，13（1）：72-77.

[42] 纽伟民，赵晓联，赵春城.有机磷农药检测方法综述[J].江苏食品与发酵，2013，12（1）：40-42.

[43] LAMBROPOULOU DA，ALBANIS TA. Liquid-phase micro-extraction techniques in pesticide residue analysis[J]. Journal of Biochemical and Biophysical Methods，2007，70（2）：195-228.

[44] LEDOUX M. Analytical methods applied to the determination of pesticide residues in foods of animal origin.A review of the past two decades[J]. Journal of Chromatography A，2011，1218（8）：1021-1036.

[45] ACHIM B. Pesticide residue measurements：activities and current research from the EC standards，measurements and testing programme（SMT）[J]. TrAC Trends in Analytical Chemistry，1999，18（7）：400-448.

[46] LIU SQ，YUAN L，YEU XL，et al.Recent advances in nanosensors for organophosphate pesticide detection[J]. Advanced Powder Technology，2008，19（5）：419-441.

[47] JIN BH，XIE LQ，GUO YF，et al.Multi-residue detection of pesticides in juice and fruit wine：A review of extraction and detection methods[J]. Food Research International，2012，46（1）：399-409.

[48] 杨柳，王贵禧，樊金拴. 农产品农药残留的标准、检测和降解技术的

研究进展[J]. 中国农学通报，2005，21（12）：108-116.

[49] HOFFMANNM R，HUA I，HÖCHEMER R. Application of ultrasonic irradiation for the degradation of chemical contaminants in water[J]. Ultrasonics Sonochemistry，1996，3（3）：163-172.

[50] 马静，付颖，叶非. 超声波诱导降解消除农药残留的研究进展[J]. 东北农业大学学报，2009，40（5）：140-144.

[51] ZHANG YY，HOU YX，CHEN F，et al. The degradation of chlorpyrifos and diazinon in aqueous solution by ultrasonic irradiation：Effect of parameters and degradation pathway[J]. Chemosphere，2011，82（8）：1109-1115.

[52] RICARDO AT，ROSA M，CHRISTIAN P，et al. Experimental design approach to the optimization of ultrasonic degradation of alachlor and enhancement of treated water biodegradability[J]. Ultrasonics Sonochemistry，2009，16（3）：425-430.

[53] KIDAK R，DOGAN S. Degradation of trace concentrations of alachlor by medium frequency ultrasound[J]. Chemical Engineering and Processing：Process Intensification，2015，89：19-27.

[54] 孙红杰，张志群. 超声波降解甲胺磷农药废水[J].中国环境科学，2002，22（3）：210-213.

[55] NAJIM IN，SNOEYINK VL，LYKINS BW. Using powdered activated carbon：a critical review[J]. Journal American Water Works Association，1991，83（1）：64-67.

[56] 田洪磊，詹萍，李开雄. 活性炭对浓缩苹果汁中甲胺磷残留农药吸附性能的研究[J]. 食品科学，2007，28（5）：56-59.

[57] LIU YH，XU ZZ，WU XG，et al. Adsorption and desorption behavior of herbicide diuron on various Chinese cultivated soils[J]. Journal of Hazardous Materials，2010，178（1-3）：462-468.

[58] WANG L，ZHU DQ，DUAN L，et al. Adsorption of single-ringed N-and S-heterocyclic aromatics on carbon nanotubes[J]. Carbon，2010，48（13）：3906-3915.

[59] GOTOVAC S, YANG CM, Hattori Y, et al. Adsorption of polyaromatic hydrocarbons on single wall carbon nanotubes of different functionalities and diameters[J]. Journal of Colloid and Interface Science, 2007, 314（1）: 18-24.

[60] SHTOGUN YV, WOODS LM, DOVBESHKO GI, et al. Adsorption of adenine and thymine and their radicals on single-wall carbon nanotubes[J]. Journal of physical chemistry C, 2007, 111（49）: 18174–18181.

[61] SHIH YH, LI MS. Adsorption of selected volatile organic vapors on multiwall carbon nanotubes[J]. Journal of hazardous materials, 2008, 154（1-3）: 21-28.

[62] YAN XM, SHI BY, LU JJ, et al. Adsorption and desorption of atrazine on carbon nanotubes[J]. Journal of colloid and interface science, 2008, 321（1）: 30-38.

[63] CHEN GC, SHAN XQ, WANG YS, et al. Adsorption of 2, 4, 6-trichlorophenol by multi-walled carbon nanotubes as affected by Cu（II）[J]. Water research, 2009, 43（9）: 2409-2418.

[64] MOUSSAVI G, HOSSEINI H, ALAHABADI A. The investigation of diazinon pesticide removal from contaminated water by adsorption onto NH_4CL-induced activated carbon[J]. Chemical engineering journal, 2013, 214（1）: 172-179.

[65] JUSOH A, HARTINI WJH, ALI NA, et al. Study on the removal of pesticide in agricultural run off by granular activated carbon[J]. Bioresource Technology, 2011, 102（9）: 5312-5318.

[66] 陈其勇, 吴若昕, 常春艳, 等. 辐照降解中草药中氨基甲酸酯和有机磷残留[J]. 核农学报, 2013, 27（5）: 0623-0628.

[67] 陈梅红, 张艳, 程淑华. 电离辐射降解农药残留研究[J]. 宁夏农业科技, 2003, 25（12）: 27-30.

[68] ZAIESKA A, HUPKA J, WIERGOWSKI M, et al. Photocatalytic degradation of lindane, p, p'-DDT and methoxychlor in an aqueous environment[J]. Journal of Photochemistry and Photobiology A: Chemistry.

2000，135（2-3）：213-220.

[69]   NIETO LM，HODAIFA G，CASANOVA MS，et al. Elimination of pesticide residues from virgin olive oil by ultraviolet light：Preliminar y results[J]. Journal of Hazardous Materials，2009，168（1）：555-559.

[70]   刘新社，简在海，王吉庆，等. 紫外光照射降解水果中农药残留设备的设计与试验[J].农业工程学报，2011，27（1）：335-359.

[71]   ANDRÉ LUÍS DECP，TEIXEIRA ACSC.Degradation of amicarbazone herbicide by photochemical processes[J]. Journal of Photochemistry and Photobiology A：Chemistry，2014，275：54-64.

[72]   ONG KC，CASH JN，ZABIK MJ，et al. Chlorine and ozone washes for pesticide removal from apples and processed apple sauce[J]. Food Chemistry，1996，55（2）：153-160.

[73]   CHIRON S，RODRIGUEZ A，FERNANDEZ-ALBA A.Application of gas and liquid chromatography–mass spectrometry to the evaluation of pirimiphos methyl degradation products in industrial water under ozone treatment[J]. Journal of Chromatography A，1998，823（1-2）：97-107.

[74]   CHELME-AYALA P，EL-DIN MG，SMITH DW，et al.Oxidation kinetics of two pesticides in natural waters by ozonation and ozone combined with hydrogen peroxide[J].Water Research，2001，45（8）：2517-2526.

[75]   FÁBIO G，AMILCAR MJ，VALDIR SF，et al. Investigation of chlorimuron-ethyl degradation by Fenton，photo-Fenton and ozonation processes[J]. Chemical Engineering Journal，2012，210：444-450.

[76]   BENITEZ FJ，ACERO JL，REAL FJ. Degradation of carbofuran by using ozone，UV radiation and advanced oxidation processes[J]. Journal of Hazardous Materials，2002，89（1）：51-65.

[77]   杨学昌，王真，高宣德，等.蔬菜水果农药残留处理的新方法[J].清华大学学报（自然科学版），1997，37（9）：13-15.

[78]   伍小红，李建科，戴金续.臭氧对3种有机磷农药残留降解效果的研究[J].食品研究与开发，2008，29（6）：50-53.

[79] 刘超，强志民，张涛，等.臭氧和基于臭氧的高级氧化工艺降解农药的研究进展[J].环境化学，2011，30（7）：1225-1235.

[80] 王琼，姜微波，曹建康，等.臭氧溶解特性及对哈密瓜中农药残留降解的研究[J].中国农学通报，2014，30（25）：207-212.

[81] 虞云龙，樊德方，陈鹤鑫.农药微生物降解的研究现状与发展策略[J].环境科学进展，1996，4（3）：28-36.

[82] 程国锋，李顺鹏，沈标，等.微生物降解蔬菜残留农药研究[J].应用与环境生物学报，1998，4（1）：81-84.

[83] 石利利，林玉锁，徐亦钢，等.DLL-1菌对甲基对硫磷农药的降解作用及其降解机理[J].农村生态环境，2002，18（3）：26-29.

[84] 史延茂，董超.甲胺磷农药的微生物降解[J].河北省科学学院报，2003，20（3）：179-182.

[85] 刘智，张晓舟，李顺鹏.利用甲基对硫磷降解菌DLL-E4消除农产品表面农药污染的研究[J].应用生态学报，2003，14（10）：1770-1774.

[86] GAO Y，TRUONG YB，CACIOLI P，et al. Bioremediation of pesticide contaminated water using an organophosphate degrading enzyme immobilized on nonwoven polyester textiles[J].Enzyme and Microbial Technology，2014，54：38-44.

[87] MANDAL K，SINGH B，JARIYAL M，et al. Microbial degradation of fipronil by Bacillus thuringiensis[J]. Ecotoxicology and Environmental Safety，2013，93：87-92.

[88] KABOUDIN B，MORADI K，FAGHIHI MR，et al. The fluorescence spectroscopic studies on the interaction of novel aminophosphinic acids with bovine serum albumin[J]. Journal of Luminescence，2013，139：104-112.

[89] BAO JQ，ZHANG ZF，TANG RR，et al. Synthesis and fluorescence properties of Tb（III）complex with a novel aromatic carboxylic acid （L）as well as spectroscopic studies on the interaction between Tb（III）complex and bovine serum albumin[J].Journal of Luminescence，2013，136（1）：68-74.

[90] MIR MUH，MAURYA JK，ALI S，et al. Molecular interaction of cationic gemini surfactant with bovine serum albumin：A spectroscopic and molecular docking study[J]. Process Biochemistry，2014，49（4）：623-630.

[91] BERTUCCI C，DOMENICI E. Reversible and covalent binding of drugs to human serum albumin：Methodological approaches and physiological relevance[J]. Current Medicinal Chemistry，2002，9（15）：1463-1481.

[92] MOTE US，HAN SH，PATIL SR，et al. The fluorescence spectroscopic studies on the interaction of novel aminophosphinic acids with bovine serum albumin[J]. Journal of Luminescence，2010，130（11）：2059-2064.

[93] 童义平，李伟，林燕文.傅里叶红外光谱研究血清白蛋白构象[J]. 光谱学与光谱分析，1999，19（5）：704-706.

[94] COLMENAREJO G，ALVAREZ-PEDRAGLIO A，LAVANDERA JL. Cheminformatic models to predict binding affinities to human serum albumin[J]. Journal of Medicinal Chemistry，2001，44（25）：4370-4378.

[95] KUMARI M，MAURYA JK，SINGH UK，et al. Spectroscopic and docking studies on the interaction between pyrrolidinium based ionic liquid and bovine serum albumin[J]. Spectrochimica Acta Part A：Molecular and Biomolecular Spectroscopy，2014，124：349-356.

[96] 周翌雯，古扎力努尔·买提沙地克，代利苹. 氟氯氰菊酯与牛血清白蛋白相互作用的光谱研究[J].农药，2010，49（2）：103-106.

[97] GUHARAY J，SENGUPTA B，SENGUPTA PK. Protein-flavonol interaction：Fluorescence spectroscopic study[J]. Proteins-Structure Function and Genetics，2001，43（2）：75-81.

[98] JIANG M，XIE MX，ZHENG D，et al. Spectroscopic sttudies on the interaction of cinnamic acid and its hydroxyl derivatives with human serum albumin[J]. Journal of Molecular Structure，2004，692（1-3）：71-80.

[99] 许金钩，王尊本. 荧光分析法 [M]. 3版. 北京：科学出版社，2006：64-70.

[100] WANG TH, ZHAO ZM, ZHANG L, et al.Spectroscopic studies on the interaction between troxerutin and bovine serum albumin[J]. Journal of Molecular Structure, 2009, 937（1-3）: 65-69.

[101] BAKKIALAKSHMI S, CHANDRAKALA D. Investigation of the fluorescence quenching of bovine serum albumin by certain substituted uracils[J]. Journal of Molecular Liquids, 2012, 168: 1-6.

[102] 吴汉东, 史雪岩, 李永丹.荧光光谱法研究辛硫磷与牛血清白蛋白的相互作用[J].分析实验室, 2009, 28（3）: 15-18.

[103] CHITTUR KK. FTIR/ATR for protein adsorption to biomaterial surfaces[J]. Biomaterials, 1998, 19（4-5）: 357-369.

[104] WITTEMANN A, BALLAUFF M. Secondary structure analysis of proteins embedded in spherical polyelectrolyte brushes by FT-IR spectroscopy[J]. Analytical Chemistry, 2004, 76（10）: 2813-2819.

[105] MOLINA-BOLÍVAR JA, GALISTEO-GONZÁLEZ F, CARNERO RUIZ C, et al. Spectroscopic investigation on the interaction of maslinic acid with bovine serum albumin[J]. Journal of Luminescence, 2014, 156: 141-149.

[106] TATSUO M, SHINJI K, MITSUTOSHI N, et al. FT-IR analysis of BSA fouled on ultrafiltration and microfiltration membranes[J]. Journal of Membrane Science, 2001, 192（1-2）: 201-207.

[107] 王亚俐, 王海芳. 光谱法研究苯甲酸钠与牛血清白蛋白的作用[J].北京大学学报（自然科学版）, 2002, 38（2）: 159-163.

[108] 张海蓉, 边贺东, 潘英明, 等. 光谱法研究儿茶素与牛血清白蛋白的相互作用[J]. 光谱学与光谱分析, 2009, 29（11）: 3052-3056.

[109] 沈星灿, 梁宏, 何锡文, 等. 圆二色光谱分析蛋白质构象的方法及研究进展[J]. 分析化学, 2004, 32（3）: 388-394.

[110] 郑婷, 王卓渊, 侯若冰, 等. 圆二色光谱研究Ni^{2+}诱导血清白蛋白构象变化[J]. 广西师范大学学报（自然科学版）, 2008, 26（3）: 57-60.

[111] 周娟, 金桂云, 孙婷荃, 等. 圆二色法研究铜离子存在下葛根素对牛血清白蛋白二级结构的影响[J].分析试验室, 2014, 33（1）: 35-38.

[112] MEYER B，PETERS T. NMR Spectroscopy techniques for screening and identifying ligand binding to protein receptors[J]. Angewandte Chemie-International Edition，2003，42（8）: 864-890.

[113] 王勇，李林玺，赵东保，等. 5，7-二羟基-4'-甲氧基二氢黄酮与牛血清白蛋白的相互作用研究[J]. 化学学报，2006，64（13）: 1361-1366.

[114] FLEURY F，KUDELINA I，NABIES I. Interactions of lactone，carboxylate and self-aggregated forms of camptothecin with human and bovine serum albumins[J]. FEBS Letters，1997，406（1-2）: 151-156.

[115] SHEN XC，LIANG H，GUO JH，et al. Studies on the interaction between Ag+ and human serum albumin[J]. Journal of Inorganic Biochemistry，2003，95（2-3）: 124-130.

[116] 陶清，韩莉，徐金光，等. 诺氟沙星与牛血清白蛋白相互作用的拉曼光谱研究[J]. 河南科学，2007，25（3）: 391-394.

[117] 孙俊. 光谱技术在农作物农产品信息无损检测中的应用[M]. 南京：东南大学出版社，2017.

[118] 张福东. 基于近红外光谱技术的油页岩含油率原位分析建模方法及应用研究[D]. 吉林：吉林大学，2019.

[119] 郝勇，孙旭东，潘圆媛，等. 蒙特卡罗无信息变量消除方法用于近红外光谱预测果品硬度和表面色泽的研究[J]. 光谱学与光谱分析，2011（5）: 75-79.

[120] 石吉勇，邹小波，赵杰文，等. 基于GA-ICA和高光谱图像技术的黄瓜叶叶绿素检测[J]. 江苏大学学报（自然科学版），2011，32（2）: 134-139.

[121] 朱心勇. 应用近红外光谱技术检测叶菜类蔬菜中有机磷农药残留的含量[D]. 南昌：江西农业大学，2012.

[122] 王海龙，杨国国，张瑜，等. 竞争性自适应重加权算法和相关系数法提取特征波长检测番茄叶片真菌病害[J]. 光谱学与光谱分析，2017（7）: 2115-2119.

[123] 蒋薇薇，鲁昌华，张玉钧，等. 基于SiPLS和SPA波长选择的玉米组分测量研究[J]. 电子测量与仪器学报，2017，204（12）: 85-91.

[124] 花晨芝，赵凌，宋建军，等. 粒子群算法选择特征波长在紫外光谱检测COD中的研究[J]. 西华师范大学学报（自然科学版），2019，40（01）：85-89.

[125] 牛智有，林新. 茶叶定性和定量近红外光谱分析方法研究[J]. 光谱学与光谱分析，2009，29（9）：2417-2420.

[126] 陈全胜，赵杰文，张海东，等. SIMCA模式识别方法在近红外光谱识别茶叶中的应用[J]. 食品科学，2006（04）：166-169.

[127] 吴静珠，石瑞杰，陈岩，等. 基于PLS-LDA和拉曼光谱快速定性识别食用植物油[J]. 食品工业科技，2014，35（6）：55-58.

[128] 王茜蒨，黄志文，刘凯，等. 基于主成分分析和人工神经网络的激光诱导击穿光谱塑料分类识别方法研究[J]. 光谱学与光谱分析，2012，32（12）：3179-3182.

[129] 郭云香，陈龙，李晓瑾，等. 基于NIRS技术和PCA-SVM算法快速鉴别国产和进口啤酒花[J]. 药学实践杂志，2019，37（4）：322-331.

[130] 刘杰，张福东，滕飞，等. 油页岩含油率近红外光谱原位分析方法研究[J]. 光谱学与光谱分析，2014，34（10）：2779-2784.

[131] 刘翠玲，赵琦，孙晓荣，等. QuEChERS-拉曼光谱法测定黄瓜上的吡虫啉残留量[J]. 红外与激光工程，2017（11）：284-291.

[132] 边旭. 基于荧光光谱的氨基甲酸酯类农药混合物检测方法研究[D]. 秦皇岛：燕山大学，2019.

[133] 李宝，王孟和，汪光胜，等. 基于高光谱的鲜桃叶片叶绿素含量检测[J]. 测绘工程，2018，27（10）：4-9.

[134] 陈宇男. 基于三维荧光光谱法的有机农药废水快速检测实验研究[D]. 合肥：合肥工业大学，2017.

[135] 曾子琦，杨清华，李尚科，等. 基于移动窗口目标转化因子对多种农药的快速定性分析[J]. 轻工科技，2018，34（09）：46-48.

[136] 傅建熙. 有机化学[M]. 北京：高等教育出版社，2000.

[137] 祁景玉. 现代分析测试技术[M]. 上海：同济大学出版社，2006.

[138] 周民成，俞汝勤. 紫外与可见分光光度分析法[M]. 北京：化学工业出版社，1986.

[139] 周梅村，周原，何平，等. 仪器分析[M]. 武汉：华中科技大学出版社，2008.

[140] 陆维敏，陈芳. 谱学基础与结构分析[M]. 北京：高等教育出版社，2005.

[141] 李民赞. 光谱分析技术及其应用[M]. 北京：科学出版社，2006.

[142] 王乐新. 人体血样的光谱特征探索与研究[D]. 南京：南京航空航天大学，2009.

[143] SAVITZKY A，GOLAY MJE. Smoothing and differentiation of data by simplified least squares procedure[J]. Analytieal Chemistry, 1964, 36（8）: 1627-1639.

[144] 许禄，邵学广. 化学计量学[M]. 2版. 北京：科学出版社，2004.

[145] 张虹. 基于小波变换和不变矩的图像目标识别算法研究[D]. 北京：北京工业大学，2004.

[146] 吴建华. 基于小波矩的零水印算法研究[D]. 重庆：重庆大学，2009.

[147] 王其聪. 基于小波分析的矩特征和神经网络的图像识别[D]. 杭州：浙江工业大学，2001.

[148] 孙即祥. 图像分析[M]. 北京：科学出版社，2005.

[149] GONZALEZ RC，WOODS RE. Digital image processing（Second edition）[M]. Beijing：Publishing house of electronics industry, 2010: 306–313.

[150] NETA G，GOLDMAN LR，BARR D，et al. Distribution and determinants of pesticide mixtures in cord serum using principal component analysis[J]. Environmental Science&Technology, 2010, 44（14）: 5641-5648.

[151] 封居强，李小霞，尚丽平，等. 基于UVE-PCA的两级三维荧光光谱波长选择方法[J]. 西南科技大学学报，2012，（03）: 55-58.

[152] WANG L，LIU H，LIU L，et al. Prediction of peanut protein solubility based on the evaluation model established by supervised principal component regression[J]. Food Chemistry, 2017, 218: 553-560.

[153] 于成龙. 基于PCA的特征选择算法[J]. 计算机技术与发展，2011（4）:

129-131.

[154] 肖作兵，范彬彬，牛云蔚，等. 基于GC-MS/GC-O结合PCA分析鉴定菊花精油特征香气成分[J]. 中国食品学报，2017，17（12）：293-298.

[155] PAVEL P，PAOLO L，AXEL L. A novel method for automatic determination of the number of meaningful components in the PCA analysis of spectrum-images[J]. Microscopy and Microanalysis，2018，24（1）：572-573.

[156] VOGT F，MIZAIKOFF B. Dynamic determination of dimension of PCA calibration models using F-statistics[J]. Journal of Chemometrics，2003，17（6）：346-357.

[157] YONGQING L. Raman Spectral Discrimination of Thalassemia Erythrocytes Based on PCA Arithmetic and BP Network Model[J]. Chinese Journal of Lasers，2009，36（36）：2448-2454.

[158] 郝健，刘俊民，张殷钦. 基于非线性PLSR模型的地下水水质预测[J]. 西北农林科技大学学报（自然科学版），2011（07）：220-224.

[159] CHENG JH，SUN DW. Partial Least Squares Regression（PLSR）applied to NIR and HSI spectral data modeling to predict chemical properties of fish muscle[J]. Food Engineering Reviews，2017，9（1）：36-49.

[160] AL-SHIDHANI S，REHMAN NU，MABOOD F，et al. Quantification of incensole in three boswellia species by NIR spectroscopy coupled with PLSR and cross-validation by HPLC[J]. Phytochemical Analysis，2018，29（3）：300-307.

[161] MONFARED AMT，ANIS H. An improved partial least-squares regression method for raman spectroscopy[J]. Spectrochimica Acta Part A：Molecular and Biomolecular Spectroscopy，2017（185）：98-103.

[162] 王惠文，刘强，屠永平，等. 偏最小二乘回归模型内涵分析方法研究[J]. 北京航空航天大学学报，2000，26（4）：473-476.

[163] 于雷，洪永胜，耿雷，等. 基于偏最小二乘回归的土壤有机质含量高光谱估算[J]. 农业工程学报，2015（14）：111-117.

[164] JUHLER RK，HENRIKSEN TH，ERNSTSEN V，et al. Impact of basic

soil parameters on pesticide disappearance investigated by multivariate partial least square regression and statistics[J]. Journal of Environmental Quality，2008，37（5）：1719-1732.

[165] HIGASHIKA WA，FÁBIO S，SILVA CA，et al. Fourier transform infrared spectroscopy and partial least square regression for the prediction of substrate maturity indexes[J]. Science of The Total Environment，2014，470-471：536-542.

[166] 王小川，史峰，郁磊，等. MATLAB神经网络43个案例分析[M]. 北京：北京航空航天大学出版社，2013.

[167] CORTES C，VAPNIK V.Support-vector networks[J].Machine Learning，1995，20（3）：273-297.

[168] 张亮. 基于PCA和SVM的高光谱遥感图像分类研究[J]. 光学技术，2008，34（S1）：184-187.

[169] 张录达，金泽宸，沈晓南，等. SVM回归法在近红外光谱定量分析中的应用研究[J]. 光谱学与光谱分析，2005（09）：26-29.

[170] 肖海斌，赵进辉，袁海超，等. 支持向量回归-同步荧光光谱法预测鸭肉中克百威残留[J]. 分析测试学报，2013，32（3）：357-361.

[171] 张毅，陈国庆，朱纯，等. 荧光光谱结合支持向量机测定食用色素纯度[J]. 光谱学与光谱分析，2016，36（12）：3978-3985.

[172] ZHOU X，JUN S，ZHANG B，et al. Classification of different kinds of pesticide residues on lettuce based on fluorescence spectra and WT-BCC-SVM algorithm[J]. Modern Physics Letters B，2017，31：19-21.

[173] ZHOU X，SUN J，TIAN Y，et al. Spectral classification of lettuce cadmium stress based on information fusion and VISSA-GOA-SVM algorithm[J]. Journal of Food Process Engineering，2019，42（5）：1-9.

[174] XIAO D，FENG J，LIN T，et al. Classification and recognition scheme for vegetable pests based on the BOF-SVM model[J]. International Journal of Agricultural & Biological Engineering，2018，11（3）：190-196.

[175] 刘方园，王水花，张煜东. 支持向量机模型与应用综述[J]. 计算机系统应用，2018，27（4）：1-9.

[176] 郑小霞，钱锋. 高斯核支持向量机分类和模型参数选择研究[J]. 计算机工程与应用，2006（01）：81-83.

[177] 刘京，常庆瑞，刘淼，等. 基于SVR算法的苹果叶片叶绿素含量高光谱反演[J]. 农业机械学报，2016（8）：260-265.

[178] QIN LT，LIU SS，LIU HL，et al. Support vector regression and least squares support vector regression for hormetic dose-response curves fitting[J]. Chemosphere，2010，78（3）：327-334.

[179] BALABIN RM，LOMAKINA EI. Support vector machine regression（SVR/LS-SVM）-an alternative to neural networks（ANN）for analytical chemistry comparison of nonlinear methods on near infrared（NIR）spectroscopy data[J]. The Analyst，2011，136（8）：1703-1712.

[180] 王定成，方廷健，唐毅，等. 支持向量机回归理论与控制的综述[J]. 模式识别与人工智能，2003（2）：192-197.

[181] XU S，ZHAO Y，WANG M，et al. Determination of rice root density from Vis-NIR spectroscopy by support vector machine regression and spectral variable selection techniques[J]. Catena，2017（157）：12-23.

[182] 齐晓丽，吴珍珍，张传松，等. 基于支持向量机回归的3种常见有毒赤潮藻荧光识别技术 [J]. 中国海洋大学学报自然科学版，2016（12）：73-80.

[183] SUYKENS JAK，VANDEWALLE J. Least squares support vector machine classifiers[M]. Kluwer Academic Publishers，1999.

[184] FALCK T，DREESEN P，DE BRABANTER K，et al. Least-squares support vector machines for the identification of wiener-hammerstein systems[J]. Control Engineering Practice，2012，20（11）：1165-1174.

[185] HUANG X，MAIER A，HORNEGGER J，et al. Indefinite kernels in least squares support vector machines and principal component analysis，Applied and Computational Harmonic Analysis，2017，43（1）：162-172.

[186] SUYKENS JAK，VAN GESTEL T，DE BRABANTER J，et al. Least Squares Support Vector Machines[M]. World Scientific，Singapore，2002.

[187] MEHRKANOON S，MEHRKANOON SD，Suykens JAK.Parameter estimation of delay differential equations：an integration-free LS-SVM approach[J]. Communications in Nonlinear Science and Numerical Simulation，2014，19（4）：830-841.

[188] 王小平，曹立明. 遗传算法——理论、应用与软件实现[M]. 西安：西安交通大学出版社，2002.

[189] 雷英杰，张善文.MATLAB遗传算法工具箱及应用[M]. 西安：西安电子科技大学出版社，2014.

[190] 周明，孙树栋. 遗传算法原理及应用[M].北京：国防工业出版社，1999.

[191] 陆金桂. 遗传算法原理及其工程应用[M].徐州：中国矿业大学出版社，1997.

[192] 辛宇，童孟军，华宇婷. 一种基于最优特征选择改进的遗传算法[J]. 传感技术学报，2018，31（11）：131-136.

[193] HUANG CL，WANG CJ. A GA-based feature selection and parameters optimization for support vector machines[J]. Expert Systems with Applications，2006，31（2）：231-240.

[194] OLIVEIRA ALI，BRAGA PL，Lima RMF，et al. GA-based method for feature selection and parameters optimization for machine learning regression applied to software effort estimation[J]. Information and Software Technology，2010，52（11）：1155-1166.

[195] MAJDI M，IBRAHIM A，HOSSAM F，et al. Binary grasshopper optimisation algorithm approaches for feature selection problems[J]. Expert Systems with Applications，2019（117）：267-286.

[196] 张进，丁胜，李波. 改进的基于粒子群优化的支持向量机特征选择和参数联合优化算法[J]. 计算机应用，2016，309（05）：158-163.

[197] 花晨芝，赵凌，宋建军，等. 粒子群算法选择特征波长在紫外光谱检测COD中的研究[J]. 西华师范大学学报（自然科学版），2019，40（01）：85-89.

[198] 沈渊锋. 基于改进的粒子群优化算法的特征选择方法研究[D]. 杭州：杭

州电子科技大学，2018.

[199] Mirjalili S，Lewis A. S-shaped versus V-shaped transfer functions for binary Particle Swarm Optimization[J]. Swarm and Evolutionary Computation，2013，9：1-14.

[200] 严露. 粒子群算法研究与应用[D]. 成都：电子科技大学，2013.

[201] 侯志荣，吕振肃. 基于MATLAB的粒子群优化算法及其应用[J]. 计算机仿真，2003，20（10）：68-70.

[202] WU P，GAO L，ZOU D，et al. An improved particle swarm optimization algorithm for reliability problems[J]. ISA Transactions，2011，50（1）：71-81.

[203] 祁佳. 粒子群算法的改进与应用研究[D]. 南京：南京信息工程大学，2008.

[204] 邵信光，杨慧中，陈刚. 基于粒子群优化算法的支持向量机参数选择及其应用[J]. 控制理论与应用，2006，23（5）：740-743.

[205] 任江涛，赵少东，许盛灿，等. 基于二进制PSO算法的特征选择及SVM参数同步优化[J]. 计算机科学，2007（6）：183-186.

[206] ANNAVARAPU CSR，DARA S. Cancer microarray data feature selection using multi-objective binary particle swarem optimization algorithm[J]. EXCLI Journal，2016，15：460-473.

[207] ISMAIL B，OGUZ F，ERKAN U. A comparison of feature selection models utilizing binary particle swarm optimization and genetic algorithm in determining coronary artery disease using support vector machine[J]. Expert Systems with Applications，2010，37（4）：3177-3183.

[208] SANGWOOK L，SANGMOON S，SANGHOUN O，et al. Modified binary particle swarm optimization[J]. Progress in Natural Science，2008，18（9）：1161-1166.

[209] 陈彬，刘阁，张贤明，等. 连续投影算法的润滑油中含水量的近红外光谱分析[J]. 红外与激光工程，2013，42（12）：3168-3174.

[210] 罗微，杜焱喆，章海亮. PCA和SPA的近红外光谱识别白菜种子品种研究[J]. 光谱学与光谱分析，2016，36（11）：3536-3541.

[211] TANG G, SONG X, HU J, et al. Characterization of a pesticide formulation by medium wave near-Infrared spectroscopy with uninformative variable 3limination and successive projections algorithm[J]. Analytical Letters, 2014, 47（15）: 2570-2579.

[212] SUN X, DONG X. Improved partial least squares regression for rapid determination of reducing sugar of potato flours by near infrared spectroscopy and variable selection method[J]. Journal of Food Measurement and Characterization, 2015, 9（1）: 95-103.

[213] 袁莹，王伟，褚璇，等. 光谱特征波长的SPA选取和基于SVM的玉米颗粒霉变程度定性判别[J]. 光谱学与光谱分析，2016，36（1）: 230-234.

[214] LIU K, CHEN X, LI L, et al. A consensus successive projections algorithm-multiple linear regression method for analyzing near infrared spectra[J]. Analytica Chimica Acta, 2015, 858: 16-23.

[215] XIAOBO Z, JIEWEN Z, HANPIN M, et al. Genetic algorithm interval partial least squares regression combined successive projections algorithm for variable selection in near-infrared quantitative analysis of pigment in cucumber leaves[J]. Applied Spectroscopy, 2010, 64（7）: 786-794.

[216] 祝诗平. 基于PCA与GA的近红外光谱建模样品选择方法[J]. 农业工程学报，2008，24（9）: 126-130.

[217] 张晓东，毛罕平，程秀花. 基于PCA-SVR的油菜氮素光谱特征定量分析模型[J]. 农业机械学报，2009，40（4）: 161-165.

[218] SIVASATHYA M, JOANS S M. Image feature extraction using non linear principle component analysis[J]. Procedia Engineering, 2012, 38: 911-917.

[219] WANG W, ZHANG M, WANG D, et al. Kernel PCA feature extraction and the SVM classification algorithm for multiple-status, through-wall, human being detection[J]. EURASIP Journal on Wireless Communications and Networking, 2017（151）: 1-7.

[220] ZHAO MF, HU JG, QUAN XL, et al. Study on quantitative detection of pesticide residue based on spectroscopy technology of differential

absorption[J]. Applied Mechanics and Materials，2011，128：1054-1058.

[221] 黄量，于德泉. 紫外光谱在有机化学中的应用（上册）[M]. 北京：科学出版社，2000.

[222] 周名成，俞汝勤. 紫外与可见分光光度分析法[M]. 北京：化学工业出版社，1986.

[223] 吁芳. 基于近红外与荧光光谱技术的牛奶中四环素类抗生素残留检测方法研究[D]. 南昌：江西农业大学，2012.

[224] 吁芳，赵进辉，刘木华.基于三维荧光光谱技术的牛奶中金霉素残留的检测研究[J].江西农业大学学报，2012，34（4）：818-822.

[225] 张红漫，顾铭燕，黄金恋，等.四环素-Ca^{2+}-CTMAB三元配合物体系荧光光谱的研究与应用[J]. 分析试验室，2009，28（7）：22-25.

[226] 赵进辉，袁海超，洪茜，等.荧光光谱技术在肉类中抗生素残留检测中的应用研究进展[J]江西农业大学学报，2016，38（4）：747-753.

[227] CHIH-CHUNG C，CHIH-JEN L. LIBSVM：a library for support vector machines，2001. Software available at http：//www.csie.ntu.edu.tw/~cjlin/libsvm.

[228] CHANG CC，LIN CJ. Training v Support Vector Classifiers：Theory and Algorithms[J]. Neural Computation，2001，13（9）：2119-2147.

[229] 游士兵，严研. 逐步回归分析法及其应用[J]. 统计与决策，2017（14）：33-37.

[230] 申艳，张晓平，梁爱珍，等. 多元散射校正和逐步回归法建立黑土有机碳近红外光谱定量模型[J]. 农业系统科学与综合研究，2010，26（2）：174-180.

[231] MITCHELL BD，HSUEH WC，SCHNEIDER JL，et al. Using step-wise linear regression to detect "functional" sequence variants：application to simulated data[J]. Genetic Epidemiology，2001，21（1）：353-357.

[232] SHUO XU，XIN AN，QIAO XD，et al. Multi-Output least-squares support vector regression machines[J]. Pattern Recognition Letters，2013，34（9）：1078-1084.

[233] MEHRKANOON S，SUYKENS JAK. Learning solutions to partial

differential equations using LS-SVM[J]. Neurocomputing，2015（159）：105-116.

[234] 贺德春.碘甲磺隆钠盐在小麦和土壤中的残留动态及其在水溶液中的光降解研究[D].长沙：湖南农业大学，2004.

[235] 张晓清. 农药在不同介质中的光解特性研究[D].南京：南京农业大学，2004.

[236] 章维华，陈道文，杨红.用臭氧降解蔬菜中的残留农药[J]. 南京农业大学学报，2003，26（3）：123-125.

[237] 刘超，强志民，张涛，等. 臭氧和基于臭氧的高级氧化工艺降解农药的研究进展[J].环境化学，2011，30（7）：1225-1235.

[238] 魏旭，刘虹，解之凤，等. 提高臭氧发生器放电室效率的研究[J].电工电能新技术，1998（2）：46-48.

[239] 穆永杰，叶杰旭，孙德智. 臭氧深度处理垃圾焚烧厂沥滤液时溶解性有机质（DOM）特性分析[J]. 环境化学，2012（11）：47-52.

[240] 柴建恬. 有机物催化氧化特征研究[D]. 太原：山西大学，2017.

[241] 王群，王江川，王林，等. 催化臭氧氧化联用去除滤后水中天然有机物的研究[J]. 给水排水，2013，39（11）：115-119.

[242] KUNIO T，MASANURI S，KOICHIRO A. Secondary structures of bovine serum albumin in anionic and cationic surfactant solutions[J]. Journal of Colloid and Interface Science，1987，117（1）：120-126.

[243] YU XY，LIU RH，YANG FX，et al. Study on the interaction between dihydromyricetin and bovine serum albumin by spectroscopic techniques[J]. Journal of Molecular Structure，2011，985（2-3）：407-412.

[244] 闻晓东，李萍，钱正明，等. 三种抗氧化物质与牛血清白蛋白的相互作用[J]. 化学学报，2007，65（5）：421-429.

[245] KABOUDIN B，MORADI K，FAGHIHI MR，et al.The fluorescence spectroscopic studies on the interaction of novel aminophosphinic acids with bovine serum albumin[J].Journal of Luminescence，2013，139：104-112.

[246] ANBAZHAGAN V，RENGANATHAN R. Study on the binding of 2，

3-diazabicyclo [2.2.2]oct-2-ene with bovine serum albumin by fluorescence spectroscopy[J]. Journal of Luminescence, 2008, 128 (9): 1454-1458.

[247] ZHENG CZ, WANG HP, XU W, et al. Study on the interaction between histidine-capped Au nanoclusters and bovine serum albumin with spectroscopic techniques[J]. Spectrochimica Acta Part A: Molecular and Biomolecular Spectroscopy, 2014, 118: 897-902.

[248] 颜承农，张华新，刘义，等. 百草枯与牛血清白蛋白的结合作用的荧光光谱[J]. 化学学报，2005，63（18）：1727-1732.

[249] 王世敏，宋功武，李玲. 化学生物学的科学内涵及其发展[J]. 湖北化工，2002，4：1-3.

[250] HEMMATEENEJAD B, YOUSEFINEJAD S. Interaction study of human serum albumin and ZnS nanoparticles using fluorescence spectrometry[J]. Journal of Molecular Structure, 2013, 1037: 317-322.

[251] KLAJNERT B, BRYSZEWSKA M.Fluorescence studies on PAMAM dendrimers interactions with bovine serum albumin[J]. Bioelectrochemistry, 2002, 55 (1-2): 33-35.

[252] ZHOU B, QI ZD, XIAO Q, et al. Interaction of loratadine with serum albumins studied by fluorescence quenching method[J]. Journal of Biochemical and Biophysical Methods, 2007, 70 (5): 743-747.

[253] GELAMOA EL, SILVAB C, IMASATO H, et al. Nteraction of bovine (BSA) and human (HSA) serum albumins with ionic surfactants: spectroscopy and modelling[J]. Biochimica et Biophysica Acta (BBA)- Protein Structure and Molecular Enzymology, 2002, 1594 (1): 84-99.

[254] Lakowicz J R. Principles of fluorescence spectroscopy[M]. New York: Plenum Press, 1999: 237-265.

[255] BI S, SONG D, KAN Y, et al. Spectroscopic characterization of effective components anthraquinones in Chinese medicinal herbs binding with serum albumins[J]. Spectrochimica Acta Part A: Molecular and Biomolecular Spectroscopy, 2005, 62 (1-3): 203-212.

[256] NI YL, LIU GL, KOKOT S. Fluorescence spectrometric study on the

interactions of isoprocarb and sodium 2-isopropylphenate with bovine serum albumin[J]. Talanta，2008，76（3）：513-521.

[257] ROSS PD，SUBRAMANIAN S. Thermodynamics of protein association reactions：forces contributing to Stability[J]. Biochemistry，1981，20（11）：3096-3102.

[258] MITRA RD，SILVA CM，YOUVAN DC. Fluorescence resonance energy transfer between blue-emitting and red-shifted excitation derivatives of the green fluorescent protein[J]. Gene，1996，173（1）：13-17.

[259] NAIK PN，CHIMATADAR SA，NANDIBEWOOR ST. Interaction between a potent corticosteroid drug–Dexamethasone with bovine serum albumin and human serum albumin：A fluorescence quenching and fourier transformation infrared spectroscopy study[J]. Journal of Photochemistry and Photobiology B：Biology，2010，100（3）：147-159.

[260] SKLAR LA，HUDSON BS，SIMONI RD. Conjugated polyene fatty acids as fluorescent probes：binding to bovine serum albumin[J]. Biochemistry，1977，16（23）：5100-5108.

[261] PATRA D，MISHRA AK. Recent developments in multi-component synchronous fluorescence scan analysis[J]. TrAC Trends in Analytical Chemistry，2002，21（12）：787-798.

[262] HU YJ，LIU Y，PI ZB，et al. Interaction of cromolyn sodium with human serum albumin：A fluorescence quenching study[J]. Bioorganic & Medicinal Chemistry，2005，13（24）：6609-6614.

[263] MOTE US，HAN SH，PATIL SR，et al. Effect of temperature and pH on interaction between bovine serum albumin and cetylpyridinium bromide：fluores cence spectroscopic approach[J]. Journal of Luminescence，2010，130（11）：2059-2064.

[264] KATHIRAVAN A，RENGANATHAN R. Photoinduced interactions between colloidal TiO_2 nanoparticles and calf thymus-DNA[J]. Polyhedron，2009，28（7）：1374-1378.